高职高专“十三五”规划教材·计算机类

JSP应用开发项目化教程

主　编　王志勃　任　艳　史梦安

副主编　郜继红　汪　燕　黄丽萍

西安电子科技大学出版社

内 容 简 介

本书以房屋租赁信息发布网站项目为载体，采用任务驱动的教学方法，将 JSP 的知识点与项目有机融合，内容由浅入深、循序渐进、层次分明，使初学者能够按照书中的任务向导，一步一步地完成学习内容。

全书共分 8 章，第 1 章讲述了 JSP 开发环境的配置和常用开发工具的使用；第 2 章介绍了 HTML 基础知识和 Web 项目配置管理的内容；第 3 章重点介绍了 JSP 模板元素、注释、脚本、动作等指令的语法和使用技巧；第 4 章以 JSP 隐式对象为主，详细讲解了 request、response、session 等内建对象的原理和使用方法；第 5 章介绍了 MVC 三层开发模式，重点讲解了 Servlet 的定义与使用，帮助读者建立 MVC 三层模型开发理念；第 6 章讲解了 EL 表达式、JSTL 标签等的技术使用，通过使用 EL 表达式和 JSTL 标签简化 JSP 页面编程；第 7 章主要讲解了 Filter 过滤器与 Listener 监听器的功能特性；第 8 章讲解了 JQuery 在项目中的应用。

本书可作为应用型本科和高职院校学生的 JSP 课程教材，也适用于 JSP 的初学者或有一定基础的读者，其中项目开发设计过程和项目经验对于行业用户也有借鉴作用。本书可作为大中专院校的 JSP 课程教材，书中完整的项目代码与丰富的数字化资源，会使初学者获得事半功倍的学习效果，同时，书中的任务也可作为初级程序员进行项目开发的参考。

图书在版编目(CIP)数据

JSP 应用开发项目化教程 / 王志勃，任艳，史梦安主编. —西安：西安电子科技大学出版社，2019.12
ISBN 978-7-5606-5492-8

Ⅰ. ①J… Ⅱ. ①王… ②任… ③史… Ⅲ. ①JAVA 语言—网页制作工具—高等职业教育—教材
Ⅳ. ①TP312.8②TP393.092.2

中国版本图书馆 CIP 数据核字(2019)第 252505 号

策划编辑 高 樱
责任编辑 祝婷婷 阎 彬
出版发行 西安电子科技大学出版社(西安市太白南路 2 号)
电 话 (029)88242885 88201467 邮 编 710071
网 址 www.xduph.com 电子邮箱 xdupfxb001@163.com
经 销 新华书店
印刷单位 陕西天意印务有限责任公司
版 次 2019 年 12 月第 1 版 2019 年 12 月第 1 次印刷
开 本 787 毫米×1092 毫米 1/16 印 张 15.25
字 数 359 千字
印 数 1～3000 册
定 价 33.00 元
ISBN 978-7-5606-5492-8 / TP
XDUP 5794001-1

前　言

据 TIOBE 2019 最新统计，全球编程语言排行榜中 Java 语言继续排在第一位，以 Java 语言为基础的 JSP(Java Server Page)技术仍然广泛应用在 Web 项目开发中，其快速、安全、高效、跨平台的特性得到了开发者的广泛认可，许多大型商业系统、政府网站、电子商务平台等系统都采用了 JSP 及其相关技术进行开发。

本书共分 8 章。第 1 章重点讲述了 JDK、Tomcat 等 JSP 开发环境配置，介绍了 MyEclipse 和 MySQL 等工具软件的安装使用，并以房屋租赁信息发布网站项目为例，进行简单需求分析、数据库设计，为后续的项目开发打下基础。第 2 章结合房屋租赁信息发布网站规划，以 HTML 基础知识为主，介绍了页面布局设计的常用方法，设计项目网页等静态资源，帮助读者学习规划管理 Web 项目、配置项目属性、引入外部 Jar 包等基础操作，进而学习项目的导入与导出等操作。第 3 章重点介绍了 JSP 模板元素、注释、脚本、动作等指令的语法和使用技巧，讲解如何在 Web 项目中设计、使用数据库连接类，编写数据库操作常用工具方法实现对数据的操作。第 4 章以 JSP 隐式对象为主，详细介绍了 JSP 中九种隐式对象的概念、作用域、生命周期和使用方法；按照九种隐式对象的分类，从数据保存、数据输入/输出、导航应用等内容，通过丰富的案例全方位地讲解了隐式对象的具体使用方法，并且归纳了项目开发中常见的问题，提出了关于汉字乱码、导航等问题的解决方案和项目开发经验；通过完成用户登录信息保持和网站主页信息提取功能项目案例，强化了对相关知识技能点的掌握。第 5 章介绍 MVC 三层开发模式，重点讲解了如何定义 Servlet、Servlet 中的常用方法接口以及 Servlet 的执行加载过程；以丰富的案例讲解了隐式对象在 Servlet 中的应用，分析了 session 和 Cookie 的区别与联系。第 6 章围绕 EL 表达式、JSTL 标签等技术展开讲解，介绍了如何使用 JSTL 标签控制页面的显示逻辑，如何使用 EL 表达式从隐式对象中提取数据，最后讲解了自定义标签的创建和使用。第 7 章主要围绕 Filter 过滤器与 Listener 监听器的功能特性以及常用 API 方法等内容进行了讲解，通过生动的案例演示了如何创建和配置 Filter 过滤器与 Listener 监听器，并应用 Filter 过滤器与 Listener 监听器解决项目中的具体功能。第 8 章结合项目案例的特点有针对性地设计了案例和任务，帮助学习者快速掌握 JQuery 中的一些常用方法，实现简单、高效完成 Web 前端开发的任务。

本书通过项目驱动教学，在保证知识体系完整的情况下，更加注重通过案例和任务等形式培养学习者的实践能力。全书围绕 JSP 相关知识与技能点共计安排了 29 个案例和 24 项任务。其中，案例紧扣所讲知识点，短小精练，聚焦知识点对应操作，案例的外延相对较小，使学生利用课堂时间就能完成案例的编写与调试工作；任务围绕章节知识技能点进行设计，具有一定的综合性和扩展性，体现出对本章知识的综合应用，可作为阶段性综合演练或实验课教学内容使用。配合知识讲解在容易出错的地方加有【项目经验】【知识拓展】和【提示】等信息，方便读者学习。本书中的案例和任务全部配有微课视频资源，读者可以使用手机扫描案例和任务旁边的二维码获得对应的微课视频资源。同时，本书也提供了包括项目源代码、PPT 教案等在内的数字化资源。

本书由王志勃、任艳、史梦安任主编，郜继红、汪燕和黄丽萍任副主编。其中，第 1～3 章由王志勃负责编写，第 4 章由史梦安负责编写，第 5 章由黄丽萍负责编写，第 6 章由郜继红和汪燕负责编写，第 7、8 章由任艳负责编写。六位老师共同完成了本书的项目开发、案例与任务微课录制和其他多媒体资源制作工作。在本书编写过程中得到了淮安信息职业技术学院计算机系有关教师及其他院校同行的大力支持，在此对他们为本书出版做出的努力表示衷心感谢。在本书的编写过程中借鉴了有关参考文献，在此对文献的作者表示诚挚的感谢！

在编写过程中，作者以严谨的态度、科学的方法，对书中每段代码都认真调试、仔细斟酌，力求将最贴切的案例展示给读者，但由于水平有限，疏漏在所难免，敬请各位读者批评指正。作者联系邮箱是 373700684@qq.com。我们将虚心接受读者的意见和建议。感谢各位读者选用本书，希望我们的付出能为您的成功提供有益帮助。

编　者
2019 年 7 月

目　录

第 1 章　JSP 开发环境搭建与项目需求分析

本章简介：本章重点讲述以 JSP 技术为主导的 Java Web 项目开发环境配置：通过介绍开发环境搭建，使读者熟悉相关软件，继而会简单使用；使读者熟练掌握 JDK、Tomcat 等开发环境的配置方法，初步了解开发工具 MyEclipse 和 MySQL 数据库的使用；以房屋租赁信息发布网站项目为例，进行简单的需求分析、数据库设计，为后续的项目开发打下基础。

知识点要求：

(1) 了解 JSP 页面的结构；

(2) 理解软件需求分析的过程；

(3) 掌握 JDK 安装与环境变量的配置；

(4) 掌握 Tomcat 的安装与配置；

(5) 掌握 MyEclipse 开发工具的基本应用。

技能点要求：

(1) 能够使用 MyEclipse 熟练创建 Web 项目；

(2) 能够在 MyEclipse 中为 Web 项目配置外部 Tomcat，完成项目的发布、服务器启动和页面访问；

(3) 能够在 Web 项目中创建简单 JSP 页面；

(4) 能够熟练使用 MySQL 数据库创建房屋租赁系统中的数据表。

1.1　C/S 与 B/S

1.1.1　C/S 与 B/S 开发架构简介

C/S(Client/Server)架构即客户端/服务器端架构。在 C/S 架构中，可以充分利用客户端和服务器端的硬件环境的优势，将系统任务合理分配到 Client 端和 Server 端来实现。目前，大多数企业内部信息化应用软件系统都是以 Client/Server 架构开发的。B/S(Browser/Server)即浏览器和服务器架构，它是随着 Internet 技术的兴起的，是对 C/S 架构的一种变化和改进。在 B/S 架构下，用户工作界面的载体是浏览器，其极少部分的事务逻辑在客户端实现，主要业务逻辑在服务器端实现，这样就大大降低了客户端电脑的载荷，减轻了系统维护与升级的成本和工作量，降低了用户使用与开发者维护的成本。

1.1.2 C/S 与 B/S 架构的优缺点

目前，C/S 架构不局限于局域网环，在互联网环境下也有大量的 C/S 架构应用存在，如常见的网络游戏、即时通信软件、企业专用应用系统等。C/S 架构要求应用开发者自己去处理事务管理、消息队列、数据的复制和同步、通信安全等系统级的问题，因此对应用开发者提出的要求较高，难度相对比较大。如果客户端是在不同的操作系统上，则需要开发不同版本的客户端软件。

B/S 架构客户端使用浏览器进行各种业务操作，只要客户端机器能上网就能实现对系统的操作。B/S 架构中几乎所有业务都集中在服务器端，当企业对应用进行升级时，只需更新服务器端的软件即可，这大大减轻了异地用户系统维护与升级的成本。同时，随着 HTML5、JQuery 等一系列前端开发技术的完善，B/S 架构也能做出用户体验高的 UI 界面，满足复杂应用的需要。

C/S 架构的优点如下：

(1) 由于客户端实现了与服务器的直接相连，没有中间环节，因此响应速度快；

(2) 操作界面漂亮、形式多样，可以充分满足客户自身的个性化要求；

(3) 具有较强的事务处理能力，能实现复杂的业务流程；

(4) 专业嵌入式设备可采用 C/S 架构与服务器进行 Socket 通信。

C/S 架构的缺点如下：

(1) 需要专门的客户端安装程序，客户端需要安装和配置；

(2) 兼容性差，不同的操作系统需要有不同的客户端软件；

(3) 开发、维护成本较高；

(4) 版本升级后客户端需要重新下载更新。

B/S 架构的优点如下：

(1) 系统调试、部署方便，易于升级拓展；

(2) 对客户端要求低；

(3) 维护简单方便，共享性强。

B/S 架构的缺点如下：

(1) 服务器端承载全部业务逻辑，相对要求较高；

(2) 不适用于嵌入式设备的联网需求。

在实际应用开发中，需要客观地分析应用需求，系统规划，有的放矢地选择项目架构，才能够搭建出合适的信息系统。笔者接触的很多开发人员认为，在大型信息系统中采用 B/S、C/S 混合模式比较可行。

1.2 JSP 项目开发环境配置

1.2.1 JSP 应用概述

JSP(Java Server Pages)以 Java 语言为基础，用于动态 Web 项目开发，是当今比较流行的

Web 开发技术之一，是 Java EE 标准的一部分。JSP 的实质是 Servlet，是由 Sun Microsystems 公司倡导、许多公司参与建立的一种动态网页技术标准，其最主要的特点是在 HTML 页面中嵌入了 Java 代码、EL 表达式和特定标签。JSP 运行在服务器端，通过 HTTP 响应向客户端发送重新组装好的 HTML 页面代码。在 JSP 页面中插入 Java 程序段(Scriptlet)和 JSP 标记(Tag)，文件后缀为 .jsp。JSP 开发的应用具有跨平台特性，既能在 Linux 下运行，也能在其他操作系统上运行。在 JSP 页面中，Java 代码写在“<% %>”形式的符号中。请求 JSP 页面时，由服务器返回给客户端一个 HTML 文本，因此客户端只要有浏览器就能浏览。代码 1_1 为最简单的 JSP 样例。

代码 1_1：WebRoot/ch1/first.jsp

```
<%@ page language = "java" import = "java.util.*" pageEncoding = "utf-8"%>
<!DOCTYPE HTML PUBLIC "-//W3C//DTD HTML 4.01 Transitional//EN">
<html>
  <head>
    <title>My JSP 'first.jsp' starting page</title>
  </head>
   <%
       String   today = "2017-11-11";
   %>
  <body>
    This is my First JSP page. <br>
    今天是：<% = today %>
  </body>
 </html>
```

在上面的 JSP 页面中除了正常的 HTML 标记外，还有<%@ page %>、<% %>和<% = today %>三种标记。其中<%@ page %>是 JSP 中的页面指令；<% %>中的代码称为 scriptlets，是采用标准 Java 代码编写的；<% = today %>为 scriptlets JSP 表达式。JSP 技术做到了将网页逻辑与网页设计的显示分离，支持可重用的基于组件的设计，使基于 Web 的应用程序的开发变得迅速和容易。

1.2.2　JDK 的安装与配置

Java 是由 Sun Microsystems 公司于 1995 年 5 月推出的，是一种可以跨平台应用的面向对象的程序设计语言。2009 年 4 月 20 日，Oracle 公司宣布正式以 74 亿美元的价格收购 Sun 公司，Java 商标从此正式归 Oracle 所有。2014 年 3 月 18 日，Oracle 公司发布 Java SE 1.8。JDK (Java Development Kit) 是整个 Java 的核心，包括了 Java 运行环境、Java 工具和 Java 基础的类库。任何 Java 应用程序都需要 JDK 的支持，因此掌握 JDK 是学好 Java 和后续知识的第一步。目前，主流 JDK 是 Oracle 公司发布的 JDK 8，可以通过 Oracle 公司的官方网站(http://www.oracle.com/technetwork/java/ javase/downloads/jdk8-downloads-2133151.html)下载。

【任务 1.1】 安装 JDK 环境。

安装 JDK 环境

任务描述：下载 Java 开发环境工具包 JDK，并安装到电脑中。

任务分析： 该任务锻炼学生动手上网查找资料的能力，并且根据下载的 JDK 软件进行安装调试，最终达到可以运行 Java 程序的目的。(注：如果以前学习 Java 过程中已经安装过类似版本的 JDK，如 JDK 7 等，并配置好环境变量，则该任务可以忽略不做。)

掌握技能：通过该任务应该掌握如下技能：

(1) 了解 JDK 下载、安装的过程；

(2) 能配置系统环境变量；

(3) 能测试 JDK 安装是否成功。

任务实现：

第一步，下载 JDK。注意选择下载 JDK 的版本，主要分为 Linux、Mac OS、Windows 等环境，如图 1.1 所示。在 Windows 环境中又区分 x86 和 x64，注意应与开发电脑环境匹配一致。

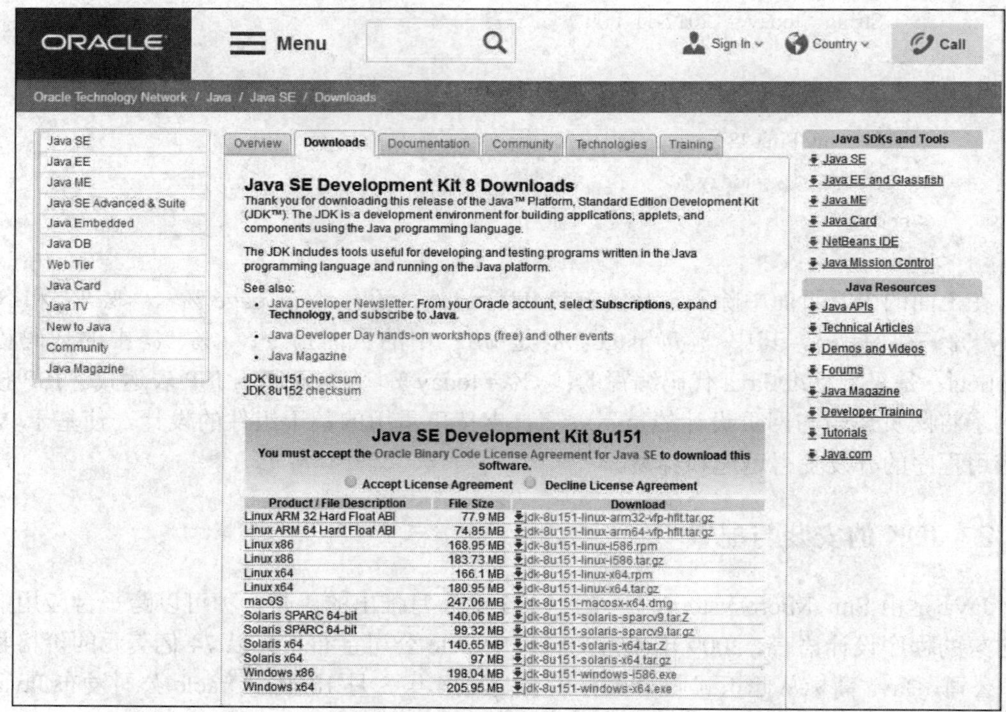

图 1.1　JDK Oracle 下载官网

第二步，安装 JDK。双击下载好的 jdk-8u151-windows-x64.exe 安装文件，进入安装界面，按照向导提示进行安装，如图 1.2 所示。在安装过程中，默认路径为 C:\Program Files\Java\jdk1.8.0_151\。之后点击“下一步”按钮继续安装 JRE(Java Runtime Environment)，同样，安装路径为 C:\Program Files\Java\jre1.8.0_151\。

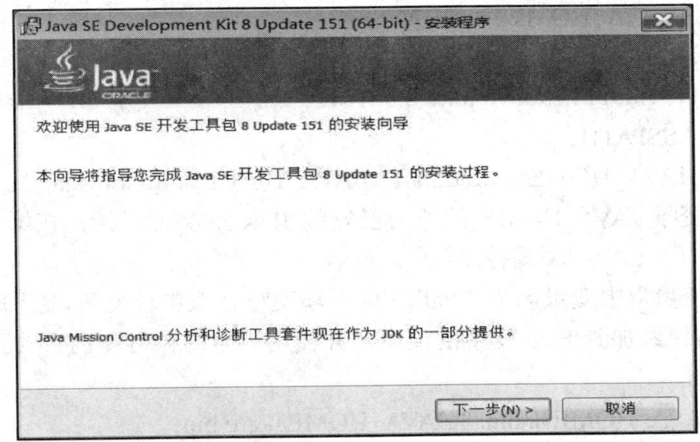

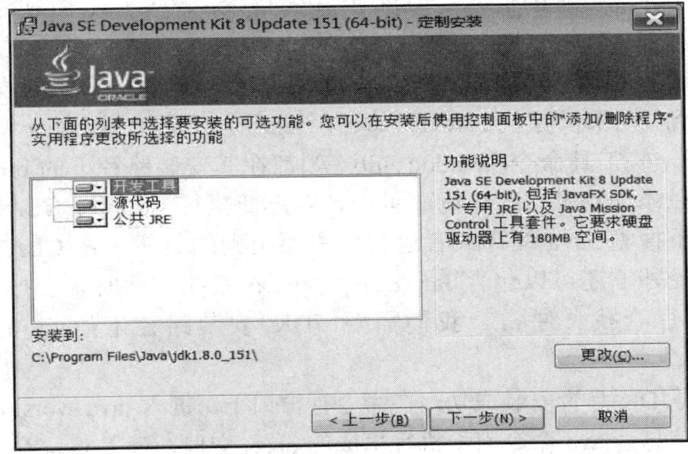

图 1.2　JDK 安装过程

第三步，配置系统环境变量。设置运行环境参数：右击【我的电脑】，选择【属性】，单击【高级】选项卡，选择【环境变量】，具体界面如图 1.3 所示。

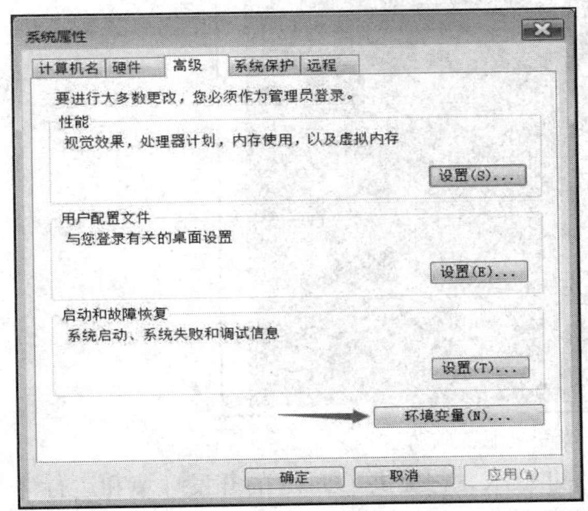

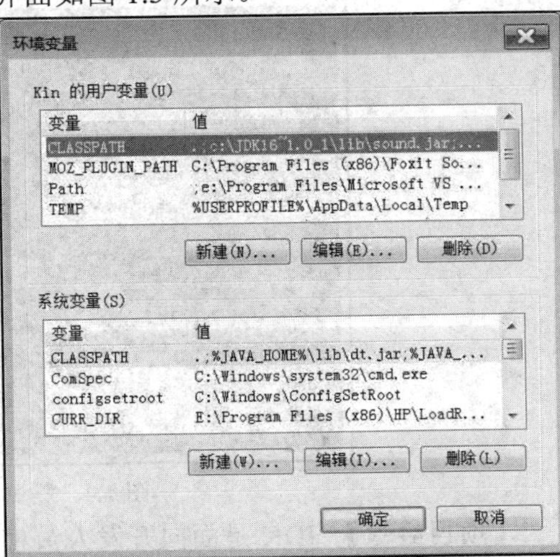

图 1.3　Java 系统环境变量配置

新建系统变量 JAVA_HOME 和 CLASSPATH。

变量名：JAVA_HOME。

变量值：C:\Program Files\Java\jdk1.8.0_151。

变量名：CLASSPATH。

变量值：.; %JAVA_HOME%\lib\dt.jar; %JAVA_HOME%\lib\tools.jar; 。

注意：其中变量 JAVA_HOME 的值为已安装 JDK 的文件目录，在增加 CLASSPATH 值时，注意前面的“.; ”不要漏掉。

选择“系统变量”中变量名为“Path”的环境变量，双击该变量，把 JDK 安装路径中 bin 目录的绝对路径添加到 Path 变量的值中，并使用半角的分号和已有的路径进行分隔。

变量名：Path。

变量值：%JAVA_HOME%\bin; %JAVA_HOME%\jre\bin; 。

JAVA_HOME 环境变量的值就是 JDK 所在的目录，一些 Java 版软件和 Java 工具需要用到该变量，设置 PATH 和 CLASSPATH 的时候，也可以使用该变量以方便设置。PATH 指定一个路径列表，用于搜索可执行文件。执行一个可执行文件时，如果该文件不能在当前路径下找到，则依次寻找 PATH 中每一个路径，直至找到。Java 编译命令(javac)、执行命令(java)和一些工具命令(javadoc、jdb 等)都在其安装路径下的 bin 目录中。因此，我们应该将该路径添加到 PATH 环境变量中，以方便执行与调用。CLASSPATH 指定一个路径列表，用于搜索 Java 编译或者运行时需要用到的类库。在 CLASSPATH 列表中除了可以包含路径外，还可以包含 Jar 文件。Java 在查找类库时，会把这个 Jar 文件当作一个目录来进行查找。通常，我们需要 JDK 安装路径下的 jre\lib\rt.jar 包含在 CLASSPATH 中。

第四步，测试 JDK 是否安装成功。在命令行窗口下，键入 java -version 命令可以查看安装的 JDK 版本信息；java 命令用于执行生成的 class 文件，键入 java 命令，可以看到此命令的帮助信息；javac 命令用于将 java 源文件编译为 class 字节码文件，键入 javac 命令可以看到此命令的帮助信息。具体测试结果如图 1.4 所示。

```
C:\Windows\system32\cmd.exe
Microsoft Windows [版本 6.1.7601]
版权所有 (c) 2009 Microsoft Corporation。保留所有权利。

C:\Users\Kin>java
用法: java [-options] class [args...]
           (执行类)
   或  java [-options] -jar jarfile [args...]
           (执行 jar 文件)
其中选项包括:
    -d32          使用 32 位数据模型 (如果可用)
    -d64          使用 64 位数据模型 (如果可用)
    -server       选择 "server" VM
                  默认 VM 是 server.

    -cp <目录和 zip/jar 文件的类搜索路径>
    -classpath <目录和 zip/jar 文件的类搜索路径>
                  用 ; 分隔的目录, JAR 档案
                  和 ZIP 档案列表, 用于搜索类文件。
    -D<名称>=<值>
                  设置系统属性
    -verbose:[class|gc|jni]
                  启用详细输出
    -version      输出产品版本并退出
    -version:<值>
                  警告: 此功能已过时, 将在
```

图 1.4　测试环境变量配置成功

【项目经验】 JDK 是面向开发人员使用的 SDK，它提供了 Java 的开发环境和运行环境。SDK 是 Software Development Kit 的首字母缩写，一般指软件开发包，可以包括函数库、编译程序等。安装 JDK 就是在本地电脑上安装一个 Java 虚拟机，为所编写的 Java 程序提供编译和运行核心环境。在 JDK 安装完成后，要对目录下各个文件夹的作用有所了解。

(1) /bin/：JDK 中所包含的可执行文件、一些命令行工具，包括 Java 编译器的启动命令。

(2) /lib/：系统环境 Jar 包目录。其中有个 tool.jar，它包括支持 JDK 的工具和实用程序的非核心类。dt.jar 是 BeanInfo 文件的 DesignTime 归档，BeanInfo 文件用来告诉交互开发环境 IDE 如何显示 Java 组件以及如何让开发人员根据应用程序自定义它们。

(3) /jre/：Java Runtime Environment，Java 程序运行环境。

(4) /demo/：演示文档、例子，可以参照学习。

(5) /include/：本地的方法文件，编写 JNI 等程序需要的 C 头文件。

(6) /src/：部分 JDK 的源码的压缩文件。

(7) /sample/：一些示例程序。

1.2.3　Tomcat 的安装与认识

Web 项目最终需要部署发布到 Web 服务器后才能运行，Tomcat 6.0 是 Java Web 开发常用首选的 Web 服务器，其作用是为 B/S 系统提供 Web 服务和容器，如同 Windows 下的 IIS 服务器一样。类似的 Web 服务器还有很多，如 WebSphere、WebLogical、JBOSS 等，可根据应用项目需求选择不同种类的 Web 服务器。在本书中，将以 Tomcat 6.0 作为开发服务器，Tomcat 6.0 可以到 Apache Tomcat 官方网站下载，地址是 http://tomcat.apache.org/，在该网站还可以下载到 Tomcat 的更多版本。

**【任务 1.2】　安装 Tomcat 6.0 服务器。**

安装 Tomcat 6.0

任务描述：下载 Tomcat 6.0 服务器软件并安装到计算机中，调试配置使 Tomcat 服务器能够正常工作。

任务分析：Tomcat Web 服务器是 JSP 应用开发的基础运行环境，除了要安装 JDK 外，还必须有一款 Web 服务器支持 JSP 的运行与发布。Tomcat 6.0 是一款比较稳定的服务器，适用于中小型项目的开发及学习使用。

掌握技能：通过该任务应该掌握如下技能：

(1) 掌握 Tomcat 的下载、安装方式；

(2) 掌握服务器的启动、停止，测试 Tomcat 服务器。

任务实现：

第一步，下载并安装 Tomcat 6.0。双击下载好的 apache-tomcat-6.0.18.exe 安装文件，进入到安装界面，接受协议并选择默认安装组件后进入安装目录选择界面。建议修改默认安装目录为 C：\Tomcat6.0，以方便今后其他相关配置对 Tomcat 的引用。点击“下一步”按钮进入 Tomcat 6.0 的 HTTP 端口设置，默认设置为 8080，后台管理员用户名默认为 Admin，这些参数一般情况下不用进行修改，之后依次点击“下一步”完成 Tomcat 6.0 Web 服务器的安装。

第二步，测试 Tomcat 6.0 服务器是否成功安装。进入 Tomcat 安装目录下面的 bin 目录，即 C:\Tomcat 6.0\bin\，找到 startup.bat 文件，双击运行启动 Tomcat 服务。启动后会出现如图 1.5 显示的运行窗口。如 Tomcat 正常启动，控制端将没有报错信息，在最后会有信息提示服务器启动所用的毫秒数，如图 1.5 显示服务器正常启动，启动所用毫秒数为 1789 ms。

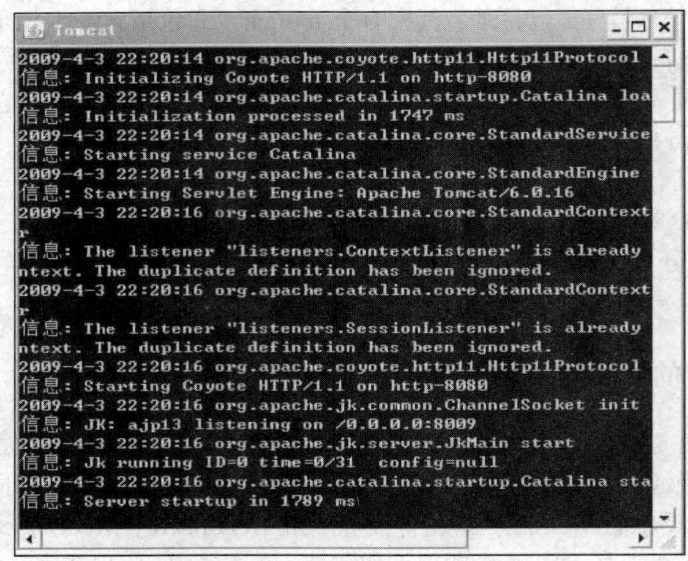

图 1.5　Tomcat 运行窗口

第三步，测试 Tomcat 服务器是否能够正常工作。服务器启动后打开浏览器，在网页地址栏中输入“http://localhost:8080/”后按回车键，启动 Tomcat 的主页，若能如图 1.6 所示正常显示，说明 Tomcat 安装正确、服务正常。

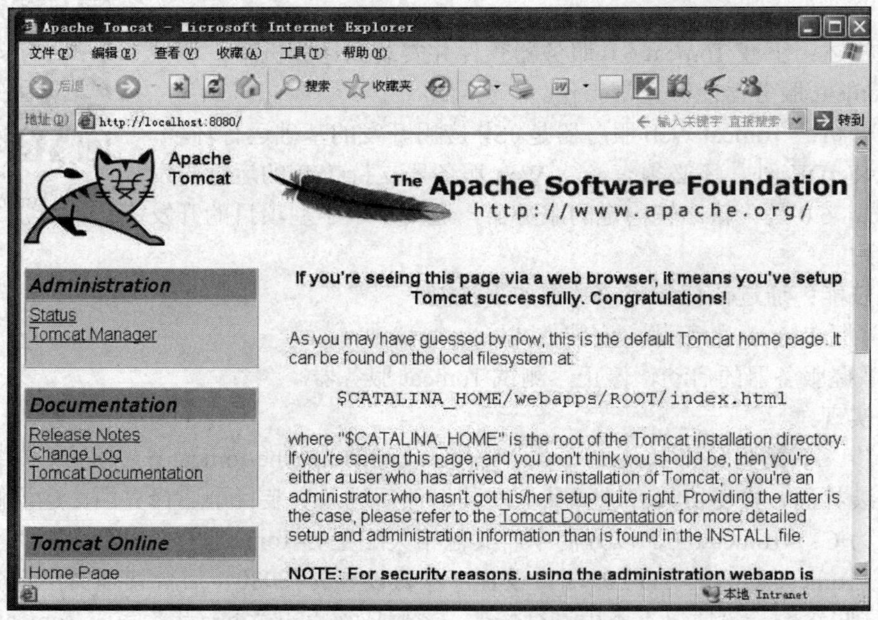

图 1.6　服务器启动后 Tomcat 的主页

【项目经验】

使用 Tomcat 作为 Web 服务器，需要对 Tomcat 有比较全面的了解。首先，要了解 Tomcat 安装目录下子目录的功能和作用。下面以 Tomcat 6.0 为例，列出其子目录的各项功能：

(1) \bin\：Tomcat 中一些可执行文件和批处理文件，用于启动、停止服务等；

(2) \cong\：存放 Tomcat 中的各种全局配置文件；

(3) \lib\：Tomcat 运行库文件；

(4) \logs\：运行日志；

(5) \temp\：临时目录；

(6) \webapps\：项目发布目录；

(7) \work\：存放 JSP 编译后生成的 Java 代码和 Class 类。

除了可以按照任务 1.2 方式进行 Tomcat 安装外，还可以通过直接复制拷贝的方式安装。可以直接将已经安装好的 Tomcat 目录整体拷贝到其他电脑或磁盘进行使用。

1.3　MyEclipse 开发工具

MyEclipse 是众多 Java 开发工具中的佼佼者，受到广大 Java 程序员青睐，同时，也是大多数公司开发项目的首选工具。早期，MyEclipse 作为 Eclipse 的插件，为 Java EE 应用程序开发提供了 IDE 开发环境。目前，MyEclipse 作为独立安装文件存在。在 MyEclipse 中，主要提供了 Java EE 项目的开发平台和 J2SE 应用程序的开发平台，同时，还提供了 UML 设计、数据源管理、项目版本控制(CVS)等多种功能。本书将以 MyEclipse10 作为项目开发工具。

MyEclipse 企业级工作平台(MyEclipse Enterprise Workbench，简称 MyEclipse)是对 Eclipse IDE 的扩展，利用它可以在 Java Web 项目开发、发布以及应用程序服务器的整合等方面极大地提高工作效率。它是功能丰富的 Java EE 集成开发环境，包括了完备的编码、调试、测试和发布功能，完整支持 HTML、Struts、JSF、CSS、Javascript、SQL、Hibernate。

在结构上，MyEclipse 可以被分为以下七类：

(1) Java EE 模型；

(2) Web 开发工具；

(3) EJB 开发工具；

(4) 应用程序服务器的连接器；

(5) Java EE 项目部署服务；

(6) 数据库服务；

(7) MyEclipse 整合帮助。

对于以上每一种结构，MyEclipse 中都有相应的功能部件，并通过一系列插件来实现功能的扩展。MyEclipse 结构上的这种模块化，可以让我们在不影响其他模块的情况下，对任一模块进行单独的扩展和升级。简单而言，MyEclipse 是 Eclipse 的插件，也是一款功能强大的 Java EE 集成开发环境，支持代码的编写、配置、测试以及除错。MyEclipse 6.0

以前的版本需先安装 Eclipse，然后再安装 MyEclipse 插件，而从 MyEclipse 6.0 以后的版本，在安装时，不需再安装 Eclipse 了。

1.4 MySQL 数据库的使用

1.4.1 MySQL 数据库安装

MySQL 是一个关系型数据库管理系统，由瑞典 MySQL AB 公司开发，目前属于 Oracle 旗下产品。MySQL 是最流行的关系型数据库管理系统之一，使用标准化 SQL 语言访问数据库。采用双授权政策，分为社区版和商业版。由于其体积小、速度快、成本低，尤其是开放源码这一特点，一般中小型网站、系统开发都选择 MySQL 作为网站数据库。在安装的过程中有些需要注意的地方，下面将安装步骤以任务形式编排，引导读者顺利完成 MySQL 数据库的安装。

MySQL 是一个高性能且相对简单的数据库系统，与一些更大系统的设置和管理相比，其复杂程度较低，对多数个人用户来说是免费的。多个客户机可同时使用同一个数据库。MySQL 是完全网络化的，可作为中小型 Web 项目的首选数据库，可运行在各种版本的 UNIX 以及其他非 UNIX 的系统服务器上。MySQL 运行速度很快，支持索引设置。MySQL 流行的一个重要原因，除了开发者的努力外，数据库使用者也对 MySQL 数据库系统的完善和发展提供了有利支持，为 MySQL 贡献了架构方案、运维工具、技术文档、宣传普及，乃至专业人才。不管是国外的 Google、Facebook，还是国内的百度、阿里、腾讯，都在使用 MySQL 的过程中不断给 MySQL 贡献了新的功能和工具。

【任务 1.3】 安装 MySQL。

安装 MySQL

任务描述：下载 MySQL 安装包，完成 MySQL 数据库的安装。

任务分析： 在安装 MySQL 过程中应弄清每一步的选项含义，重点注意数据库编码、端口、root 用户口令等参数设定环节，安装完成后需要进行测试，以确保 MySQL 数据库的服务正常启动。

掌握技能：通过该任务应该掌握如下技能：

(1) 熟练掌握 MySQL 数据库安装配置过程；

(2) 能够熟练操作 MySQL 服务的启动与停止；

(3) 能够利用 MySQL 图形化管理工具创建数据库和表。

任务实现：

第一步，安装 MySQL 数据库。

(1) 启动安装程序，出现如图 1.7 所示的界面，点击“Next”按钮进入接受协议界面，然后选择【Typical】典型安装。

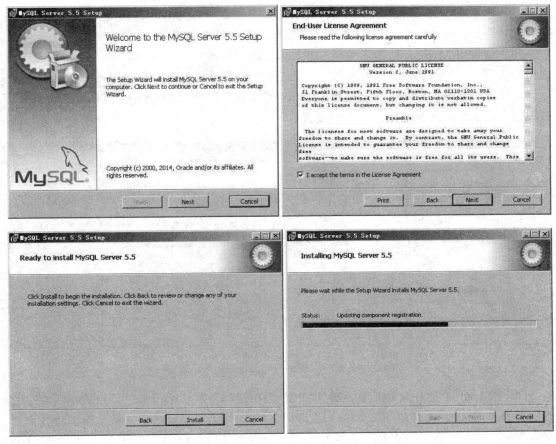

图 1.7　MySQL 数据库安装引导界面

(2) MySQL 数据库实例配置环节。如图 1.8 所示，图左侧为数据库实例配置选项，【Detailed Configuration】选项为详细配置，选择该选项可以方便熟悉配置过程，【Standard Configuration】选项为标准配置，这里我们选择详细配置选项。图右侧为选择数据库服务器的类型，选择开发者服务器【Developer Machine】。在后期的实际服务器配置中可选择其他选项。

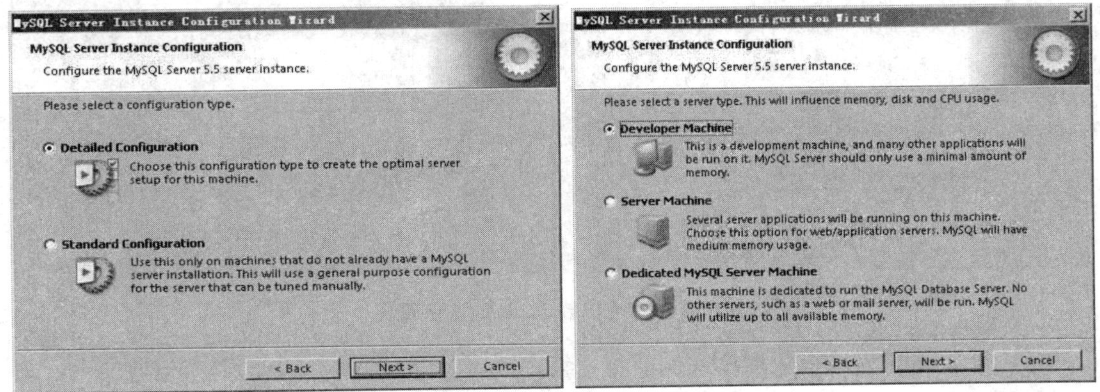

图 1.8　数据库服务器类型选择

(3) 图 1.9 中是设定数据库安装路径和最大并发连接数量的。左侧图片中可选择数据库的安装路径，默认安装路径为 C 盘，可根据个人电脑使用情况选择不同空间进行安装。右侧图片为设定 MySQL 数据库的最大并发访问连接数量。其中，【Decision Support(DSS)】选项为决策系统，默认最大并发连接数量为 20 个连接；【Online Transaction Processing】选项为在线处理系统，默认最大连接数量为 500 个连接；【Manual Setting】选项为手动设置，可根据用户的实际连接需求进行定制设置。

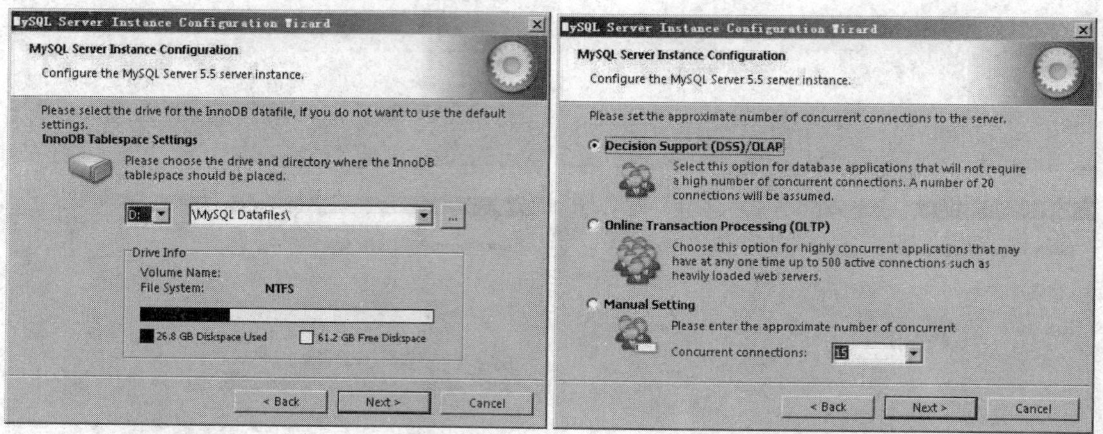

图 1.9　数据库安装路径与并发连接数量设定

(4) 图 1.10 中是对数据库服务器 TCP/IP 连接端口与默认字符集的设定。左侧图片中设定数据库服务器 TCP/IP 连接端口为 3306。右侧图片为设定默认字符集，为了保证我们开发的应用系统中汉字不乱码，在这个环节需要选择【Manual Selected Default Character Set】选项，并从选项中选择系统所需编码的格式，所选编码要与系统中所选编码一致，建议选用 UTF-8 编码格式。

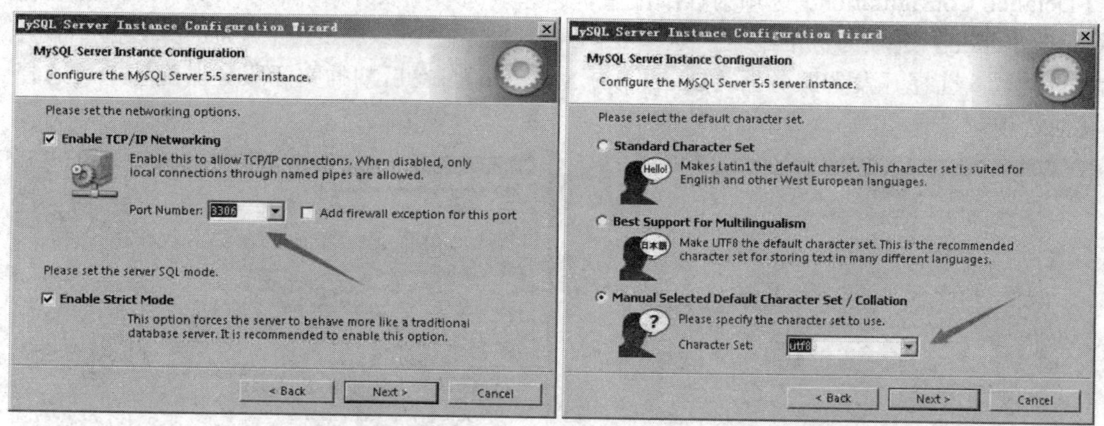

图 1.10　TCP/IP 连接端口与默认字符集设定

(5) 图 1.11 中为选择数据库实例名称、设定 root 用户的登录口令。需牢记该口令，忘记了将无法登录 MySQL 数据库系统。

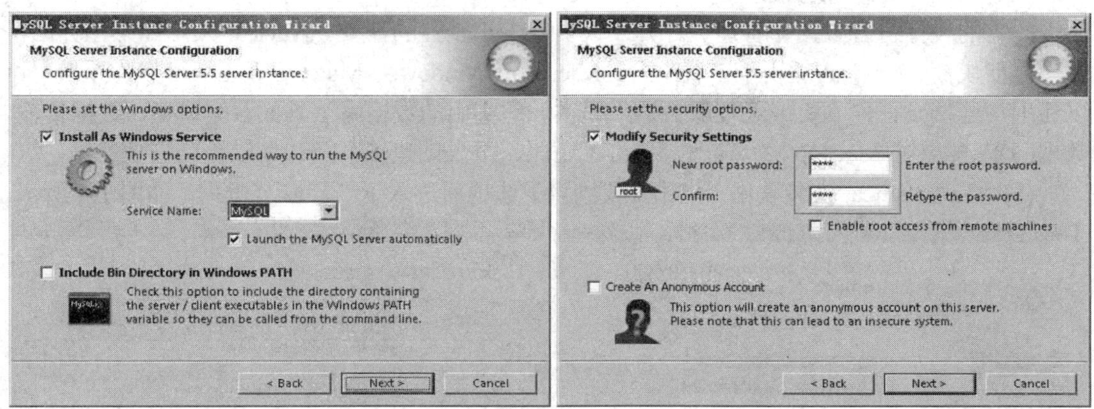

图 1.11　服务名称与 Root 用户名口令设定

(6) 图 1.12 为数据库系统检测各种服务启动状态，每一项都通过检测后，点击“Finish”按钮完成 MySQL 数据库的安装。

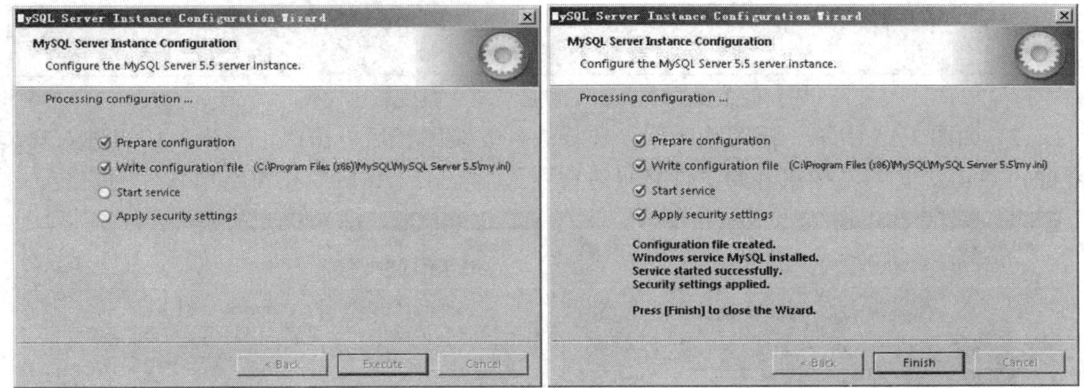

图 1.12　服务检测与完成安装

第二步，测试 MySQL 服务是否成功安装。如图 1.13 所示，从开始菜单中选择 MySQL 程序组，选择【MySQL5.5 Command Line Client】进入命令行登录窗口，输入安装过程中的预留密码后进入 MySQL 命令行控制状态。

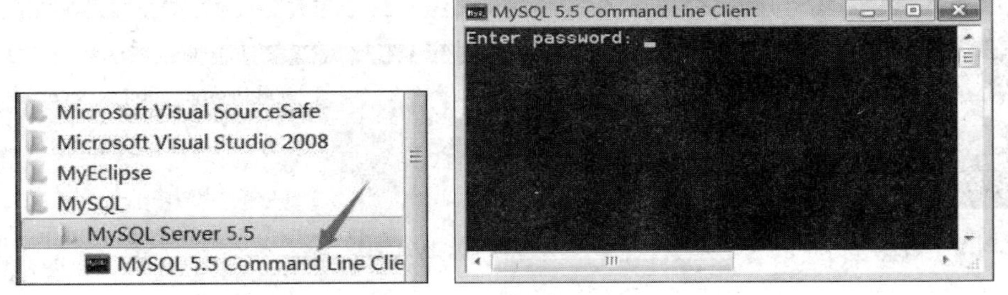

图 1.13　命令行登录

1.4.2　MySQL 图形化管理工具

Navicat 是一套快速、可靠的数据库管理工具，专为简化数据库管理及降低系统管理成本而设。它的设计符合数据库管理员、开发人员及中小企业的需要。Navicat 采用图形化界面，操作方便快捷。Navicat 适用于三种平台：Microsoft Windows、Mac OS 及 Linux 操作系统，可以让用户连接到任何本机或远程服务器，提供一些实用的数据库工具如数据模型、数据传输、数据同步、结构同步、导入、导出、备份、还原、报表创建工具及计划以协助管理数据。

(1) 启动 Navicat 安装软件，点击【我同意】选项后进入下一步安装进程，如图 1-4 所示。

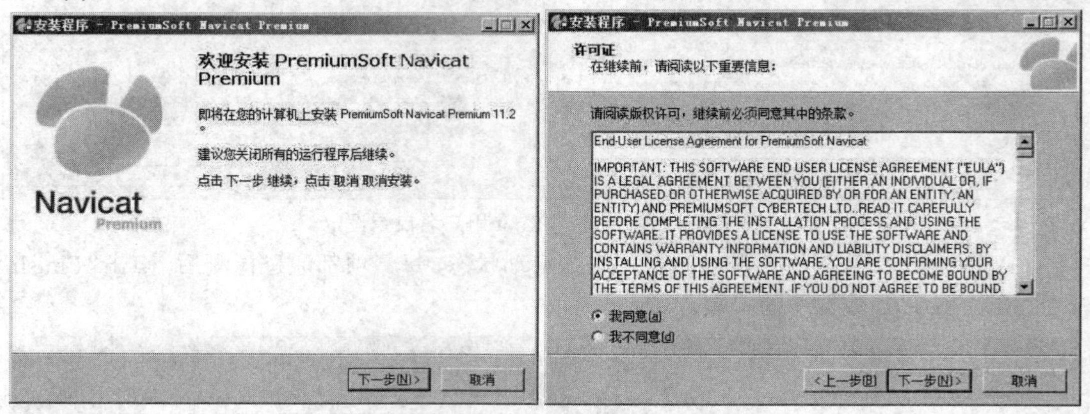

图 1.14　Navicat 数据库管理工具安装协议

(2) 如图 1.15 中第一幅图片所示，选择软件安装路径后点击“下一步”按钮进入安装界面，点击“安装”按钮开始文件拷贝进程，最后点击“完成”按钮结束软件的安装。

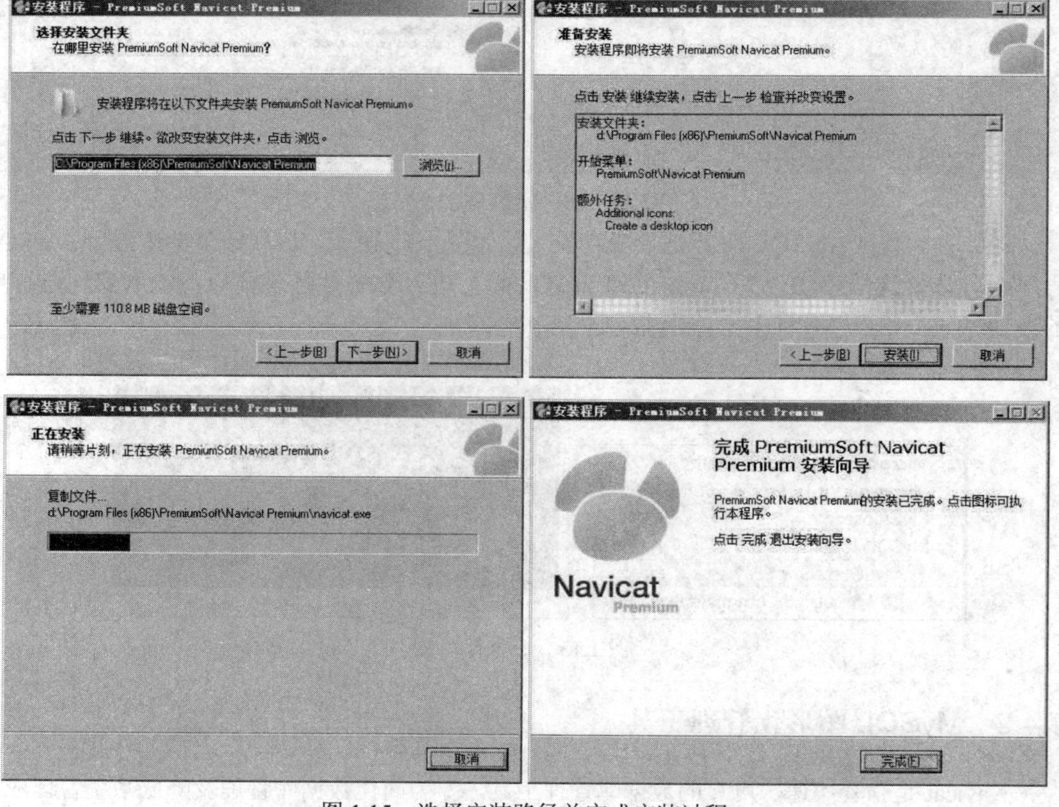

图 1.15　选择安装路径并完成安装过程

1.5　第一个 Web 项目

1.5.1　Web 项目的创建

JSP 应用开发一般依赖于一个 Web 项目，本小节将学习利用 MyEclipse 开发工具创建 Web 项目，了解 Web 项目结构。

【任务 1.4】 创建 Web 项目。

Web 项目创建

任务描述：在完成 JDK 与 Tomcat 软件安装后，使用 MyEclipse 创建第一个简单 Web 项目，并最终能够发布运行该项目。

任务分析： 该任务通过在 MyEclipse 中创建第一个 Web 项目，尝试在项目 src 中创建用于存放后台类的 Java 程序包，同时也可尝试在 WebRoot 下创建 JSP 页面。之后要掌握学会对项目的发布部署、启动、停止服务器服务等操作，学会在浏览器中访问创建的 JSP 页面资源。

掌握技能：通过该任务应该掌握如下技能：

(1) 掌握在 MyEclipse 中创建 Web 项目；

(2) 掌握、规划项目结构。

任务实现：

第一步，启动 MyEclipse10，创建或选择工作空间(WorkSpace)。进入后默认的视图为 MyEclipse 视图。WorkSpace 是指 MyEclipse 的工作目录所在位置，以后创建的项目都将保存在这个工作空间(目录路径)中。

第二步，创建 Web 项目。选择【File】→【New】→【Web Project】后出现创建 Web 项目的窗口，在【Project Name】中填入项目名称如 test，点击“Finish”按钮完成。项目创建完后，形成如图 1.7 所示的 Web 项目目录结构。

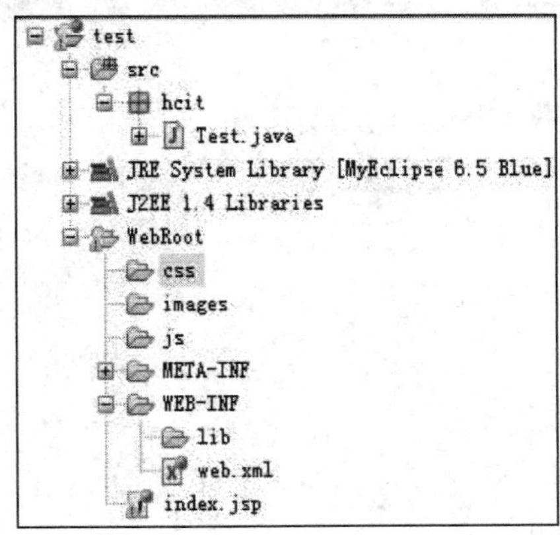

图 1.16　Web 项目目录结构

【项目经验】 Web 项目结构主要分为三个部分，如图 1.16 所示。第一部分为 src，它是后台类代码区，可以在 src 下面创建不同的包，用于存放不同模块或不同功能的类，这部分与 Java Application 项目包的划分原则一致；第二部分是由 Web 资源组成的 WebRoot 目录，主要包括 JSP 页面、WEB-INF 目录(其中包含 jar 库文件目录 lib 和 web.xml 配置文件)，另外，用户还可以将 Web 项目中必备的 images 图片、CSS 样式表、JavaScript 脚本等资源放入 WebRoot 目录下；第三部分为 Web 项目必备的开发库和外包 Jar 包。

1.5.2 项目的发布、启动和访问

项目创建完成后，可以通过将项目发布部署到 Tomcat 服务器中，启动 Tomcat 服务器后即可访问项目页面。本小节达到能够正确使用 MyEclipse 开发环境对项目进行发布、部署，同时使用 MyEclipse 中相关配置工具管理 Tomcat 启动与停止，最终到达熟悉开发环境、熟练掌握 Web 项目创建流程的目的。

【任务 1.5】 发布、启动和访问项目。

发布、启动和访问项目

任务描述：通过使用 MyEclipse 集成开发工具实现对 Web 项目的发布、服务器的启动和项目的访问。

任务分析： Tomcat 服务器可以选择 MyEclipse10 自带的，也可以选择在任务 1.2 中安装的 Tomcat 6.0 服务器。建议选用后者。

掌握技能：通过该任务应该掌握如下技能：

(1) 掌握在 MyEclipse 中发布项目、启动停止服务器操作；

(2) 熟悉观察 MyEclipse 控制台的启动停止信息。

任务实现：

第一步，配置外置 Tomcat 6.0。

选择 MyEclipse 菜单中【Window】下的【Preferences】选项，进入到配置环境界面，在左边的树形导航工具条中，选择【Myeclipse】→【Servers】→【Tomcat】，如图 1.17 所示。

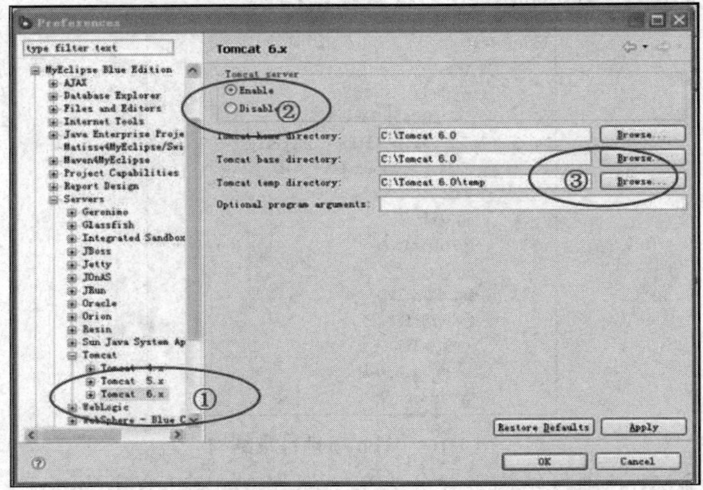

图 1.17 Tomcat 在 MyEclipse 中的配置

图 1.17 中，在①处选择用户应用的 Tomcat 的版本 Tomcat 6.0，在②处选择 Enable，在③处选择电脑中 tomcat 6.0 的安装根目录；图 1.18 中，单击④处 Tomcat 前面的加号，选择 JDK，选择⑤处的“Add”按钮，出现⑥，选择 Browse 按钮，找到 JDK 的安装目录，选择完成后，单击“OK”按钮，结束服务器的配置。

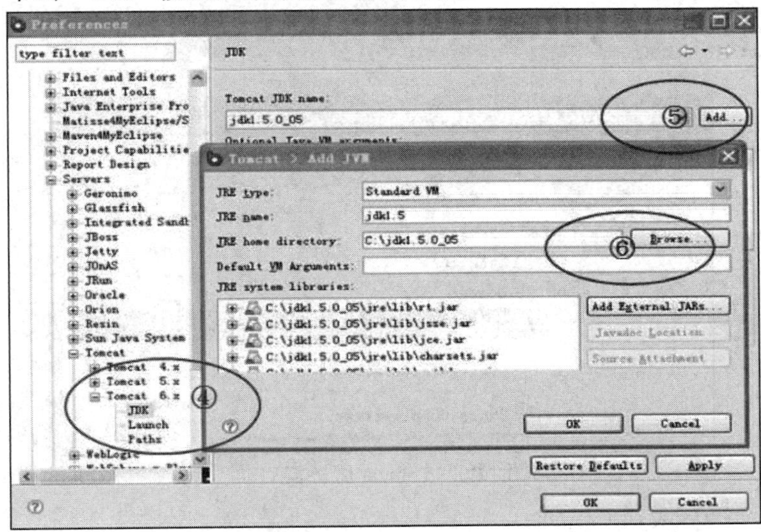

图 1.18　Tomcat 参数配置

第二步，发布项目。

服务器配置完成后，选择工具条中的发布工具，将项目部署到 Tomcat 中。项目发布界面如图 1.19 所示，点击①处的“Add”按钮进入到②处所示的界面，选择已经配置好的 Tomcat 服务器，点击“Finish”按钮完成。

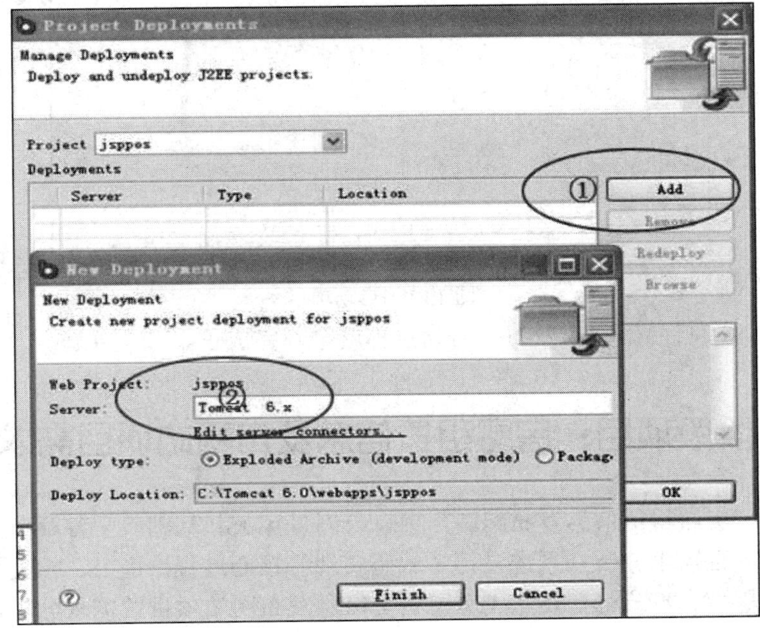

图 1.19　项目发布界面

第三步，启动服务器。

项目成功发布后，选择工具条中的服务器启动工具，如图 1.20 中②处所示的图标，选择配置好的 Tomcat 6.0 服务器，单击【Start】启动服务器，同时在控制台会显示启动成功信息：“Server startup in 2264 ms”。

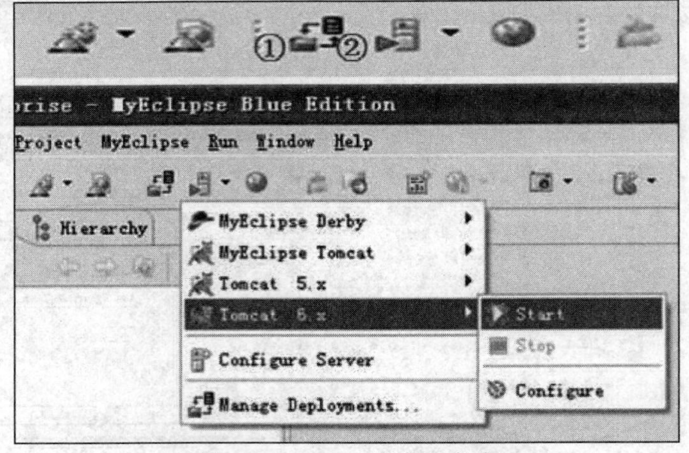

图 1.20　Tomcat 服务器启动

第四步，启动浏览器。

在地址栏中输入项目地址“http://localhost:8080/test/index.jsp”，启动项目如图 1.21 所示。

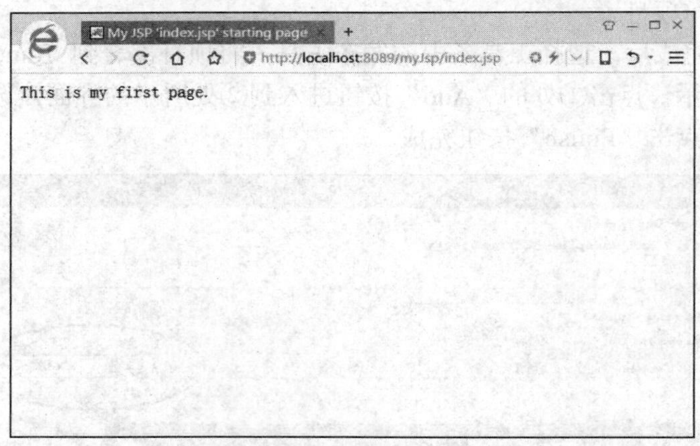

图 1.21　启动项目

至此，Web 项目的创建和发布、启动过程就全部完成了。

1.6　阶段项目：房屋租赁信息发布网站项目需求分析

本书将以“房屋租赁信息发布网站”项目为例贯穿 JSP 基础教学各章节，按照软件工程流程完成从项目需求分析—系统设计—编码实现等核心过程，将 JSP 相关知识与开发技巧融入开发过程中。本节将主要完成房屋租赁信息发布网站项目的需求分析，明确网站所承担功能，并结合功能分析完成系统数据库的设计。

1.6.1　房屋租赁信息发布网站需求分析

房屋租赁信息发布网站是一套用于满足二手房市场房屋租赁信息发布而设计的网站，主要包括二手房出租和求租等信息的发布功能。为适应教学需要，本书中将适当简化网站业务过程，降低对系统功能整体性和完备性要求，选择典型功能作为载体，突出体现 JSP 相关知识技能点。项目具体功能可划分为四个模块，具体如图 1.22 所示。

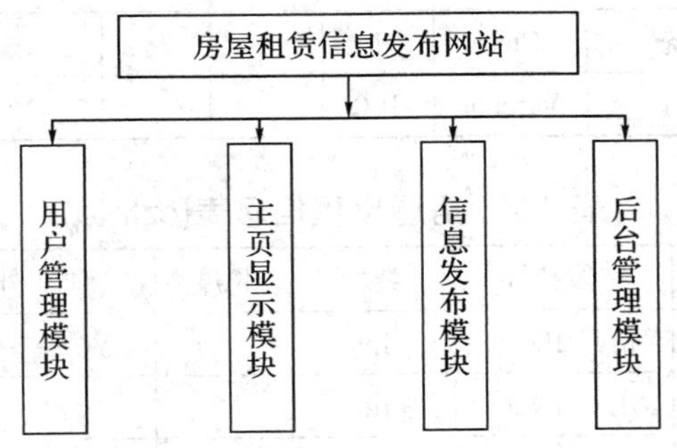

图 1.22　房屋租赁信息发布网站功能框架

1. 用户管理模块

用户管理模块主要包含用户登录、用户注册功能。本项目系统的用户角色分为两类：普通用户和管理员账户。普通用户能够发布信息，可管理个人已经发布过的信息，包括修改和删除功能。管理员账户登录后，可以管理审核普通用户发布的信息，只有管理员审核通过后，系统主界面才能显示，它可以管理普通用户账户，可以设定某个账户为停用状态。

2. 主页显示模块

主页模块负责展示系统主界面信息。主页面信息显示包括三部分：

(1) 二手房出租信息；

(2) 二手房求租信息；

(3) 用户登录信息。

3. 信息发布模块

(1) 用户登录后可以发布二手房出租或求租信息；

(2) 可以管理已经发布的信息，如修改和删除信息。

4. 后台管理模块

(1) 对用户发布的信息进行审核，通过审核的信息将显示于主界面；

(2) 管理注册用户，可以停用或删除某些用户。

1.6.2　数据库设计

项目选用 MySQL 作为数据库系统。根据需求分析，设计三张工作表，分别为用户信息表、房屋出租信息表、房屋求租信息表，另外设计区(县)、街道两张字典表，如表 1.1～表 1.5 所示。

表 1.1　用户信息表(userInfo)

序号	字段名	字段描述	类型	长度	主键	外键	空	备注
1	id	用户 ID 号	Int		Y		N	自增列
2	userName	用户名	Varchar	50				
3	userPass	登录口令	Varchar	50				
4	userType	用户类型	Char	1				0—普通用户；1—管理员
5	states	状态	Char	1				0—无效；1—有效
6	bz	备注	Varchar	100				

表 1.2　房屋出租信息表(czInfo)

序号	字段名	字段描述	类型	长度	主键	外键	空	备注
1	id	信息 ID 号	Int		Y		N	自增列
2	userId	用户 ID 号	Int				N	
3	title	信息标题	Varchar	200				
4	address	地址	Varchar	100				
5	floor	楼层	Int					
6	room	几室	Int					
7	hall	几厅	Int					
8	price	售价	decimal					
9	title	信息标题	Varchar					
10	sdate	发布日期	Varchar					
11	telephone	联系电话	Varchar	50				
12	contractMan	联系人	Varchar	50				
13	area	房屋面积	Float					
14	cellName	小区名称	Varchar	50				

表 1.3　房屋求租信息表(qzInfo)

序号	字段名	字段描述	类型	长度	主键	外键	空	备注
1	id	信息 ID 号	Int		Y		N	自增列
2	userId	用户 ID 号	Int				N	
3	detailInfo	求租信息	Varchar	200				
4	title	信息标题	Varchar	200				
5	sdate	发布日期	Varchar					
6	telephone	联系电话	Varchar	50				
7	cellName	联系人	Varchar	50				

表 1.4　区(县)数据字典表(district)

序号	字段名	字段描述	类型	长度	主键	外键	空	备注
1	id	区县 ID 号	Int		Y		N	自增列
2	districtName	区县名称	Varchar	50				

表 1.5　街道数据字典表(street)

序号	字段名	字段描述	类型	长度	主键	外键	空	备注
1	id	街道 ID 号	Int		Y		N	自增列
2	streetName	街道名称	Varchar	50				
3	did	区号						区 Id

练　习　题

1. 简单叙述 Tomcat 服务器安装路径下各目录的作用。

2. 归纳在 MyEclipse 环境下创建、发布、运行 Web 项目的过程。

3. 在 MyEclipse 中有时启动 Tomcat 服务器时会报出如图 1.23 所示的错误(java.net.BindException: Address already in use: JVM_Bind<null>:8080)，请根据所学知识和错误提示指出这是什么错误，并给出解决方法。

```
信息: The APR based Apache Tomcat Native library which allows optimal performance in
2010-12-2 21:19:04 org.apache.coyote.http11.Http11Protocol init
严重: Error initializing endpoint
java.net.BindException: Address already in use: JVM_Bind<null>:8080
        at org.apache.tomcat.util.net.JIoEndpoint.init(JIoEndpoint.java:502)
        at org.apache.coyote.http11.Http11Protocol.init(Http11Protocol.java:176)
        at org.apache.catalina.connector.Connector.initialize(Connector.java:1058)
```

图 1.23　启动 Tomcat 报错

课后习题参考答案

第 2 章　Web 项目基础知识

本章简介：本章将以 Web 项目、HTML 基础知识和房屋租赁信息发布网站规划三个方面内容为主。第一方面将带领读者学习有关 Web 项目方面的相关知识，认识 Web 项目的构成，掌握如何规划管理项目结构、配置项目属性、使用外部 Jar 包，学会项目的导入与导出等操作；第二方面将简要学习 HTML 在项目开发过程中所需的基础知识，掌握常用页面布局的设计方法，为后期学习 JSP 知识奠定基础；第三方面结合房屋租赁信息发布网站需求规划设计项目结构，设计网页等静态资源。

知识点要求：

(1) 了解项目属性的相关知识；
(2) 掌握 Web 项目的构成等方面的知识；
(3) 掌握 web.xml 文件的相关知识；
(4) 掌握 HTML 网页布局设计的相关知识；
(5) 掌握 HTML 中 JS 函数的相关知识；
(6) 掌握 HTML 样式的引用与设置。

技能点要求：

(1) 能够使用 MyEclipse 创建 Web 项目；
(2) 能够对 Web 项目的属性进行设定；
(3) 能够使用 PS 设计网页效果图；
(4) 能够熟练编写 HTML 网页；
(5) 能够熟练编写 JS 函数；
(6) 能够熟练设计 CSS 样式。

2.1　Web 项目相关知识

2.1.1　Web 项目结构

启动 MyEclipse 后进入到 IDE 的主工作环境，选择【File】→【New】→【Web Project】创建新的 Web 项目，创建项目的向导界面如图 2.1 所示。其中，【Project Name】是项目名称，本项目名称为“myJsp”；【Source folder】是源代码路径，默认的名字是“src”，这里面主要存放 Java 后台类；【Web root folder】是 Web 项目的根路径，这个下面主要存放项目的 JSP 页面、网页上面的图片、JS 函数库、CSS 样式表等；【Context root URL】是服务器中地址的根路径，点击“Finish”按钮完成 Web 项目的创建。创建完成的项目结构如图 2.2 中左图所示，右图为创建部分项目资源的项目结构图。

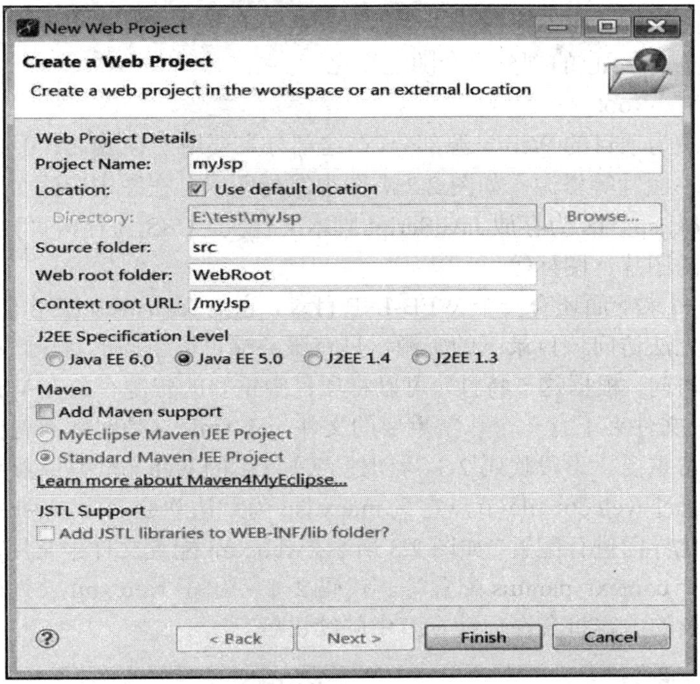

图 2.1　Web 项目创建视图

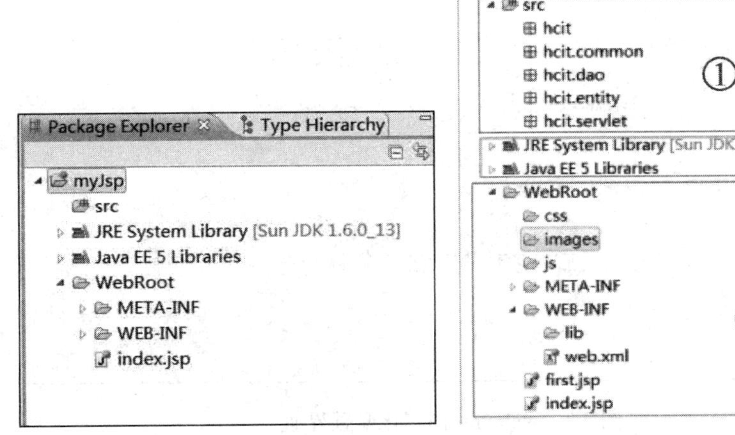

图 2.2　Web 项目框架图

Web 项目结构主要分为三大部分。

第一部分：src。

src 为项目后台代码存放部分，在项目开发过程中将根据业务需要创建不同包，创建包的原则一般根据模块划分，也可以按照分层划分。如图 2.2 右图中①处所示，根据项目开发需要，可创建 hcit 包。在 hcit 包下面分别有：common 包，用于存放项目中使用的公共类、工具类等资源；entity 包，用于存放开发中一些实体类，如数据库表的对应实体类；

dao 包，用于存放与业务操作过程相关类，实现对数据库的各种业务操作；servlet 包，用于存放控制类，控制项目业务流程。以上划分是 Web 项目中常用的典型划分，随着业务和项目复杂度的增加，src 包的划分也会随之变化。

第二部分：WebRoot。

WebRoot 目录为项目的 Web 资源部分，在这部分主要用于存放 JSP 页面、JS(JavaScript)代码、CSS 样式、图片等资源。如图 2.2 右图中②处所示，在图中有两个 JSP 网页，分别为 first.jsp 和 index.jsp。JS 为存放 JavaScript 脚本文件夹，CSS 为存网页样式文件，images 用于存储网页上的图片、图标等。

在 WebRoot 目录下面还有一个 WEB-INF 目录，它是 Java Web 应用的安全目录。所谓安全就是客户端无法访问该目录下的资源，只有服务端可以访问的目录，必须通过服务器相应的映射才能访问。根据这一特性，可以将项目中重要的资源存放在 WEB-INF 目录下。

在 WEB-INF 文件夹下有一个非常重要的文件 web.xml，它是网站部署描述 XML 文件，对网站的部署非常重要。下段代码 2-1 为创建完项目后的 web.xml 默认配置情况，包括欢迎页面的定义，通过 welcom-file 节点定义 index.jsp 为默认欢迎页面。web.xml 项目配置文件也可通过图形化界面进行配置，如图 2.3 所示。web.xml 配置文件中常用的节点有 servlet 配置、filter 配置、context params 配置等。代码 2_1 列出了 web.xml 文件的基本框架，关于 web.xml 更详细的内容将会在后续章节中陆续讲解。

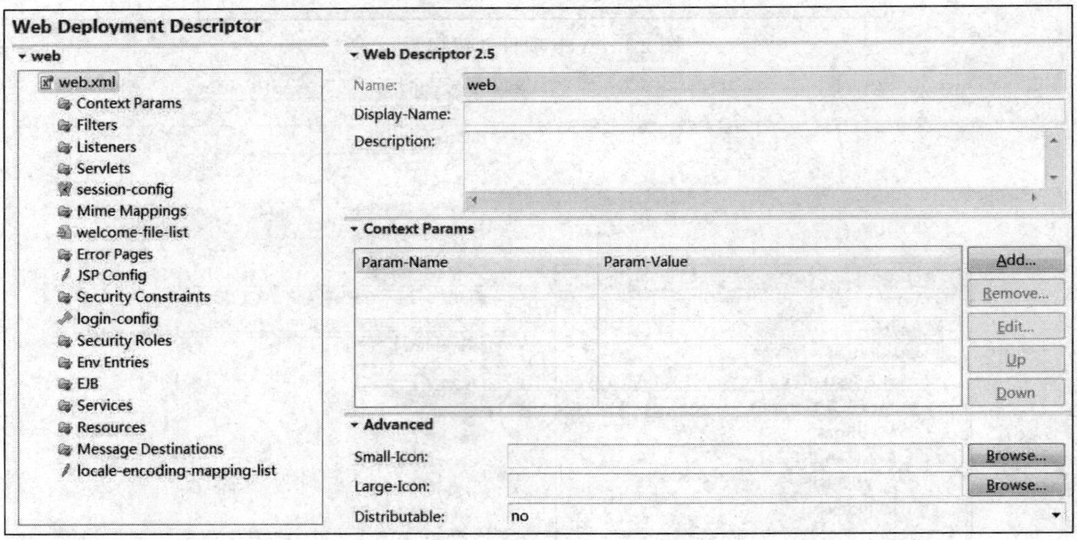

图 2.3　web.xml 图形化配置界面

代码 2_1：WebRoot/WEB-INF/web.xml 部分代码

```
<?xml version = "1.0" encoding = "UTF-8"?>
<web-app version = "2.5"     xmlns = "http://java.sun.com/xml/ns/javaee"
xmlns:xsi = "http://www.w3.org/2001/XMLSchema-instance"
  xsi:schemaLocation = "http://java.sun.com/xml/ns/javaee
  http://java.sun.com/xml/ns/javaee/web-app_2_5.xsd">
    <display-name></display-name>
```

```
    <welcome-file-list> <welcome-file>index.jsp</welcome-file>
    </welcome-file-list>
  </web-app>
```

WEB-INF 文件夹中除了有 web.xml 文件外，还有 classes 文件夹和 lib 文件夹(用于存放项目开发所需要的 Jar 包文件)。classes 文件夹用以放置项目发布生成后 Java 类对应的 *.class 文件，这些 *.class 文件是网站设计人员编写的类库，实现了 JSP 页面前台美工与后台服务的分离，使得网站的维护非常方便。/WEB-INF/lib/存放 Web 应用需要的各种 Jar 文件，放置仅在这个应用中要求使用的 Jar 文件，如数据库驱动 Jar 文件等。META-INF 相当于一个信息包，用来配置应用程序、扩展程序、类加载器和服务。

第三部分：资源包。

在我们开发的 Web 项目中，在 WEB-INF 文件夹下有一个 lib 目录，对应于磁盘上的文件夹。可以将项目开发用到的第三方 Jar 包文件拷贝入 lib 目录下，刷新一下项目，第三方包就成功的导入到项目中了。

2.1.2　项目属性配置

项目创建好后可以通过项目属性配置管理项目。具体操作过程为鼠标右键点击项目，选择弹出菜单中的【Properties】后出现如图 2.4 所示的配置界面，主要包括项目【Java Build Path】和【MyEclipse】相关属性的配置。

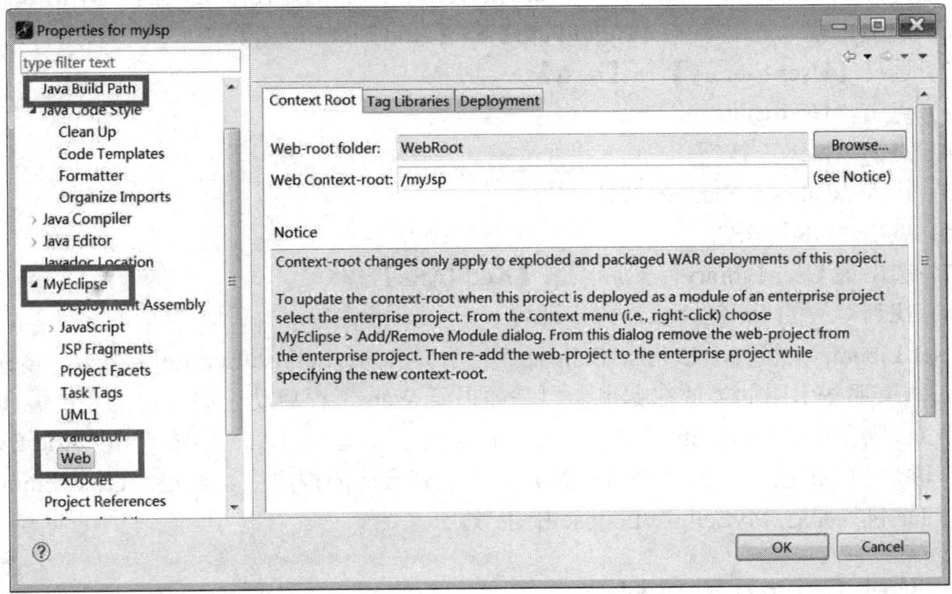

图 2.4　项目属性配置界面

2.1.3　Java Build Path 配置

【Java Build Path】选项中主要包括对项目引入外部 Jar 包的管理，即项目的 Libraries(库)管理。

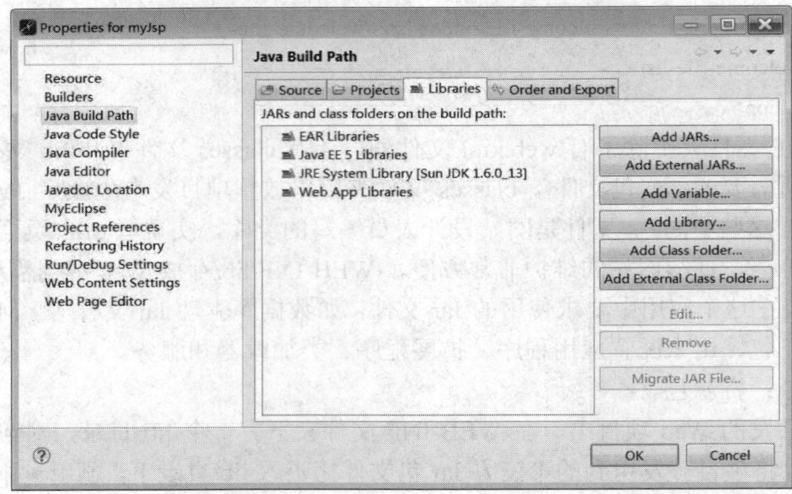

图 2.5　项目库配置界面

【Libraries】选项卡右侧主要包括以下几项功能。

(1) Add JARs：增加工程内包；

(2) Add External JARs：增加工程外部的包；

(3) Add Library：增加一个库；

(4) Add Class Folder：增加一个类文件夹。

下面着重介绍 Add Library 中的 User Libraries。添加 User Library 的具体做法如下：

(1) 选中工程，右键点击【Build Path】→【Add Libraries...】。

(2) 选择【User Library】→【next】。

(3) 点击“User Library”按钮。

(4) 点击“New”按钮。

(5) 输入“Library Name”按钮。

(6) 点击“OK”按钮。

(7) 选中该 User Library，然后点击【Add JARs】。

(8) 找到对应的 Jar 包，依次确定即可。

User Liberary 加到 MyEclipse/Eclipse 中，只是在 MyEclipse/Eclipse 中生效，就是只有 Eclipse 知道那些引用的类放在哪里，但是如果要 Web 工程启动正常，就是要告诉 Tomcat 等容器 Jar 包在哪里(放在 lib 目录下，容器就知道了)。通过“Add JARs”和“Add External JARs”添加的 Jar 包，作为程序的一部分被打包到最终的程序中。通过“User Libraries”添加的 Jar 包只是在 MyEclipse/Eclipse 中生效。

2.1.4　Web Context Root 配置

进入项目属性配置窗体后选择【MyEclipse】下面的【Web】项，进入到 Context Root 配置项，配置界面如图 2.6 所示。Web Context Root 中的映射地址为 Web 项目的访问地址，当项目重命名后，Web Context Root 中的名称并不能自动更新，需要开发者手动更新项目启动路径。

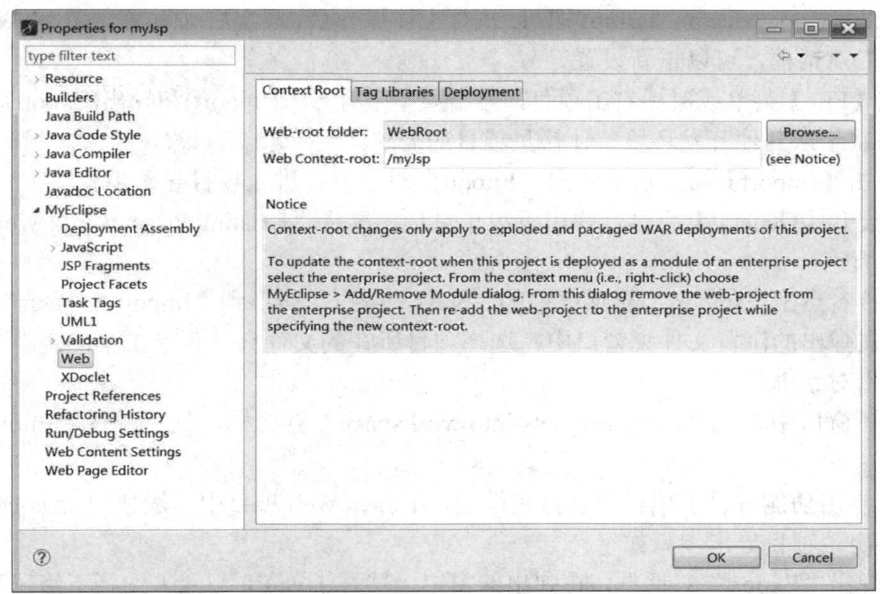

图 2.6　Context Root 配置界面

2.1.5　项目工作空间与导入导出

在创建项目时会提示创建或选择项目工作空间(Workspace)，工作空间是用于保存项目相关文件的文件夹。在启动 MyEclipse 时，会弹出如图 2.7 所示的对话框，图中①处为提示创建或选择用于存放项目的路径；②处所指示的复选框提示下次启动 MyEclipse 时将不再提示选择工作空间路径对话框，建议不选该选项，一旦选了该选项，下次启动 MyEclipse 就不再提示选择工作空间，而将上次工作空间作为默认工作空间使用。

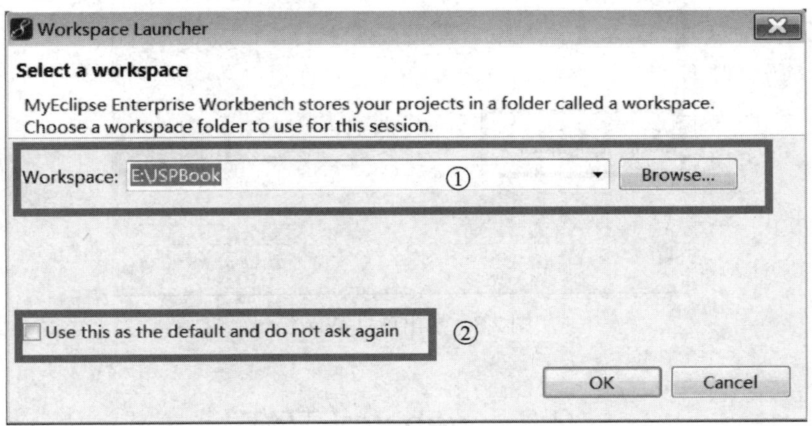

图 2.7　项目工作空间的选择

倘若选了该选择项，可以通过配置选项(Preferences)重新启动选择项。启动 Eclipse/MyEclipse 后，打开【Window】→【Preferences】→【General】→【Workspace】，点击 Workspace 页面上的“Startup and Shutdown”，勾选“Startup and Shutdown”页中的

“Prompt for workspace on startup”即可。执行上述操作后，再次启动后又会弹出“Workspace Launcher”对话框，可以重新设置。

点击【File】菜单或鼠标右击项目，弹出菜单中有导入(Import)和导出(Export)功能。项目导入解决了从其他开发环境整体拷贝项目的需求。

在单击【Import】命令后会弹出“Import”对话框，进入项目导入步骤：

(1) 展开【General】目录，弹出下级子目录，选择“Existing Projects into Workspace”选项；

(2) 接着点击“Import”对话框中的“Next”按钮，切换到“Import Projects”步骤；

(3) 在弹出的浏览文件夹窗口中，选择项目所在的文件夹，再单击“确定”按钮返回“Import”对话框；

(4) 在窗口中勾选“Copy projects into workspace”复选框，最后单击“Finish”按钮即可。

项目导出功能解决了项目部署打包问题，在Java Web项目中一般使用Java EE选项进行项目导出。项目导出步骤如下：

(1) 弹出“Export”对话框，在弹出的窗口上展开Java EE目录，选择下级子目录中的War File选项；

(2) 单击“Next”按钮，弹出“War Export”对话框，如图2.8所示；

(3) 在弹出的“War Export”对话框中选择要导出的项目，然后点击“Browse”按钮，在弹出的文件管理窗体中选择保存文件的路径，在文本框输入要保存的文件名；

(4) 最后点击最下面的“Finish”按钮即可导出当前项目。

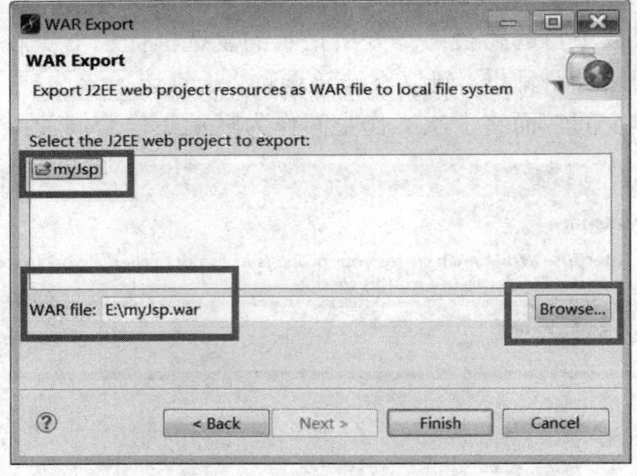

图2.8　导出项目War包

2.2　web.xml文件

一个Java Web项目中的web.xml文件并不是工程必需的，但对于Java Web项目尤其是企业级应用项目，web.xml文件非常重要。web.xml文件是用来配置诸如欢迎页、Servlet、Filter等功能项的。当Web工程用到这些开发技术时，就必须使用web.xml文件来配置Web

工程。web.xml 文件中定义了多少种标签元素，就可以出现它的模式文件所定义的标签元素，就能拥有定义出来的那些功能。web.xml 的模式文件是由 Sun 公司定义的，每个 web.xml 文件的根元素<web-app>中，都必须标明这个 web.xml 使用的是哪个模式文件，如代码 2_2 所示。

代码 2_2：WebRoot/WEB-INF/web.xml 框架代码

```
<?xml version = "1.0" encoding = "utf-8"?>
<web-app version = "2.5"
  xmlns = "http://java.sun.com/xml/ns/javaee"
  xmlns:xsi = "http://www.w3.org/2001/XMLSchema-instance"
  xsi:schemaLocation = "http://java.sun.com/xml/ns/javaee
  http://java.sun.com/xml/ns/javaee/web-app_2_5.xsd">
</web-app>
```

2.2.1　定义欢迎页面

代码 2_3：WebRoot/WEB-INF/web.xml 欢迎页面定义代码

```
<welcome-file-list>
    <welcome-file>index.jsp</welcome-file>
    <welcome-file>index1.jsp</welcome-file>
</welcome-file-list>
```

代码 2_3 中指定了两个欢迎页面，显示时按顺序从第一个页面找起，如果第一个页面存在，就显示第一个页面，后面的欢迎页面就不起作用了；如果第一个页面不存在，就找第二个欢迎页面，以此类推。访问一个网站时，默认看到的第一个页面就叫“欢迎页”，一般情况下是由首页来充当欢迎页的。开发者会在 web.xml 中指定欢迎页。在 web.xml 没指定欢迎页的情况下，不同应用服务器可能会有不同的默认欢迎页。对于 Tomcat 来说，它默认先查找 index.html 文件，如果找到了，就把 index.html 作为欢迎页还回给浏览器，如果没找到，Tomcat 就去找 index.jsp，找到 index.jsp 就把它作为欢迎页面返回。而如果 index.html 和 index.jsp 都没找到，又没有用 web.xml 文件指定欢迎页面，Tomcat 就不知道该返回哪个网页了，此时显示“The requested resource (/XXX) is not available”的页面，其中 XXX 表示 Web 的根名。

2.2.2　定义错误页面

定义错误处理页面如代码 2_4 所示，可以通过“异常类型”或“错误码”来指定错误处理页面。代码 2_4 中定义了当发生 404 报错后将由“error404.jsp”页面进行显示。

代码 2_4：WebRoot/WEB-INF/web.xml 报错代码

```
<error-page>
    <error-code>404</error-code>
    <location>/error404.jsp</location>
</error-page>
```

```
<error-page>
    <exception-type>java.lang.Exception<exception-type>
    <location>/exception.jsp<location>
</error-page>
```

2.3　Html 相关知识

2.3.1　HTML 中常用标记介绍

HTML 里的 form 元素用来创建一个表单，实现与本页或其他页面的数据交互。form 标记有 method 和 action 两个主要属性，method 定义页面提交方式是 get 或是 post，action 能指定用来接收本页面请求的服务器中其他页面或资源的地址。当点击页面“提交”按钮进行向服务器提交的时候，由 action 指定由某一特定的 JSP 页面接收请求。

表单在 HTML 页面中起着重要作用，它是与用户交互信息的主要手段。一个表单至少应该包括说明性文字、用户填写的表格、提交和重填按钮等内容。用户填写了所需的资料之后，按下“提交”按钮，这样所填资料就会通过专门的接口传到 Web 服务器上，网页的设计者随后就能在 Web 服务器上看到用户填写的资料，从而完成从用户到作者之间的反馈和交流。

form 表单中主要包括下列元素：

(1) button——普通按钮；
(2) radio ——单选按钮；
(3) checkbox——复选框；
(4) select ——下拉式菜单；
(5) text ——单行文本框；
(6) textarea——多行文本框；
(7) submit——提交按钮；
(8) reset——重填按钮。

HTML 设计表单常用的标记有<form>、<input>、<option>、<select>、<textarea>和<isindex>等标记。

1. <form>表单标记

该标记的主要作用是设定表单的起止位置，并指定处理表单数据程序的 URL 地址。其基本语法结构如下：

```
<form    action = url method = get | post name = value target = window> </form>
```

其中：

action——用于设定处理表单数据 URL 的地址。这样的程序通常是 CGI 应用程序，采用电子邮件方式时，用 action = "mailto:你的邮件地址"。

method——指定数据传送到服务器的方式。有两种主要的方式，当 method = get 时，将输入数据加在 action 指定的地址后面传送到服务器；当 method = post 时则将输入数据按照 HTTP 传输协议中的 post 传输方式传送到服务器。

name——用于设定表单的名称。

target——指定输入数据结果显示在哪个窗口，需要与<frame>或<iframe>标记配合使用。

2. <input>表单输入标记

此标记在表单中使用频繁，大部分表单内容需要用到此标记。其语法如下：

```
<input aligh = left | righ | top | middle | bottom   name = value
type = text | textarea | password | checkbox | radio | submit | reset
 | file | hidden | image | button value = value   src = url   checked
maxlength = n   size = n   onclick = function onselect = function>
```

其中：

align——用于设定表单的位置是靠左(left)、靠右(right)、居中(middle)、靠上(top)还是靠底(bottom)。

name——设定当前变量名称。

type——决定了输入数据的类型。其选项较多，各项的意义是：

type = text：表示输入单行文本；

typet = textarea：表示输入多行文本；

type = password：表示输入数据为密码，用星号表示；

type = checkbox：表示复选框；

type = radio：表示单选框；

type = submit：表示提交按钮，数据将被送到服务器；

type = reset：表示清除表单数据，以便重新输入；

type = file：表示插入一个文件；

type = hidden：表示隐藏按钮；

type = image：表示插入一个图像；

type = button：表示普通按钮。

value——用于设定输入默认值，即如果用户不输入的话，就采用此默认值。

src——是针对 type = image 的情况来说的，设定图像文件的地址。

checked——表示在选择框中，此项被默认选中。

maxlength——表示在输入单行文本的时候，最大可输入的字符个数。

size——用于设定在输入多行文本时的最大输入字符数，采用 width、height 方式。

onclick——表示在按下输入时调用指定的子程序。

onselect——表示当前项被选择时调用指定的子程序。

3. <select>下拉菜单标记

用<select>标记可以在表间插入一个下拉菜单，它需与<option>标记联用，因为下拉菜单中的每个选项要用<option>标记来定义。其语法如下：

```
<select name = nametext size = n multiple>
```

其中：

name——设定下拉式菜单的名称。

size——设定菜单框的高度，也就是一次显示几个菜单项，一般取默认值(size = "1")。

multiple——设定为可以进行多选。

4. <option>选项标记

该标记为下拉菜单中的一个选项，语法如下：

```
<option selected value = value>
```

其中：

selected——表示当前项被默认选中。

value——表示该项对应的值。在该项被选中之后，该项的值就会被送到服务器进行处理。

5. <textarea>多行文本输入标记

这是一个建立多行文本输入框的专用标记。其语法格式如下：

```
<textarea name = name cols = n rows = n wrap = off | hard | soft>
```

其中：

name——文本框名称。

clos——宽度。

rows——高度(行数)。

wrap——换行控制。off 为不自动换行；hard 为自动硬回车换行，换行标记一同被传送到服务器中去；soft 为自动软回车换行，换行标记不会传送到服务器中去。

 **【案例 2_1】 HTML 页面表单设计。**

HTML 页面表单设计

案例说明： 设计 HTML 页面，在 HTML 页面中使用表单元素构建用户注册静态页面的代码，形成 form 表单。在页面中采用 Table 布局，规范表单格式，具体如代码 2_5 所示。

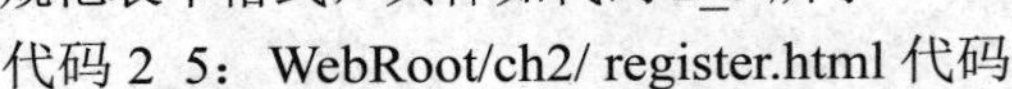

代码 2_5：WebRoot/ch2/ register.html 代码

```
<html>
<head>
<meta http-equiv = "Content-Type" content = "text/html; charset = utf-8" />
<title></title>
</head>
<body background = "images/zf_04.jpg" >
  <form action = "index.htm" method = "post" name = "myForm" onSubmit = "return pass()">
    <table align = "center" width = "80%">
      <tr>
        <td colspan = "2" class = "ltd">用户注册：</td>
      </tr>
      <tr>
        <td class = "rtd">用户名：</td>
        <td class = "ltd">
            <input type = "text" name = "uname">
```

```
            </td>
        <tr>
            <td class = "rtd">密码：</td>
            <td class = "ltd">
                <input type = "password" name = "upass">
            </td>
        <tr>
        <tr>
            <td class = "rtd">重复密码：</td>
            <td class = "ltd">
                <input type = "password" name = "upass1">
            </td>
        <tr>
            <td class = "td" colspan = "2">
              <input type = "submit" value = "注册"    class = "button">
              <input type = "reset" value = "重置" class = "button">
            </td>
        </tr>
      </table>
    </form>
  </body>
  </html>
```

代码 2_5 的<form>标签中 action = "index.html"定义了页面提交后由 index.html 页面接收处理 HTTP 请求数据，method = "post" 定义提交的方式为 post 形式，name = "myForm" 定义本表单名称属性，onsubmit = " return pass()" 定义表单提交时要调用 JavaScript 函数。

2.3.2　页面中的 JavaScript 脚本

JavaScript 前身是 LiveScript。自从 Sun 公司推出著名的 Java 语言之后，Netscape 公司引进了 Sun 公司有关 Java 的程序概念，将自己原有的 LiveScript 重新进行设计，并改名为 JavaScript。JavaScript 是一种基于对象和事件驱动并具有安全性能的脚本语言，有了 JavaScript 可使网页变得生动。使用它的目的是与 HTML 超文本标识语言、Java 语言一起实现在一个网页中链接多个对象，与网络客户交互作用，从而可以开发丰富的客户端应用程序。它是通过嵌入在标准的 HTML 语言中实现功能的。

JavaScript 具有很多优点。第一是其简单性。JavaScript 是一种脚本编写语言，它采用小程序段的方式实现编程，像其他脚本语言一样，JavaScript 同样也是一种解释性语言，它提供了一个简易的开发过程。它的基本结构形式与 C、C++、VB、Delphi 十分类似。但它不像这些语言需要先编译，而是在程序运行过程中被逐行地解释。它与 HTML 标识结合在一起，从而方便用户的使用操作。第二是其动态性。JavaScript 是动态的，它可以直接对用户或客户输入做出响应，无需经过 Web 服务器运行。它对用户的反映响应，是采用以事件驱动的方式进行的。所谓事件，就是指在页面中执行了某种操作所产生的动作，比如按下鼠标、移动窗口、选择菜单等都可以视为事件，事件发生后，可能会引起相应的事件响应。第三是跨平台性。JavaScript 是依赖于浏览器本身的，与操作环境无关，只要能运行浏览器的计算机，并支持 JavaScript 的浏览器就可以正确执行。第四是节省互联网服务器资源。随着互联网的迅速发展，有许服务器提供的服务要与浏览者进行交流，确认浏览的填写数据的有效性、服务的内容等，如果这些工作都由服务器完成，则很显然一方面增大了网络的通信量，另一方面影响了服务器的服务性能。服务器为一个用户运行一个应用时，需要一个进程为它服务，它要占用服务器的资源(如 CPU 服务、内存耗费等)，如果用户填表出现错误，交互服务占用的时间就会相应增加。被访问的热点主机与用户交互的越多，服务器的性能影响就越大。所以，通过在页面中加入 JavaScript 函数，对提交的数据进行必要的校验，将没有错误的数据提交到服务器进行处理，大大降低了服务器的负荷。

网页中引入 JavaScript 的方法有以下两种。

(1) 直接在页面中加入 JavaScript 代码，这是最常用的方法。例如：

```
<script language = "Javascript">
    <!--
    document.writeln("这是 Javascript！采用直接插入的方法！");
    //-Javascript 结束
-->
</script>
```

在这个例子中，我们可看到一个新的标签：<script>…</script>，用于编写 JavaScript 函数。而<script language = "Javascript"> 用来告诉浏览器这是用 JavaScript 编写的程序，需要调动相应的解释程序进行解释(W3C 已经建议使用新的标准：<script type = "application/javascript">)。JS 代码中出现了 HTML 的注释标签 <!-- 和 --> 是用来去掉浏览器所不能识别的 JavaScript 源代码，这对不支持 JavaScript 语言的浏览器来说是很有用的。

(2) 引用外部 JS 文件。

如果已经存在一个 JavaScript 源文件(以 JS 为扩展名的脚本文件)，则可以采用这种引用的方式将 JavaScript 函数引入到当前页面中，以提高程序代码的利用率。其基本格式如下：

```
<script src = "url" type = "text/javascript"></script>
```

其中的 "url" 就是 JS 程序文件的地址。同样的，这样的语句可以放在 HTML 文档头部或主体的任何部分。

2.3.3　页面中的 CSS 样式

CSS 样式表在网页设计中占有极其重要的地位，CSS 是 Cascading Style Sheet 的首字母缩写，译为“层叠样式表单”。CSS 功能强大，在网页设计中不可缺少的要经常使用到 CSS，几乎可以定义所有的网页元素的属性和表现形式，最常见的有定义字体大小，用 CSS 定义的字体大小不会由浏览器的字体设置而改变。可以使用 CSS 去掉超级链接下划线、改变超链接变色等。CSS 作用体现在可以大量减少网页代码，从而为网页减肥，原理是在网页中自定义样式表的选择符，然后在网页中引用这些选择符。目前大部分网站都是使用 class 来引用 CSS 中定义的样式的。CSS 中 class 和 id 的作用相似，在实际应用中 class 对文字、表格等排版等比较有用，而 id 则对宏观布局和设计放置各种 Div 元素较有用。id 的使用方法，在网页<STYLE>和</STYLE>之间定义选择符名，选择符名前加#，这些选择符号可以是字母、数字或组合，然后在网页的元素中使用"id = **"来引用样式表中已经定义的样式。在一定条件下，使用 id 来引用可能不起作用或报错，或与 JavaScript 的 id 发生冲突，这种情况下，可以使用 class 来引用样式。class 的使用方法与 id 一样，所不同的是在网页的<STYLE>和</STYLE>之间定义选择符名，名前加"."(即点)。例如<STYLE>.a1{color:FF0000}</STYLE>，然后用 class = a1 引用它。

下面简要介绍在页面中如何使用 CSS。

CSS 加在页面什么位置？有以下两种方式定义应用 CSS：

(1) 写在页面上，在<head>和</head>之间加入语句<STYLE></STYLE>，然后所有的样式表都定义在<STYLE>和</STYLE>之间。

如<STYLE>.td{font-size:9pt; line-height:150%}</STYLE>表示网页的字体大小为 9 磅字，行距为 150%，td 是单元格元素，这句也就是对单元格内的字体起作用。这里的<style>后面的 td，表示选择符，网页内所有的<td>元素都会起作用。这些选择符可以是所有的 HTML 标记，例如<p>、<table>、<hr>等，只有少数的像
这样的标签除外。

<STYLE>.a{color:FF0000}input{font-size:9pt}</STYLE>表示超链接都为红色，单行文本框的字体是 9 磅。

(2) 引入已经定义好的 CSS 文件，把样式表定义成一个或多个 CSS 文件，然后相关页面都指向这些样式表文件来调用它，可使用<link href = ***.css rel = stylesheet>来连接 CSS 文件。

在项目中为了保证系统中的页面风格一致，采用了统一的 CSS 样式表，在每个页面上引用该样式表修饰本页面元素，这样就达到了页面风格一致的设计要求。在样式表中，可以对页面中的所有元素进行修饰限定，包括字体、前景色、背景色、边距、表格等进行设定。样式表一般在静态页面设计的同时进行设计，一般采用 Dreamweaver 工具进行设计。下面展示出本项目的样式表中主要元素的样式设计信息，样式表文件为 style.css，位于 webroot/css/目录下面，如代码 2_6 所示。

代码 2_6：WebRoot/css/style.css 代码

```
.body{
        FONT-SIZE: 9pt;
        background-color:#E1E1E1;
        scrollbar-face-color:#ffffff;
        scrollbar-shadow-color:#ffffFF;
        scrollbar-highlight-color:#ffffFF;
        scrollbar-3dlight-color:#4c7094;
        scrollbar-darkshadow-color:#4c7094;
        scrollbar-track-color:#ffffFF;
```

```
        scrollbar-arrow-color:#4c7094;
}
.ltd{
        font-size:9pt;
        font-family: 宋体;
        color:#000000;
        text-align:left;
        LINE-HEIGHT: 20px;
        padding-left:10;
        padding-top:3;
        padding-right:10;
        padding-bottom:3;
}
.table  {
        border-style: outset;
        border: 1 #000066;
        background-color: #000066;
        border-width: 0;
        padding: 1;
        text-align : center;
        PADDING-BOTTOM: 10px;
        PADDING-LEFT: 10px;
        PADDING-RIGHT: 10px;
        PADDING-TOP: 10px;
        line-height: 10pt;
}
.button
{
        border: 1px #4c7094 solid;
        background-color: #e9f3fc;
        font-size:9pt;
        font-family: 宋体;
}
.page:link{
        FONT-SIZE: 9pt;
        COLOR: #000000;
        text-decoration:none;
        und
}
```

【案例 2_2】 创建 HTML 页面，测试 JS 函数。

创建 HTML 页面，测试 JS 函数

案例说明： 案例创建 HTML 页面，在 HTML 页面中创建表单，表单中包括一个文本框和一个按钮，当点击按钮后调用 JS 函数显示文本框中的输入信息，具体如代码 2_7 所示。

代码 2_7：WebRoot/ch2/ test1.html

```
<!DOCTYPE html>
<html>
  <head>
    <title>test1.html</title>
    <meta http-equiv = "content-type" content = "text/html; charset = UTF-8">
   <script type = "text/javascript">
        function test(){
               var temp = document.getElementById("a").value;
               alert(temp);
        }
   </script>
   </head>
   <body>
     <form action = "">
        <input type = "text" name = "info" value = "" id = "a">
        <input type = "button" name = "bt" value = "测试" onclick = "test()">
     </form>
   </body>
</html>
```

2.4　阶段项目：房屋租赁信息网站规划

2.4.1　项目原型设计

一般 B/S 架构开发分为前端与后台两部分。在前端开发中主要涉及 Web 页面的设计，设计顺序为静态原型—视觉效果—前端功能拟合。在 Web 系统设计过程中，常使用快速原型开发模式，快速原型是一种有效的开发方法。快速原型设计方法是在软件设计之初，根据需求分析快速设计用户功能静态界面，最大程度模拟实现需求中的设计功能。在软件开发之初最关键的步骤就是确切定义出需求，明确软件要实现的功能是什么，而这恰恰也是最困难的过程，因为现在许多用户在初期只有一个隐约的、大致的考虑，根本不可能提出具体明确的需求。这种情况下，使用快速原型反复与客户进行交流、细化需求，成为一种更加有效的方法。一个软件的原型，主要是模拟重要的功能和界面，但是一般不考虑运行效率，也不考虑系统的健壮性，出错处理也考虑不多，它的目的只是为了实际描述概念中的结构，使用户能够检测与其概念的一致性和概念的可用性。

B/S 模式的应用系统主界面的设计与普通商务网站的设计流程大体相似，但在页面布局上有一些区别。在应用系统中，要有一个相对比较大的区域用做软件的操作区域，一般的布局采用如图 2.9 所示的几种模式。

图 2.9　网页常用布局形式

系统主界面设计流程的一般步骤是：首先根据系统的需求分析，完成应用程序主页策划，其中包括布局、样式、风格等各种要素的确定。其次，根据策划的结果收集相关资料，然后在 PhotoShop(PS)中设计整体的效果图。最后通过对效果图进行切片处理，使用 Table 或 Div 对主页进行布局，并配合 JavaScript 和 CSS 样式设计出美观实用的应用系统的主界面。在主页设计过程一般要用到 PS 和 DreamWeaver 工具软件。网页设计开发流程如图 2.10 所示。

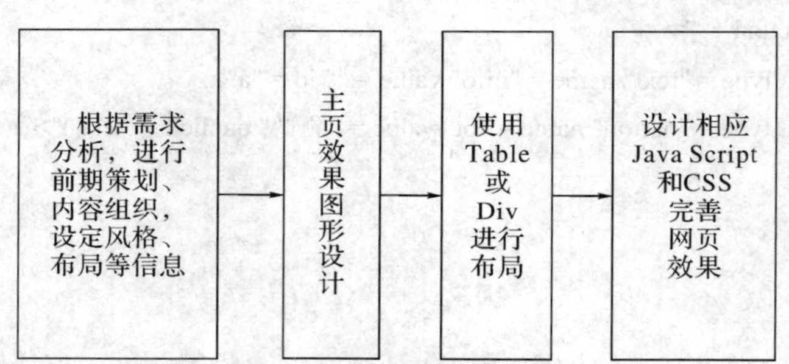

图 2.10　网页设计开发流程

2.4.2　静态页面设计

【任务 2.1】　房屋租赁信息网站主页模板设计。

房屋租赁信息网站主页模板设计

任务描述：使用 PhotoShop 等工具，完成房屋租赁信息网站主界面，确定软件界面整体样式与风格。

任务分析：主界面的设计一般会参照比较成熟的成功网站设计案例，制定本项目主体界面设计方案。设计过程中要综合应用到 PhotoShop、DreamWeaver 等网页设计软件。

掌握技能：通过该任务应该达到掌握如下技能：

(1) 使用 PhotoShop 设计项目界面主页效果图；

(2) 综合运用所学 HTML 知识，整合主页面。

任务实现：

项目主界面开发的设计过程一般采用草图设计—收集资料—效果图设计—切片处理—网页静态页面处理等几个过程，下面分别就不同的步骤进行说明。

第一步，根据系统的功能需求，选定 1# 左右布局格式。首先设计网页的结构草图，如图 2.11 所示。然后收集基本素材，在 PS 中设计相应的效果图，如图 2.12 所示。

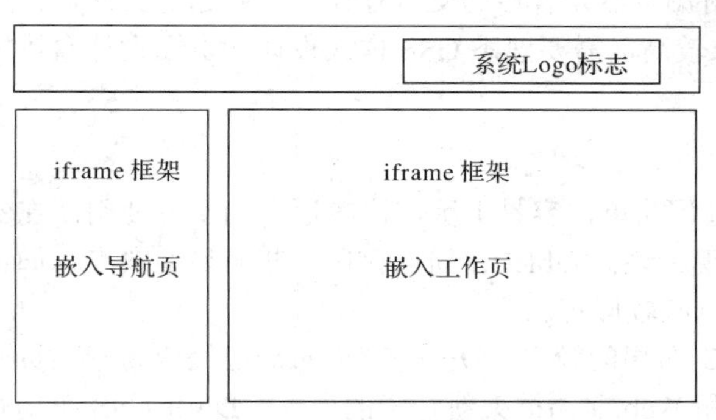

图 2.11　房屋租赁信息网站主页草图设计

图 2.12　房屋租赁信息网站主页效果图

第二步，使用 PS 的切片工具对设计好的整体效果图进行切片处理，可以得到与效果图对应的应用程序主页静态网页，并且将切割好的图片存入 images 目录中，从而形成最基本的静态 HTML 类型网页。可对效果图片按照事先设计好的布局进行切片处理，将有效的图片保留下来，而对于左右空白处的图片就不用再进行切片处理了。具体切片完成过的效果图如图 2.13 所示。

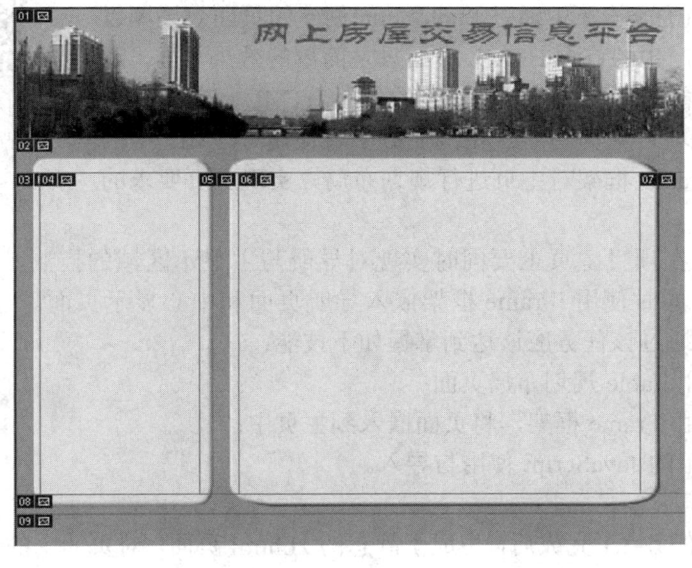

图 2.13　房屋租赁信息网站主页切片图

2.4.3　利用 Table 实现页面的布局

首先，将 Table 与 Div 布局进行比较。

1. Div + CSS 布局的优缺点

Div + CSS 布局的优点首先是比较灵活，能够实现样式设计与结构框架设计彻底分离，从而使网页易于维护；其次，使用 Div + CSS 布局的代码结构清晰，页面代码相对较少；最后使用 Div + CSS 布局的页面对各种搜索引擎的支持较好，网页爬虫检索的速度比较快。但 Div + CSS 布局也存在一些缺点，如对浏览器兼容性的支持存在一定问题；其次，使用 Div + CSS 布局对开发者技术能力的要求较高，需要熟悉 CSS 样式设计和页面设计盒子模型，要有一定的设计经验。

2. Table 布局的优缺点

Table 布局的优点可以归纳为布局过程简单，容易上手，比较适合初学者使用；在不同浏览器间的兼容性较好，一般不会出现错误。Table 布局也存在一些明显的缺点，如灵活性不够，且样式单一，对搜索引擎的响应较慢等。

目前，在项目开发中使用 Div + CSS 布局的较多，Div + CSS 布局已经成为网站页面布局设计的主流技术。随着响应式布局和 Web 前端框架新技术的出现，Div + CSS 布局有与 Vue、React、Angular 等新技术结合的趋势，将成为未来一段时间内的网页布局的首选。考虑到本书的教学重点是 JSP 相关技术，加之考虑到初学者的学习成本，本书在教学案例网页布局中选用 Table 表格布局技术完成页面框架的设计。

【任务 2.2】 使用 Table + iFrame 布局页面。

使用 Table + iFrame 布局页面

任务描述：在任务 2.1 中通过 PhotoShop 创建的页面效果图以及通过切片工具产生的首页 HTML 页面只是简单的效果页面，还不能达到项目功能的需要，还要进一步的使用 HTML 相关知识进一步的设计规划项目主页功能。在该任务中将使用 HTML 中的 Table 元素和 iFrame 框架对主页进行规划布局，实现主页要求的功能。

任务分析：在项目主页上要同时实现对导航与主显示区域的控制，采用 Table 方式规划页面布局，同时使用 iFrame 框架嵌入导航页面和中心显示页面。

掌握技能：通过该任务应该达到掌握如下技能：

(1) 掌握使用 Table 规划布局页面；

(2) 学会使用 iFrame 框架，将页面嵌入到主页中；

(3) 掌握简单的 JavaScript 使用与导入。

任务实现：

第一步，在任务 2.1 完成后，生成了静态的 zf.html 页面，对页面中的 Table 进行修改，使用 tr 和 td 进行框架的布局，调整后的页面代码如代码 2_8 所示。

代码 2_8：WebRoot/zf.html

```
<html>
<head>
    <title>zf</title>
    <meta http-equiv = "Content-Type" content = "text/html; charset = gb2312">
    <link href = "css/style.css" rel = "stylesheet" type = "text/css">
</head>
<body bgcolor = "#FFFFFF" leftmargin = "0" topmargin = "0" marginwidth = "0" marginheight = "0">
<table id = "__01" width = "850" align = "center"
          height = "620"    border = "0" cellpadding = "0" cellspacing = "0">
  <tr> <!--标题-->
    <td colspan = "5"><img src = "images/zf_01.jpg" width = "850" height = "169" alt = ""></td>
  </tr>
  <tr>
    <td colspan = "5"><img src = "images/zf_02.jpg" width = "850" height = "44" alt = ""></td>
  </tr>
  <tr> <!--左边框-->
    <td>    <img src = "images/zf_03.jpg" width = "37" height = "341" alt = ""></td>
    <td width = "199" height = "341"><!--左页面-->
      <iframe name = "left" width = "100%" height = "100%" scrolling = "no"
      frameborder = "0" src = "left.html"></iframe> </td>
    <td>    <img src = "images/zf_05.jpg" width = "48" height = "341" alt = ""></td>
    <td   width = "524" height = "341"><!--右页面框-->
      <iframe name = "main" width = "100%" height = "100%" scrolling = "no"
      frameborder = "0" src = "main.html"></iframe> </td>
 <!--右边框-->
    <td><img src = "images/zf_07.jpg" width = "42" height = "341" alt = ""></td>
  </tr>
  <tr><!--下边框-->
    <td colspan = "5"><img src = "images/zf_08.jpg" width = "850" height = "23" alt = ""></td>
  </tr>
  <tr><!—页脚信息-->
    <td colspan = "5" background = "images/zf_09.jpg" height = "43" class = "td">
      <P align = "center">2010 东方房产信息有限公司 版权所有</P>
    </td>
  </tr>
</table></body></html>
```

图 2.14　房屋租赁信息网站 HTML 主页

第二步，在代码 2_8 中通过使用 iFrame 框架嵌入子页面，其中，src 属性中标注的是引用页面的具体文件地址：

```
<iframe name = "left" width = "100%" height = "100%" scrolling = "no"
frameborder = "0" src = "left.html"></iframe>
<iframe name = "main" width = "100%" height = "100%" scrolling = "no"
frameborder = "0" src = "main.html"></iframe>
```

提示：使用表格布局的时候，在表格的属性中一般都要加入 border = "0" cellpadding = "0"　cellspacing = "0"，否则在表间就会出现缝隙。

第三步，设计其他功能的静态页面功能。

(1) 登录界面的设计页面如图 2.15 所示，代码如代码 2_9 所示，页面文件名为 login.html。

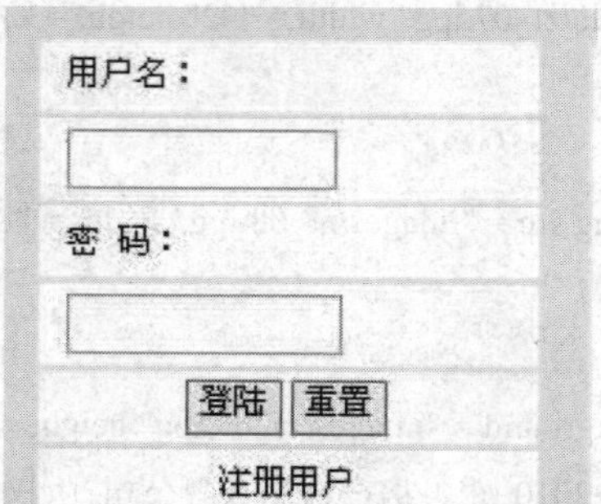

图 2.15　登录页面

代码 2_9：WebRoot/login.html

```
<html>
```

```
<head><meta http-equiv = "Content-Type" content = "text/html; charset = utf-8" />
<title></title>
<script language = "javascript">
  function login(){
        if( document.myForm.uname.value == "" ){
              alert("用户名不能为空");    return false;
        }else if(document.myForm.upass.value == ""){
              alert("密码不能为空"); return false;
        } else {return true; }
  }
</script>
<link href = "css/style.css" rel = "stylesheet" type = "text/css">
</head>
<body background = "images/zf_04.jpg"    >
<form action = "afterlogin.html" target = "_self" method = "post" name = "myForm" onSubmit =
"return login()">
<table align = "center" width = "95%" >
  <tr>  <td colspan = "2" class = "ltd">用户名：</td>       </tr>
  <tr> <td colspan = "2" class = "ltd"> <input type = "text" name = "uname" size = 10" > </td>     </tr>
  <tr>  <td colspan = "2" class = "ltd">密    码：</td>    </tr>
  <tr> <td colspan = "2" class = "ltd">
     <input type = "password" name = "upass" size = 12"> </td></tr>
  <tr>  <td class = "td"> <input type = "submit" value = "登陆"   class = "button">
                      <input type = "reset" value = "重置" class = "button"></td></tr>
  <tr> <td class = "td"><a href = "register.html" target = "main" class = "link">注册用户</a></td>
  </tr>
  </table>
     </form>
 </body>
 </html>
```

登录后的显示页面如图 2.16 所示，页面文件名为 afterlogin.html。

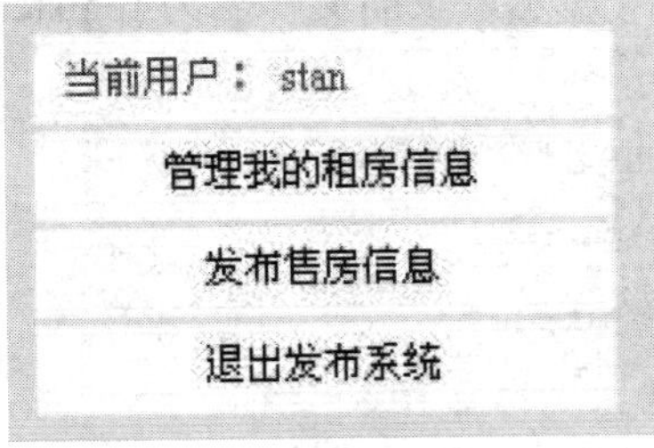

图 2.16　登录后显示页面

(2) 系统查询主页显示页面如图 2.17 所示，页面文件名为 main.html。

选择查询条件：	
区县：不限--	街道：不限--
售价：　至　万元	户型：不限-- 室 不限-- 厅
房屋类型：不限--	发布日期：不限--
查询	

图 2.17　系统查询主页显示页面

(3) 房屋信息查询结果显示页面如图 2.18 所示，页面文件名为 searchlist.html。

房屋位置	房型	面积	报价	登记日期
清河区富丽花园	3室1厅	110m2	41万元	2010-2-25
清河区富丽花园	3室1厅	110m2	41万元	2010-2-25
清河区富丽花园	3室1厅	110m2	41万元	2010-2-25
清河区富丽花园	3室1厅	110m2	41万元	2010-2-25
清河区富丽花园	3室1厅	110m2	41万元	2010-2-25
清河区富丽花园	3室1厅	110m2	41万元	2010-2-25
共812页24352条售房信息 当前第1页		第一页 上一页 下一页 最后一页		

图 2.18　信息查询结果显示页面

(4) 息发布页面如图 2.19 所示，页面文件名为 sendinfo.html。

发布售房信息：			
标题：			
区县：	不限--	街道：	不限--
户型：	1 室 1 厅	楼层：	/
面积：	平方米	楼龄：	年
物业名称：		物业类型：	不限--
售价：	万元	信息来源：	不限--
联系电话：		联系人：	
房屋介绍：	提交		

图 2.19　房屋信息发布页面

(5) 用户注册页面如图 2.20 所示，页面文件名为 register.html。

用户注册：	
用户名：	
密码：	
重复密码：	
注册 重置	

图 2.20　用户注册页面

(6) 个人房屋信息管理页面如图 2.21 所示，页面文件名为 myinfolist.html。

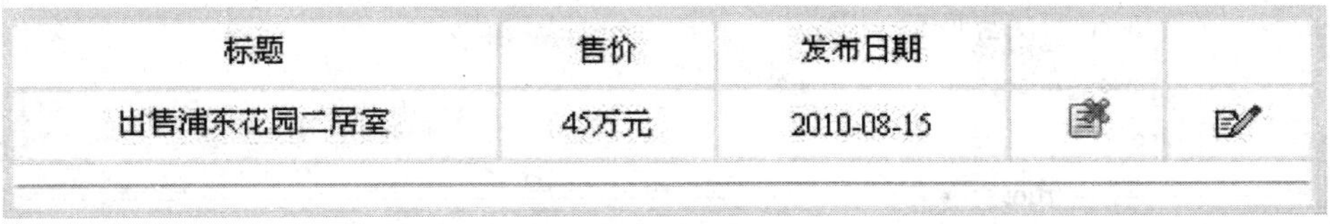

标题	售价	发布日期		
出售浦东花园二居室	45万元	2010-08-15		

图 2.21　个人房屋信息管理页面

以上各静态页面的代码可参照本书提供的相关数字化资源中的项目代码，这里将不再详细列出，相关知识点将在后续章节中进行介绍。

【任务 2.3】 用户注册页面的 JS 校验。

用户注册页面的 JS 校验

任务描述：实现对用户注册页面数据有效性的校验。第一，所有字段不能为空。第二，两次密码输入必须一致。

任务分析：在用户注册页面中(见图 2.22)，JavaScript 要完成对页面中输入的用户名、密码、重复密码不为空的校验，同时要完成对两次密码是否一致的校验。

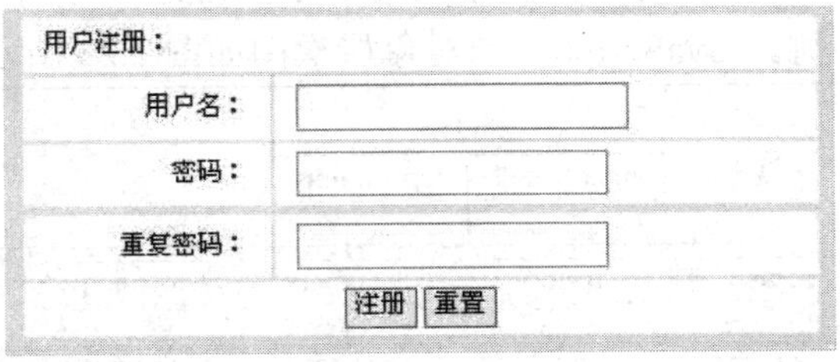

用户注册：	
用户名：	
密码：	
重复密码：	
	注册 重置

图 2.22　用户注册页面

掌握技能：通过该任务应该达到掌握如下技能：

(1) 掌握在页面中创建 JavaScript 脚本的基本方法。

(2) 能够比较熟练地使用 JavaScript 各种语句、函数进行编程。

任务实现：

在 register.html 页面的<head></head>中间加入 JavaScript 校验代码函数，具体如代码 2_10 所示。

代码 2_10：WebRoot/ch2/register.html 中 JS 校验函数代码

```
<script lang = "javascript">
  function pass(){
     var pass = false;
     if( document.myForm.uname.value == "" ){
         alert("用户名不能为空");
         pass = false;
     }else if(document.myForm.upass.value == ""){
         alert("密码不能为空");
         pass = false;
```

```
        } else if(document.myForm.upass.value != document.myForm.upass1.value){
            alert("两次密码不一样");
            pass = false;
        } else {
            pass = true;
        }
        return pass;
    }
</script>
```

【项目经验】

在本段代码中使用了 JavaScript 的 document 对象。window 对象是一个顶层对象，window 指窗体而不是另一个对象的属性，即浏览器的窗口。document 代表当前显示的文档，它是 window 对象的一个属性，本身也是一个对象。document 指页面，document 是 window 的一个子对象。我们可以通过 document 对象一层一层的访问到其下的子对象的属性和数据。如在代码 2-10 中的 document.myForm.uname.value 语句，表示在 document 下的名称为 myForm 的表单中的名称为 uname 的对象，value 是该对象的具体属性，代表这个对象在运行过程中的值。JavaScript 中的对象层次图如图 2.23 所示。

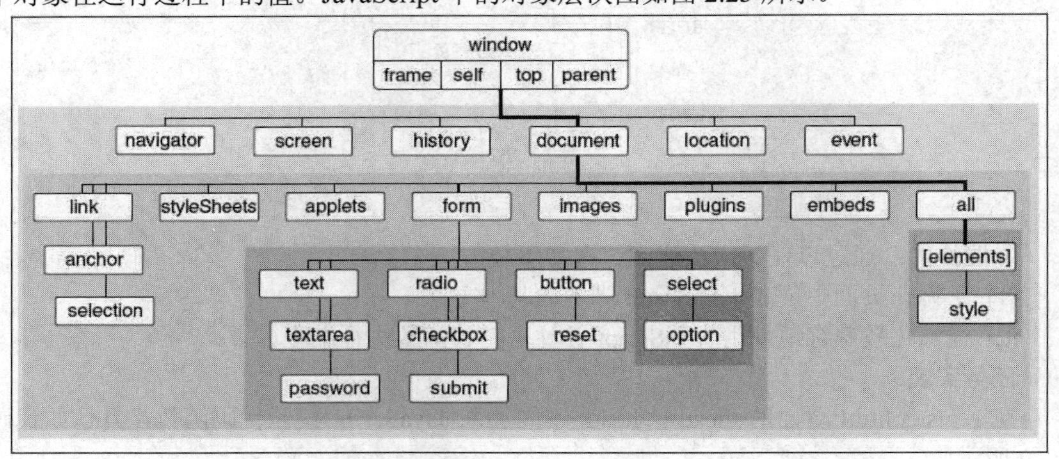

图 2.23　JavaScript 对象层次图

参照用户注册的页面 JS 校验，同样可以编写出用户登录的 JS 校验函数，当用户名与用户口令有一个为空的时候，不允许页面进行提交处理，具体如代码 2_11 所示。

代码 2_11：WebRoot /login.html 中 JS 校验函数代码

```
<script language = "javascript">
    function login(){
        if( document.myForm.uname.value == "" ){
            alert("用户名不能为空");
            return false;
        }else if(document.myForm.upass.value == ""){
            alert("密码不能为空");
```

```
                return false;
            } else {return true; }
        }</script>
```

个人房屋信息管理页面多导航的 JS 实现

【任务 2.4】个人房屋信息管理页面多导航的 JS 实现。

任务描述：通过使用 JavaScript，实现用户个人房屋信息页面中三种操作的超链接处理，这三种操作分别是房屋信息的增加、删除和修改的导航功能。

任务分析：在用户个人住房信息管理页面中存在着多种导航信息，如图 2.24 所示，其中有信息的“增加”按钮，信息的“删除”和“修改”的超链接处理。个人房屋信息增、删、改模块功能集成分析如图 2.25 所示。

标题	售价	发布日期		
出售浦东花园二居室	45万元	2010-08-15		
				增加

图 2.24　个人房屋信息管理页面

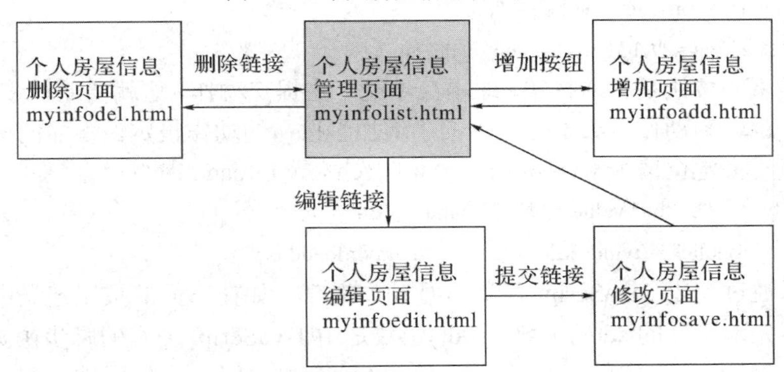

图 2.25　个人房屋信息增、删、改模块功能集成分析

该任务要求实现从一个页面到另一个页面的多种导航形式。个人房屋信息管理页面处在一个信息中心和中转枢纽的位置，请读者在理解任务需求的基础上完成页面间跳转的设计。本任务中的 myinfolist.html 为信息显示中心，当点击页面中的“删除”按钮后通过 JS 导航到 myinfodel.html 页面，进行当前信息的删除操作；当点击“增加”按钮时导航到信息添加页面 myinfoadd.html；当点击“修改”按钮时导航到 myinfoedit.html 页面。

掌握技能：通过该任务应该达到掌握如下技能：

(1) 学会使用 JavaScript 脚本中的 with()语句；

(2) 学会利用 JavaScript 实现多种导航形式。

任务实现：

(1) 信息编辑、删除动作的实现。

使用超链接标签实现编辑导航，这类链接适用于文字或图片，如：

```
<a href = "/ch3/modify.jsp">
    <img border = "0" src = "images/edit.gif" alt = "编辑/查看">
</a>
```

上面的代码使用了<a href>显示的内容</a>超链接标签。同样，下面是实现页面删除图片超链接的代码：

```
<a href = '#' class = "link">
    <img border = "0" src = "images/del.gif" alt = "删除">
</a>
```

(2) 信息增加动作的实现。

在页面<form>中按钮的动作类型分为两类：一种类型是 type = "submit" 提交类型，另一种是 type = "button" 普通类型。

在一个<form>中，"submit" 执行的按钮动作是以<form>中的 Action = "XXXX.JSP" 中的地址为目标进行提交和请求的，如：

```
<input type = "submit"   value = "删除"name = "B5" >
```

同时配合<form>中的 action 地址，当产生提交动作时将向服务器按照 action 中的地址发出请求，具体代码如下：

```
<form name = "product" method = "post"
        action = "/ch3/ product_class_del.jsp ">
```

另一种类型的按钮是普通按钮，即本身不能产生提交动作，这就要通过使用 JavaScript 脚本实现定位跳转和动作，如本任务中的“增加”按钮的动作设定。下面的应用是当单击“增加”按钮时去定位请求 window.location = "/ch3/myinfoadd.jsp"：

```
<input type = "button" value = "增加" name = "B4"
        onclick = 'window.location = "/ch3/myinfoadd.jsp"'>
```

或者可以通过调用 JavaScript 函数进行动作提交，如在下面的按钮定义中当产生单击事件时调用事先编辑好的 add()函数。add()函数是由 JavaScript 编写的脚步函数。在本函数中使用了 JavaScript 语言中的 with()语句。with()语句定义了一个作用域，在本任务中作用域定义为本页面的名为 product 的表单元素。

```
<input type = "button" value = "增加" name = "B4"   onclick = 'add(); '>
```

在 WebRoot/myInfoList.html 信息列表页面中，通过定义 add()方法实现信息的添加功能，具体如代码 2_12 所示。

代码 2_12：WebRoot/myInfoList.html 中 JS 代码

```
<html><head>
<meta http-equiv = "Content-Type" content = "text/html; charset = utf-8" />
<title></title>
<script type = "text/javascript">
    function add(){
        with(document.myinfo){
            action = "/ch3/myinfoadd.jsp";
            submit();
```

```
        }
    }
    </script>
    <link href = "css/style.css" rel = "stylesheet" type = "text/css">
    </head>
    <body background = "images/zf_04.jpg">
    <form name = "myinfo" >
        <table width = '100%' border = '0'>
          <tr><TD class = "td">标题</TD>
              <TD class = "td">售价</TD>
              <TD class = "td">发布日期</TD>
              <TD class = "td">  </TD>
              <TD class = "td">  </TD></tr>
          <tr><td class = "td">出售浦东花园二居室</td>
              <td class = "td">45 万元</td>
              <td class = "td">2010-08-15</td>
              <td class = "td">
                   <a href = 'myinfodel.jsp' class = "link">
                        <img border = "0" src = "images/del.gif" alt = "删除">
                   </a>
              </td>
              <td class = "td" >
                   <a href = 'myinfoedit.jsp'>
                        <img border = "0" src = "images/edit.gif" alt = "编辑">
                   </a>
              </td>
          </tr>
          <tr><td colspan = '5' class = "rtd">
                <input type = "button" value = "增加" onclick = "add(); " class = "button">
          </td></tr>
     </table>
  </form>
  </body>
  </html>
```

【项目经验】 在本任务中综合应用了 JS 实现页面的跳转，但在实现导航和跳转的过程中需要读者注意有两种类型的跳转，一种是通过超链接实现的导航，另一种是通过提交按钮或在 JS 函数中的 submit 的提交类型的跳转。这两种不同类型的跳转是有本质区别的，最重要的区别是 submit 可以将表单中的各个字段作为参数将数据一起提交到服务器端，而超链接不能提交页面表单中的数据，数据要用参数的形式进行传递，如下面代码片段所示(在超链接的链接地址中可以动态的加入参数变量，作为数据一起提交到超链接请求的页面中)：

```
<a href = 'myinfodel.jsp？ infoid = 23' class = "link">
    <img border = "0" src = "images/del.gif" alt = "删除">
</a>
```

超链接在本质上属于一个网页的一部分，它是一种允许我们同其他网页或站点之间进行链接的元素。各个网页链接在一起后，才能真正构成一个网站。所谓的超链接是指从一个网页指向一个目标的链接关系，这个目标可以是另一个网页，也可以是相同网页上的不同位置，还可以是一个图片，一个电子邮件地址，一个文件，甚至是一个应用程序。而在一个网页中承载超链接的对象，可以是一段文本或者是一个图片。当浏览者单击已经链接的文字或图片后，链接目标将显示在浏览器上，并且根据目标的类型来打开或运行。

练　习　题

1. 归纳静态 HTML 页面由哪几部分组成？
2. HTML 页面中的常用标签有哪些？
3. 写出 iFrame 标签的常用属性。
4. 在 HTML 页面中怎样定义 JS 脚本？
5. 在 HTML 页面中怎样定义 CSS 样式？

课后习题参考答案

第 3 章　JSP 基础知识

本章简介：JSP 中包括模板元素、注释、Java 脚本、页面指令和动作元素五大类元素，在本章将重点介绍模板元素、注释、脚本、指令的语法和使用，以及如何在 Web 项目中实现数据库操作，通过设计数据库连接类、编写数据库操作常用工具方法来实现对数据的操作。

知识点要求：

(1) 理解 JSP 页面的执行原理；

(2) 掌握 JSP 页面的基本语法；

(3) 学会 JSP 常用的动作标签；

(4) 学会 JDBC 数据库连接 API 的相关类。

技能点要求：

(1) 能够熟练编写 JSP 页面的 Java 脚本；

(2) 能够熟练在 JSP 页面中使用<jsp: include >、<jsp:forward>和与 JavaBean 有关的动作标签；

(3) 能够熟练使用 JDBC 中 API 完成数据库连接类的编写与操作；

(4) 能够在多个 JSP 页面间实现导航与数据的传递。

3.1　JSP 基础知识

3.1.1　JSP 页面创建

JSP 页面是在原有静态 HTML 页面中加入服务器端可以执行的 Java 代码和 JSP 指令构成的一个网页页面，从页面结构上看与静态的 HTML 很相似。通常可以在已有静态 HTML 页面的基础上改造创建 JSP 页面，即将原有的 HTML 网页后缀名直接改成 jsp，也可在 MyEclipse 中重新创建。在 MyEclipse 中创建 JSP 页面的过程非常简单，以用户注册为例，在已有 register.html 静态页面基础上创建 register.jsp 动态页面的过程如下：

首先，选中项目中的 Webroot 节点，右击选择【new】创建新的 JSP 页面，也可以通过文件菜单中的【新建】或工具条中的“新建”按钮来实现本操作。图 3.1 中展示了新建 JSP 页面的图形化向导，在向导中选择 Default JSP 模板，给新建的 JSP 页面文件命名，制定创建页面的存储位置，点击“Finish”按钮完成 JSP 页面的创建。

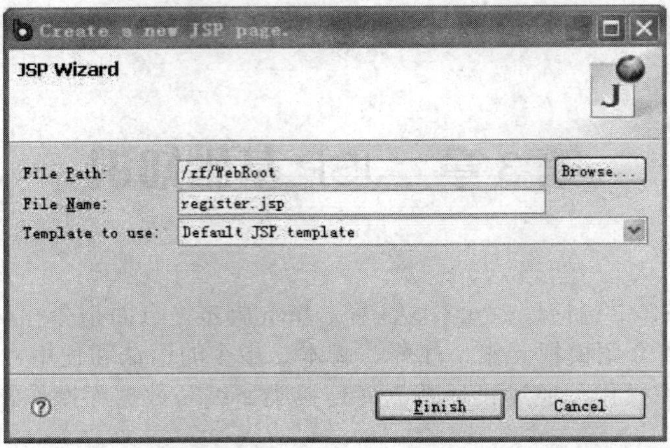

图 3.1　JSP 创建向导

图 3.2 是创建完的 JSP 页面。由于项目中已经设计好登录静态 HTML 页面的原型，因此可以快速将 HTML 转换成 JSP。在创建完 JSP 页面后，保留第一行信息，如下行语句所示：

```
<%@ page language = "java" import = "java.util.*" pageEncoding = "utf-8"%>
```

将其中的 pageEncoding 的值设定为“utf-8”或者“gb2312”，保证页面中的汉字能够以正常的编码形式保存。将 JSP 页面中的其余部分全部删除，将静态页面的所有内容全部复制到本 JSP 页面上，保存完成。

至此，完成从静态 HTML 页面向 JSP 页面的转换过程，这个过程中充分的利用了在前一章中事先创建好的静态 HTML 原型。也可以通过 MyEclipse 中的可视化设计功能对 JSP 页面进行布局和设计，可视化设计功能提供了常用的 HTML 控件，同时支持 Struts 和 JSF 页面控件的设计，如图 3.2 所示。但在一般情况下不使用 MyEclipse 的可视化设计工具。

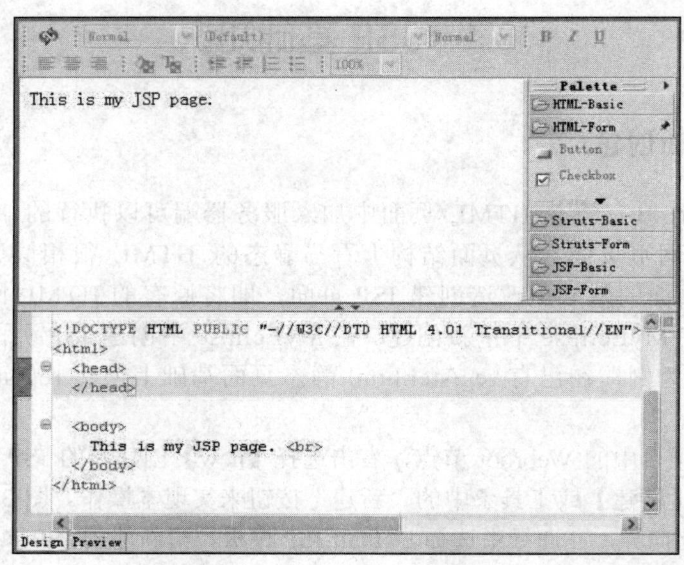

图 3.2　MyEclipse 中 JSP 页面图形化界面设计器

3.1.2　JSP 基本语法

JSP 页面元素主要分为模板元素(HTML 标签)、注释、Java 脚本、页面指令和动作标签。

1. 模板元素

模板元素指 JSP 页面中的静态 HTML 内容，是网页框架和主体内容，它影响页面的结构和外观。如：

```
<input type = "password"   name = "pwd"   size = 20>
```

2. 注释

在 JSP 页面开发过程中，一种情况是对页面中的代码做必要说明，以便帮助开发团队的其他人员理解和备忘；另一种情况是对部分代码进行屏蔽，使被注释的代码失效或隐藏部分内容。JSP 页面中的注释根据功能和表现不同分为以下几类：

(1) 显式注释，注释形式为<!--　注释内容 -->。这种注释在客户端通过查看页面的源代码能够显示出来，因此称之为显示注释。

(2) 隐藏注释，注释形式为<%--　隐藏注释　--%> 。这种注释在 JSP 页面编译时被忽略，并且不能够在客户端看到注释内容。

(3) Java 片段注释，注释形式为//注释　/**注释*/。这种注释只能用在 JSP 页面<%%>中的 Java 代码上。

3. Java 脚本(Java Scriptlet)

在 JSP 页面中有三种 Java 脚本形式，即声明、表达式、Java 脚本。

1) 声明

在 JSP 程序中，声明合法变量与方法的 JSP 语法形式如下：

```
<%! declaration; [ declaration; ]+ ... %>。
```

一次性声明多个变量和方法只要以“；”结尾就行，在 JSP 页面中声明的变量与在 Java 类中声明变量的作用是一致的，具体如代码 3_1 所示。

代码 3_1：WebRoot/ch3/test1.jsp

```
<%@ page language = "java" import = "java.util.*" pageEncoding = "utf-8"%>
<!DOCTYPE HTML PUBLIC "-//W3C//DTD HTML 4.01 Transitional//EN">
<html>
  <head> <title>My JSP 'test1.jsp' starting page</title> </head>
  <body>
     <%! int i = 0; %>
     <%! int a, b, c; %>
     <%!
      String getDate()       //声明一个方法
      { return new Date().toString(); }
      int count = 0;          //声明一个变量
```

```
  %>
</body>
</html>
```

2) 表达式

表达式是位于<%=　%>之间的代码。表达式的功能用于直接将 Java 中的变量值显示在当前页面上，或将 Java 变量的值赋给 HTML 页面上的某个对象。表达式元素能够包括任何在 Java 语言中有效的表达式，注意表达式语句末尾不能使用“；”作为结束符，如<% = getDate()%>中的 getDate()语句的结束是没有分号的。

3) Java 脚本

Java 脚本是位于<%　%>之间的代码。Java 脚本中是大量的 Java 业务逻辑代码，如：

```
<%
  String name = "";
  Int i = 1;
%>
```

4. JSP 页面指令

JSP 中的页面指令共有三个，分别是 page、include、taglib。

1) page 指令

<%@ page %>指令作用于整个 JSP 页面，对包含在本页面的静态包含文件也起作用。无论把<% @ page %>指令放在 JSP 文件的哪个地方，它的作用范围都是整个 JSP 页面。不过，为了 JSP 程序的可读性，以及好的编程习惯，最好还是把它放在 JSP 文件的顶部。可以在一个页面中用上多个<% @ page %>指令，但是其中的属性只能用一次，不过也有个例外，那就是 import 属性。import 属性和 Java 中的 import 语句一样，用于引入 Java 类，可以多次使用 import 属性引入需要的 Java 后台类到当前页面。如下面这条 page 指令：

```
<%@ page language = "java" import = "java.util.Date"
contentType = "text/html; charset = gb2312"%>
```

其中，属性 language = "java" 声明脚本语言的种类，暂时只能用"java"。属性 import = "java.util.Date" 用于导入 Java 包的列表，属性 contentType = "mimeType [; charset = characterSet]" / "text/html; charset = ISO-8859-1" 设置 MIME 类型 。缺省 MIME 类型是 text/html，缺省字符集为 ISO-8859-1。

2) include 指令

在 JSP 中包含一个静态的文件，同时解析这个文件中的 JSP 语句。<% @ include %>指令将会在 JSP 编译时插入一个包含文本或代码的文件，当使用<% @ include %>指令时，这个包含的过程是静态的。静态的包含是指这个被包含的文件将会在编译的过程中被插入到包含<% @ include %>指令的 JSP 文件中去，这个包含文件可以是 JSP 文件、HTML 文件、文本文件。如果包含的是 JSP 文件，则这个包含 JSP 文件中的代码将会被执行。

如果仅仅只是用 include 来包含一个静态文件，那么这个包含文件所执行的结果将会插入到 JSP 文件中放<% @ include %>的地方。

如果被包含的文件是 HTML 文件，则要注意在这个包含文件中不能使用<html></html>

和<body></body>标记，因为这将会影响原有 JSP 文件中同样的标记导致错误。下面是<% @ include %>指令的参考例子：

```
<%@ include file = "head.jsp" %>
<%@ include file = "body.html" %>
<%@ include file = "footer.jsp" %>
```

3) taglib 指令

在引入系统标签或定义一个标签库以及其自定义标签的前缀时，必须在使用自定义标签之前使用<% @ taglib %>指令，而且可以在一个页面中多次使用，但是前缀只能使用一次。属性 uri = "URIToTagLibrary" 是根据标签的前缀对自定义的标签进行唯一的命名，prefix = "tagPrefix" 定义标签前缀，前缀是可以由开发者自己命名的，但不可用 jsp、jspx、java、javax、servlet、sun、sunw 等关键字和专属名词作为前缀。下面是在页面中使用 taglib 指令的例子，有关标签的使用将在本书后续章节详细讲解。

```
<%@ taglib uri = "/WEB-INF/struts-bean.tld" prefix = "bean" %>
<%@ taglib uri = "/WEB-INF/struts-html.tld" prefix = "html" %>
```

动作标签将在下一节做详细介绍。

3.2　JSP 动作标签

3.2.1　JSP 动作标签简介

与 JSP 指令元素不同的是 JSP 动作标签是在请求处理阶段发挥作用的。JSP 动作标签是用 XML 语法写成的，利用 JSP 动作可以实现动态地插入文件、重用 JavaBean 组件、重定向到另外页面、为 Java 插件生成 HTML 代码等功能。JSP 动作标签为请求处理阶段提供信息，遵循 XML 元素的语法，所以在使用时区分大小写。动作标签以"<jsp:action"符号开始，包括动作名称、属性和可选内容。动作标签的语法为<jsp:action_name attribute = "value" />，本质是预定义方法。JSP 规范定义了一系列的标准动作，标签用"<jsp:"作为前缀。在 JSP 2.0 规范中，主要有 20 条动作标签。

JSP 动作标签包含五类：

第 1 类是与 JavaBean 相关的标签，包括 3 个动作标签，即<jsp:useBean>、<jsp:getProperty>、<jsp:setProperty>。

第 2 类是 JSP 1.2 原有的基本动作标签，包括<jsp:include>、<jsp:foward>、<jsp:param>、<jsp:plugin>、<jsp:params>、<jsp:fallback>这 6 个动作标签。

第 3 类是 JSP 2.0 新增加的动作标签，主要与 JSP Document 有关，包括<jsp:root>、<jsp:declaration>、<jsp:scriptlet>、<jsp:expression>、<jsp:text>、<jsp:output>这 6 个动作标签。

第 4 类主要用来动态生成 XML 元素操作相关的标签，包括<jsp:attribute>、<jsp:body>、<jsp:element>这 3 个动作标签。

第 5 类也是 JSP 2.0 新增加的标签，主要使用在 TagFilter 中，包括<jsp:invoke>、<jsp:doBody>这 2 个动作标签。

常用的 JSP 动作标签如表 3.1 所示。

表 3.1　常用的 JSP 动作标签

动作标签	简 要 说 明
<jsp:useBean>	寻找或实例化一个 JavaBean
<jsp:setProperty>	设置 JavaBean 的属性
<jsp:getProperty>	输出某个 JavaBean 的属性
<jsp:include>	在页面被请求的时候引入一个文件
<jsp:forward>	请求转发功能，接收一个请求后转发到另一个页面
<jsp:param>	用来以“名-值”对的形式为其他标签提供附加信息
<jsp:plugin>	根据浏览器类型为 Java 插件生成 object 或 embed 标记
<jsp:params>	可以传送参数给 Applet 或 Bean，通常和<jsp:param>配合使用
<jsp:fallback>	当不能启动 Applet 或 Bean 时，显示给用户的文本信息
<jsp:attribute>	当使用在<jsp:element>之中时，它可以定义 XML 元素的属性；可以用来设定标准或自定义标签的属性值
<jsp:body>	用来定义 XML 元素标签的本体内容
<jsp:element>	动态定义 XML 元素标签的值
<jsp:invoke>	用来设定标签间的 Fragment
<jsp:doBody>	用来处理卷标签体文字

3.2.2　JavaBean 及相关动作标签

标准 JavaBean 是用 Java 语言写成的可重用组件，是具有一致性设计模式的 Java 类。JavaBean 必须具有显式的、公共并且无参数的构造方法，私有成员通过公有方法进行数据信息的存取操作。在 JavaBean 中严格遵循 Java 的命名规范。其他 Java 类可以通过反射机制发现和操作这些 JavaBean 属性。

JavaBean 的设计规范要求：

(1) 类中有一个公共、显式、无参数的构造方法；

(2) 类中的成员使用 private 修饰，遵循 Java 的命名规范；

(3) 为所有成员配置 public 的 setXxx() / getXxx()方法，必须遵循 Beans 内部的命名规则。Beans 是根据这两个方法来对成员进行读取的，此 get()和 set()方法必须有与成员变量相同的名称，但是第一个字母要大写并以 get 和 set 开头；

(4) 要求 JavaBean 实现序列化接口。

JavaBean 可以承担实体类作用。Java 实体类也称为简单 Java 值对象(POJO)，一般不实现特殊框架下的接口，在程序中仅作为数据容器来持久化存储数据用。一般情况下，JavaBean 拥有读和写的能力，通过 set()方法提供了外部更改其 value 的方法，又通过 get()方法使外界能读取该成员变量的值。

序列化就是一种用来处理对象流的机制，所谓对象流也就是将对象的内容进行流化。

可以对流化后的对象进行读写操作，也可将流化后的对象传输于网络之间。序列化是为了解决在对对象流进行读写操作时所引发的问题而设计的。Java 中一切都是对象，在分布式环境中经常需要将 object 从这一端网络或设备传递到另一端。这就需要有一种可以在两端传输数据的协议。Java 序列化机制就是为了解决这个问题而产生的。

Java 序列化技术可以将一个对象状态写入一个 Byte 流里，并且可以从其他地方把该 Byte 流里的数据读出来，重新构造一个相同的对象。这种机制允许对象通过网络进行传播，并可以随时把对象持久化到数据库、文件等系统里。Java 的序列化机制是 RMI、EJB 等技术的基础。利用对象的序列化实现保存应用程序的当前工作状态，下次再启动的时候将自动地恢复到上次执行的状态。

对于一个存在于 Java 虚拟机中的对象来说，其内部的状态只保持在内存中。JVM 停止之后，这些状态就丢失了。在很多情况下，对象的内部状态需要被持久化，最直接的做法是保存到文件系统或是数据库之中。这种做法一般涉及自定义存储格式以及繁琐的数据转换。对象序列化机制(object serialization)是 Java 语言内建的一种对象持久化方式，可以很容易的在 JVM 活动对象和字节数组(流)之间进行转换。除了可以很简单的实现持久化之外，序列化机制的另外一个重要用途是在远程方法调用中对开发人员屏蔽底层实现细节。

JSP 中提供了以下三个在页面中使用 JavaBean 的动作标签：

- jsp:useBean：实例化或者寻找一个 JavaBean。
- jsp:setProperty：设置 JavaBean 的属性。
- jsp:getProperty：输出某个 JavaBean 的属性。

1. jsp:useBean 动作标签

jsp:useBean 动作标签用来装载一个将在 JSP 页面中使用的 JavaBean。这个功能非常有用，因为它使得我们可以发挥 Java 组件重用的优势，jsp:useBean 动作标签最简单的语法为

```
<jsp:useBean id = "name" scope = "" class = "package.class"/>
```

这行代码的含义是创建一个由 class 属性指定的类的实例，然后把它绑定到名字由 id 属性给出的变量上。scope 属性定义了 Bean 的作用域，不同作用域决定了 JavaBean 的生命周期和关联页面的多少。表 3.2 是对 jsp:userBean 动作标签中属性的说明。

表 3.2　jsp:useBean 动作标签属性

属性	说　明
id	指定在 JSP 网页中所产生的 JavaBean 对象名称，如此便可利用此名称在 JSP 网页中使用 JavaBean 对象
scope	此为设置 JavaBean 的使用作用域，有 request、session、page 及 application 四种
class	指定使用的类名称

scope 中指明 JavaBean 的生命周期范围，关于 JavaBean 对象的生命周期说明如下。

(1) page：JavaBean 对象生命周期仅限于目前网页中，若用户转换到下一网页或单击“刷新”按钮，则 JavaBean 对象失效。

(2) request：JavaBean 对象生命周期是当用户请求网页的时候产生，在进行网页重定

向后 JavaBean 对象便自动消失。

(3) session：该 JavaBean 对象生命周期是当 session 存在的时候，即从 session 建立时开始，在系统默认的时间里 JavaBean 对象有效。

(4) application：表示该 JavaBean 对象生命周期是当 application 存在的时候，即从 application 建立时开始，在 application 结束时，JavaBean 也随着结束。

2. jsp:setProperty 动作标签

将 JavaBean 加载之后，我们可以将 JSP 页面中的字段数据通过<jsp:setProperty>操作，写入到 JavaBean 中的属性中。jsp:setProperty 动作标签中的属性说明如表 3.3 所示。

表 3.3　jsp:setProperty 动作标签属性

属性	说　明
name	指定要设置属性的 JavaBean 对象名称，也就是<jsp:useBean>中的 id 值
property	要设置的 JavaBean 对象的属性，前缀为小写字母
value	预指定的属性值
param	表单中的参数名称

jsp:setProperty 动作标签包含四个属性，其中 name 属性是必需的，它表示要设置的属性归属于哪个 Bean 对象。property 属性也是必需的，它有一个特殊用法，如果 property 的值是“*”，则所有名字与 Bean 属性名字相同的请求参数的值，都将通过 set()方法传递给相应的属性。利用这个方法，在设计页面时将页面上的字段名字取成与 JavaBean 中成员变量相同的名字，就可以通过 Java 的自省机制将页面上的值自动地传递到 JavaBean 对象中了。value 属性是可选的，该属性用来指定 bean 属性的值。param 是可选项，它指定用哪个请求参数作为 Bean 属性的值。如果当前请求没有参数，则什么事情也不做，系统不会把 null 传递给 Bean 属性的 set()方法。因此，用户可以让 Bean 自己提供默认属性值，只有当请求参数明确指定了新值时才修改默认属性值。

例如，下面动作标签中表示如果请求中存在变量名称为 userName 的参数，则 userBean 引用对象的 userName 属性的值将设置为请求参数的值。

```
<jsp:setProperty name = "userBean" property = "userName"  param = "userName" />
```

如果同时省略 value 和 param，则其效果相当于提供一个 param 且其值等于 property 的值。进一步利用这种借助请求参数和属性名字相同进行自动赋值的思想，可以在 property 中指定“*”，然后省略 value 和 param。此时，服务器会查看所有的 Bean 属性和请求参数，如果两者名字相同则自动赋值。

在实际使用 JavaBean 时，setProperty 指令会有以下四种具体的使用方法：

方法一：

```
<jsp:setProperty    name = "beanInstanceName" property = "*" >
```

由 JSP 页面传来的参数植，通过 java 自省机制，设定所有的属性。前提条件是页面中的字段名称与 JavaBean 中的成员名称一样，这样通过 JavaBean 中对应的 setXxx()方法赋值。

方法二：

```
<jsp:setProperty    name = "beanInstanceName" property = "propertyName">
```

也是通过自省机制，但有选择的设定。只对指定的 beanInstanceName 实例中的 propertyName 属性赋值。

方法三：

<jsp:setProperty　name = "beanInstanceName" property = "propertyName", param = "ParamName">

指定发起请求的 JSP 页面中某个具体字段值传递给 beanInstanceName 中 property 指定属性。

方法四：

<jsp:setProperty　name = "beanInstanceName" property = "propertyName", value = "myvalue">

通过 value 变量，动态传递给 beanInstanceName 中的属性。

3. <jsp:getProperty>动作标签

jsp:getProperty 动作标签提取指定 Bean 属性的值，转换成字符串，然后输出到 JSP 页面上。jsp:getProperty 有两个必需的属性，属性 name 表示 Bean 的名字；属性 property 表示要提取哪个属性的值。

【案例 3_1】 实例演练 JavaBean。

实例演练 JavaBean

案例说明：以用户注册为例，在用户注册过程中，用户要将注册信息提交到注册接收页面。在本实例演练中，将使用 jsp:userBean 系列动作标签完成相应的操作。在两个页面间使用 jsp:userBean 动作标签通过 Java 反射进行数据封装，如图 3.3 所示。

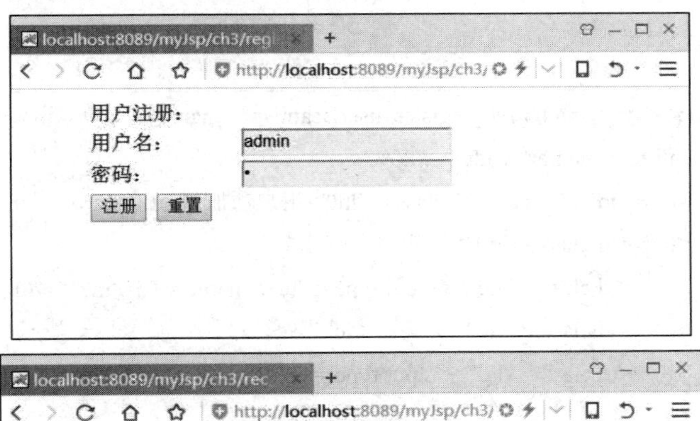

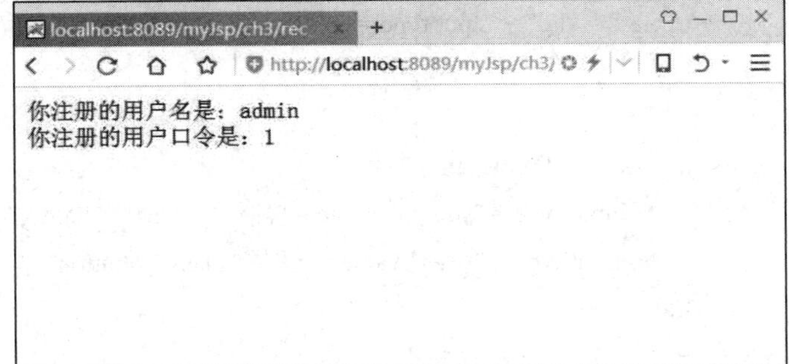

图 3.3　使用 jsp:userBean 动作标签封装数据

第一步，首先创建用于封装用户信息的 JavaBean，具体如代码 3_2 所示。

代码 3_2：/hcit/ch3/UserInfoBean.java

```
package hcit.ch5;
```

```
public class UserInfoBean {
    //显式声明的无参构造方法
    public UserInfoBean(){}
    //定义相关成员
    private String uname;
    private String upass;
    //配置对应的 get 和 set 方法
    public String getUname() { return uname;   }
    public void setUname(String uname) { this.uname = uname; }
    public String getUpass() { return upass; }
    public void setUpass(String upass) { this.upass = upass; }
}
```

第二步，编写注册页面，具体如代码 3_3 所示。

代码 3_3：WebRoot/ch3/ register.html

```
<html>
<head>
<meta http-equiv = "Content-Type" content = "text/html; charset = utf-8" />
<title></title>
<link href = "css/style.css" rel = "stylesheet" type = "text/css">
</head>
<body >
  <form action = "/myJsp/ch3/rec_register_userBean.jsp"    name = "myForm" >
        <table align = "center" width = "80%">
              <tr>  <td colspan = "2" class = "ltd">用户注册：</td></tr>
              <tr>  <td class = "rtd">用户名：</td>
                    <td class = "ltd"><input type = "text" name = "uname"></td>
              <tr>  <td class = "rtd">密码：</td>
                    <td class = "ltd"><input type = "password" name = "upass"></td>
              <tr>
              <tr>
                    <td class = "td" colspan = "2">
                          <input type = "submit" value = "注册"    class = "button">
                          <input type = "reset" value = "重置" class = "button">
                    </td>
              </tr>
        </table>
  </form>
</body>
</html>
```

第三步，在接收处理页面使用 jsp:userBean 与 jsp:setProperty 动作标签配合接收请求页面的参数数据，可以通过 jsp:getProperty 动作标签将 Bean 中的数据显示到接收页面。在接收页面中使用了<jsp:setProperty　name = "us" property = "*"/>指令，指令中使用了“*”通配符，通过 Java 反射机制匹配所有名称对应符合的属性，具体如代码 3_4 所示。

代码 3_4：WebRoot/ch3/ rec_register_userBean.jsp

```
<%@ page language = "java" import = "java.util.*" pageEncoding = "utf-8"%>
<jsp:useBean id = "us" class = "hcit.ch3.UserInfoBean" scope = "request">
</jsp:useBean>
<jsp:setProperty    name = "us" property = "*"/>
<html>
  <head><title></title></head>
  <body>
        你注册的用户名是：<jsp:getProperty name = "us" property = "uname"/><br>
        你注册的用户口令是：<jsp:getProperty name = "us" property = "upass"/><br>
  </body>
</html>
```

【项目经验】

(1) JavaBean 实例化对象存在于某个隐式范围中，可以通过相关的隐式对象获得到其中的数据，如在上例接收页面中，可以有如下代码：

```
<%UserInfoBean userbean = (UserInfoBean)request.getAttribut("us"); %>
```

(2) JavaBean 技术在 J2EE 项目中应用普遍，但 jsp:userBean 系列动作标签有一定的局限性，只能在 JSP 页面中使用，在以后学习 Servlet 后就受到了限制，使用的比较少。

(3) 在使用<jsp:setProperty　name = "us" property = "*"/>时，注意发送数据页面中的相关属性字段名称需要与 JavaBean 中的属性名称对应一致，包括大小写都要一致。

(4) jsp:useBean 等相关动作标签是利用了 Java 的反射机制实现了数据的动态加载功能。

3.2.3　jsp:forward 动作标签

jsp:forward 动作标签的作用是从一个 JSP 页面跳转到另一个 JSP 页面，跳转过程中可以将请求中的参数继续传递到第二个页面，实现请求转发功能。jsp:forward 动作标签以下的代码将不能执行。如果在跳转过程中希望携带参数，则可以使用<jsp:param>参数指令，目标文件必须是一个 JSP 页面，才能够处理参数。

利用<jsp:forward>实现请求转发

**【案例 3_2】** 利用<jsp:forward>实现请求转发。

案例说明： 案例中由两个 JSP 页面组成，forward1 页面中使用了 jsp:forward 动作标签并包含了<jsp:param>参数指令，forward2 页面中使用了 request 隐式对象(注：request 隐式对象将在下一章详细讲解)用于接收第一个页

面的请求数据。案例启动后，打开浏览器输入第一个页面的地址，当执行到 jsp:forward 动作标签后自动跳转到第二个 JSP 页面，请注意图 3.4 中的地址，网页中的地址并不发生变化，但显示的内容已经转到了 forward2 页面，jsp:forward 动作标签导航类型属于请求转发类型，具体如代码 3_5 和代码 3_6 所示。

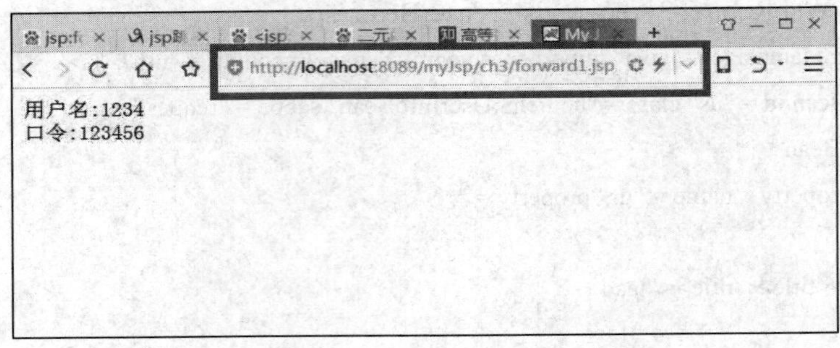

图 3.4　forward 请求转发

代码 3_5：WebRoot/ch3/ forward1.jsp

```
<%@ page language = "java" import = "java.util.*" pageEncoding = "utf-8"%>
<!DOCTYPE HTML PUBLIC "-//W3C//DTD HTML 4.01 Transitional//EN">
<html>
  <head>
    <title>My JSP 'forward1.jsp' starting page</title>
  </head>
  <body>
    <jsp:forward page = "forward2.jsp">
    <jsp:param value = "1234" name = "userName"/>
    <jsp:param value = "123456" name = "password"/>
  </jsp:forward>
  </body>
</html>
```

代码 3_6：WebRoot/ch3/ forward2.jsp

```
<%@ page language = "java" import = "java.util.*" pageEncoding = "utf-8"%>
<!DOCTYPE HTML PUBLIC "-//W3C//DTD HTML 4.01 Transitional//EN">
<html>
  <head>
    <title>My JSP 'forward2.jsp' starting page</title>
  </head>
  <body>
      用户名:<% = request.getParameter("userName") %><br/>
      口令:<% = request.getParameter("password") %><br/>
  </body>
</html>
```

3.2.4　jsp: include 动作标签

jsp:include 动作标签用来包含静态和动态文件。该动作标签把指定文件插入正在生成的页面中。前面已经介绍过 include 页面指令，它是在 JSP 文件被转换成 Servlet 的时候引入文件的，而这里的 jsp:include 动作标签不同，插入文件的时间是在页面被请求的时候。

jsp:include 动作标签的语法格式如下：

```
<jsp:include page = "相对 URL 地址"    flush = "true" />
```

 **【案例 3_3】 利用<jsp: include>实现 JSP 页面包含。**

利用<jsp:include>实现 JSP 页面包含

案例说明： 案例中由 include1.jsp 和 include2.jsp 两个 JSP 页面组成，在 include1.jsp 页面中使用<%@ include file = "include2.jsp"%>指令引用包含第二个页面，用于日期显示，具体如代码 3_7 和代码 3_8 所示，运行效果如图 3.5 所示。

代码 3_7：WebRoot/ch3/ include1.jsp

```
<%@ page language = "java" import = "java.util.*" pageEncoding = "utf-8"%>
<!DOCTYPE HTML PUBLIC "-//W3C//DTD HTML 4.01 Transitional//EN">
<html>
  <head>
    <title>My JSP 'includ1.jsp' starting page</title>
  </head>
  <body>
      <h1>include 指令</h1>
      <hr>
      <%@ include file = "include2.jsp" %>
  </body>
</html>
```

代码 3_8：WebRoot/ch3/ include2.jsp

```
<%@ page language = "java" import = "java.util.*" pageEncoding = "utf-8"%>
<%@page import = "java.text.SimpleDateFormat"%>
<!DOCTYPE HTML PUBLIC "-//W3C//DTD HTML 4.01 Transitional//EN">
<html>
  <head>
    <title>My JSP 'includ2.jsp' starting page</title>
  </head>
  <body>
      <%
       Date date = new Date();
       SimpleDateFormat sdf = new SimpleDateFormat("yyyy 年 MM 月 dd 日");
```

```
            String string = sdf.format(date);
            out.println(string);
        %>
    </body>
</html>
```

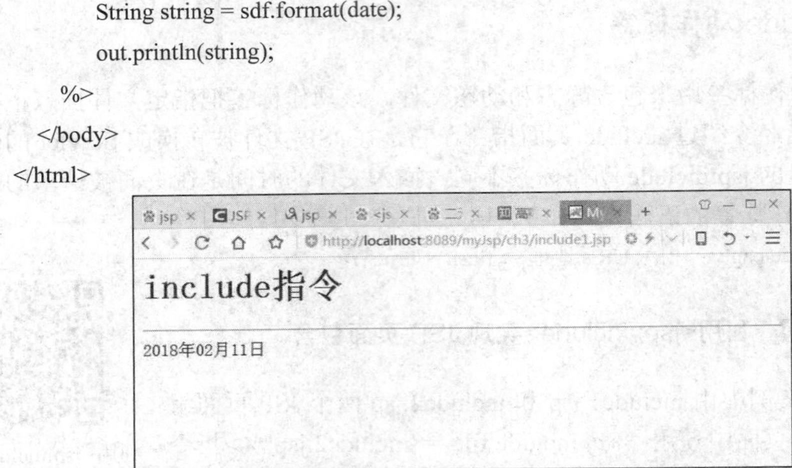

图 3.5　include 动作标签案例运行效果

在本章前面讲解过 include 页面指令，include 页面指令与 include 动作标签的区别主要在于：JSP 页面指令相当于是把被包含文件代码原封不动的放进了包含它的文件中，编译时候生成一个 class 文件。JSP 动作标签被包含的文件和包含的文件在编译时生成的是两个 class 文件。jsp:include 动作标签包含的是执行结果，而 include 页面指令包含的是静态文件内容。jsp:include 动作标签在请求期间被执行，而 include 页面指令在编译期间被执行。

【项目经验】 JSP 页面编码设定。

在 MyEclispe 中创建 JSP 页面的默认编码是“ISO-8859-1”，如图 3.6 所示，保存汉字会提出报错信息，将页面编码设定为“utf-8”可以顺利保存包含具有汉字的 JSP 页面。可以设置 JSP 默认的编码为“utf-8”，具体步骤如下：启动 MyEclipse，点击菜单上的【window】→【preferences】，在弹出的对话框中点击【MyEclise】→【Files and Editors】→【JSP】，如图 3.7 所示；在 Encoding 处的下拉框选择“UTF-8”编码，如图 3.8 所示，这样 JSP 默认的编码就设置成“UTF-8”了，以后新建页面，页面的编码默认就是采用“UTF-8”了。

```
<%@ page language="java" import="java.util.*" pageEncoding="ISO-8859-1"%>
<%
String path = request.getContextPath();
String basePath = request.getScheme()+"://"+request.getServerName()+":"+request.getServerPort()+path+"/";
%>

<!DOCTYPE HTML PUBLIC "-//W3C//DTD HTML 4.01 Transitional//EN">
<html>
  <head>
    <base href="<%=basePath%>">

    <title>My JSP 'index.jsp' starting page</title>
    <meta http-equiv="pragma" content="no-cache">
    <meta http-equiv="cache-control" content="no-cache">
    <meta http-equiv="expires" content="0">
    <meta http-equiv="keywords" content="keyword1,keyword2,keyword3">
    <meta http-equiv="description" content="This is my page">
    <!--
    <link rel="stylesheet" type="text/css" href="styles.css">
    -->
  </head>

  <body>
    JQuery插件测试
  </body>
</html>
```

图 3.6　JSP 默认编码为“ISO-8859-1”

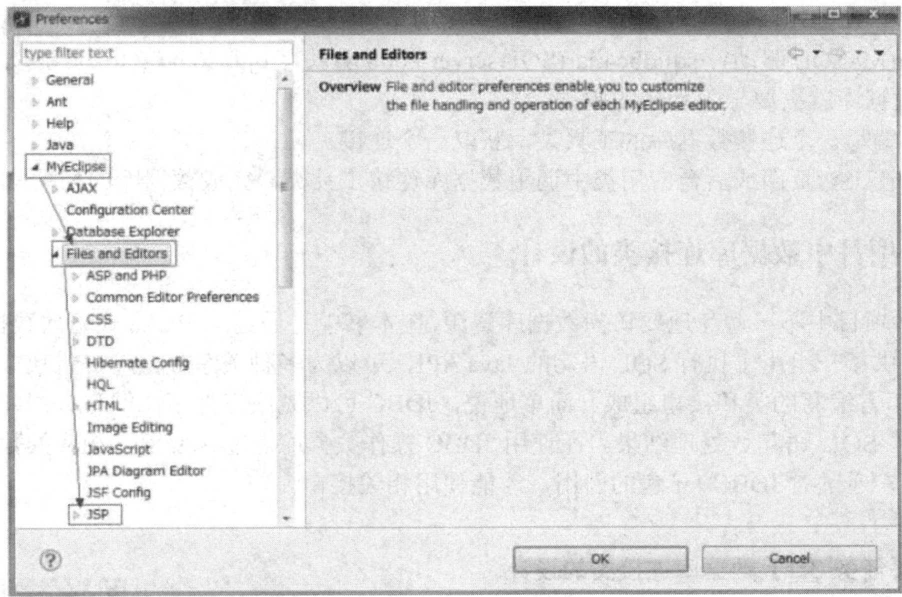

图 3.7　设定 JSP 默认编码

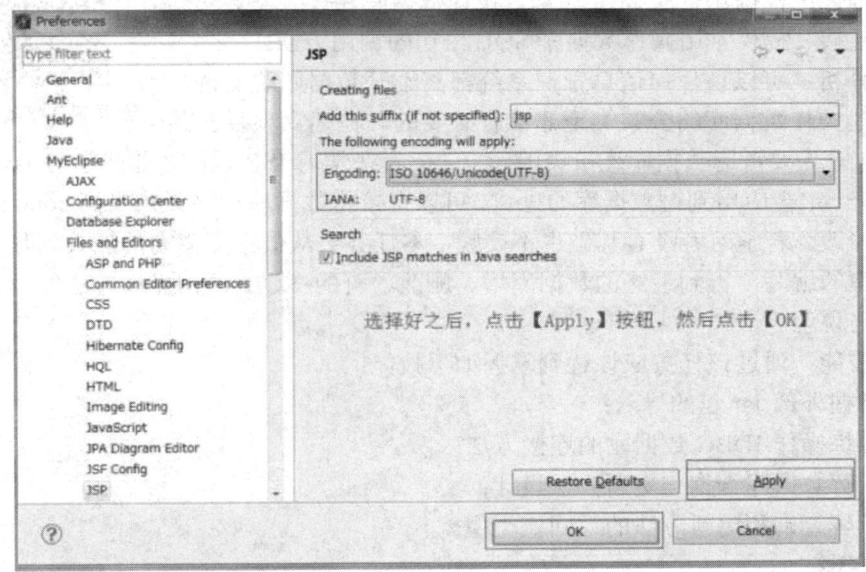

图 3.8　设定 JSP 默认编码选择项

3.3　JSP 中访问数据库

学习 JSP 的一般都会有学习 Java 的经历，在 Java 课程学习中一般都是采用 JDBC(Java Data Base Connectivity，Java 数据库连接)方式操作数据库。本书将选用 MySQL 作为系统数据库，实现房屋的信息管理。在 Web 项目中实现访问数据一般有以下几个步骤：

(1) 建立一个 Web 项目；

(2) 把数据库驱动复制到 lib 目录下，常用的数据库驱动有：mysql-connector-java-5.1.22.jar(MySQL 驱动)、sqljdbc4.jar(SQL server 2008 驱动)、ojdbc6.jar (Oracle 驱动)等，使用哪个数据库就需要导入相应的驱动；

(3) 编写一个连接数据库的工具类，获取一个连接；

(4) 在 JSP 页面或后台应用类中调用数据库连接工具类，完成数据库的相关操作。

3.3.1　项目中数据库连接类的设计

软件项目中不可避免地要访问数据库资源，在本书中是通过 JDBC 方式访问数据库的。JDBC 提供了一组用于执行 SQL 语句的 Java API，可以为多种关系数据库提供统一访问，由 Java 语言编写的类和接口组成。简单地说，JDBC 可以完成三件事，即与数据库建立连接、发送 SQL 语句、处理结果。在使用 JDBC 操作数据库之前，要引入相应的数据库驱动 Jar 包，通过对 JDBC Jar 包的引用，才能使用相关接口。

【任务 3.1】数据库连接类的设计。

数据库连接类的设计

任务描述：根据已有的 Java 知识，设计数据库连接类。实现提供数据库连接、提供常用操作数据库 SQL 语句的调用方法。

任务分析：可以说任何信息管理系统都离不开数据库的支持，为项目创建操作数据库的公共类是非常有必要的。在建立项目公共基本类中，首先要考虑数据库连接类的建立。读者在学习 JSP 课程之前或学习 Java 相关课程知识中，一定会应用到对数据库的操作，可以直接将数据库连接类拷贝到 common 包中，然后稍加修改。若学习者没有基础也不要紧，本任务会从数据库驱动的加载到数据库连接特征字符串的编写，再到最终的数据库增、删改、查的 SQL 语句操作方法的设计进行详细的讲解与说明。

掌握技能：通过该任务应该达到掌握如下技能：

(1) 掌握外部 Jar 包的导入；

(2) 熟练操作 JDBC 数据库的连接方法；

(3) 了解数据库查询与更新方法设计；

(4) 了解查询和更新方法的返回值类型。

任务实现：

第一步，添加数据库驱动。每种数据库的 JDBC 驱动文件是不一样的，本书中采用的是 MySQL，驱动文件为 mysql-connector-java-5.1.22.jar。将该文件直接拷贝到项目\WebRoot\WEB-INF\lib 下面，项目会自动将该文件夹下的内容发布到 Tomcat 工作目录。

> **提示**：在项目开发过程中，用到的第三方 Jar 包都可以直接拷贝到该目录下面，拷贝后需要刷新项目。

第二步，创建数据库连接类，设置常用方法，具体如代码 3_9 所示。

代码 3_9：hcit/common/DBConnect.java 类中构造方法

```
public DBConnect(){
    try
    {
        Class.forName("com.mysql.jdbc.Driver");
        conn = DriverManager.getConnection("jdbc:mysql://localhost:3306/fwinfo",
                    "root", "root");
        stmt = conn.createStatement();
    }
    catch (SQLException ex)
    {
        System.out.println(ex.getMessage() + "路径错误");
    }
    catch (ClassNotFoundException ex)
    {
        System.out.println(ex.getMessage() + "驱动错误");
    }
}
```

在类的构造方法中实现了对 MySQL 数据库的连接，com.mysql.jdbc.Driver 是数据库驱动类。jdbc:mysql://localhost:3306/fwinfo 为数据库连接特征字符串。这里 localhost 指定是由本机作为服务器，若是访问其他服务器可将其他服务器的 IP 地址写在此处。fwinfo 为本项目中的数据库名称，"root", "root" 为登录 MySQL 数据库用户名和密码。同时，在数据库操作公共类中还定义了以下四个方法，具体如代码 3_10 所示。

代码 3_10：hcit/common/DBConnect.java 类中相关方法

```
//返回 PreparedStatement 对象
public PreparedStatement getPs(String sql) throws SQLException {
    try {
        ps = conn.prepareStatement(sql);
        return ps;
    } catch (Exception e) {
        return null;
    }
}
//返回查询后的记录集
public ResultSet executeQuery(String ssql) throws SQLException{
    try{
        rs = stmt.executeQuery(ssql);
        return rs;
    }
```

```
        catch(SQLException se){
            System.out.println("DBBean.executeQuery() ERROR:"+se.getMessage());
        }
        return rs;
    }
    //执行数据表更新，返回影响记录数
    public int executeUpdate(String ssql) throws SQLException{
        int iupdate = 0;
        try{
            iupdate = stmt.executeUpdate(ssql);
            return iupdate;
        }
        catch(SQLException se){
            System.out.println("DBBean.executeUpdate() ERROR:"+se.getMessage());
        }
        return iupdate;
    }
    //释放数据库连接资源
    public void free(){
        try{
            if(rs != null) rs.close();
            if(stmt != null) stmt.close();
            if(conn != null) conn.close();
        }
        catch(SQLException se){
            System.out.println("DBBean.free() ERROR:"+se.getMessage());
        }
    }
```

第三步，编写测试类，测试连接是否成功。

完成数据库连接类的编写，可以创建测试类，测试数据库连接方法的正确性。在项目中创建 hict.test 测试包，创建 TestDBConnect 类进行测试，具体如代码 3_11 所示。

代码 3_11：hcit/test/ TestDBConnect.java 数据库测试类

```
package hcit.test;
import java.sql.ResultSet;
import java.sql.SQLException;
import java.sql.PreparedStatement;
import hcit.common.DBConnect;
public class TestDBConnect {
    public static void main(String[] args) {
```

```
        DBConnect db = new DBConnect();
        String sql = "select * from userInfo";
        try {
            PreparedStatement ps = (PreparedStatement) db.getPs(sql);
            ResultSet rs = ps.executeQuery();
            while(rs.next()){
                String userName = rs.getString("userName");
                String passWord = rs.getString("userPass");
                System.out.println(userName + "  、 "+ passWord );
            }
        } catch (SQLException e) {
            // TODO Auto-generated catch block
            e.printStackTrace();
        }finally{
            db.free();
        }
    }
}
```

3.3.2　PreparedStatement 与 Statement

1. PreparedStatement 的使用过程

首先，定义数据库操作语句，例如：

```
String sql = "insert into usersinfo (userid, username, password, available) values (?, ?, ?, ?)";
```

其次创建 PreparedStatement 对象，通过创建后的对象将已有参数依次传入到语句中，代替语句中的“？”问号，之后通过 PreparedStatement 语句的 executeUpdate()方法或 executeQuery()方法执行。**注意**：executeUpdate()方法执行结果为整数，代表影响数据库记录的条数。在任务 3.1 中，如果插入成功，将返回整数 1，失败将返回整数 0，可以根据返回值的结果来判断是否插入成功。

2. PreparedStatement 与 Statement 的比较

第一，代码的可读性和可维护性。虽然用 PreparedStatement 来代替 Statement 会使代码多出几行，但这样的代码无论从可读性还是可维护性上来说，都比直接用 Statement 的代码高很多档次。

第二，代码的性能。PreparedStatement 尽最大可能提高性能。每一种数据库都会尽最大努力对预编译语句提供最大的性能优化。因为预编译语句有可能被重复调用，所以语句在被数据库编译器编译后的执行代码被缓存下来，在下次调用时只要是相同的预编译语句就不需要编译，而只要将参数直接传入编译过的语句执行代码中(相当于函数)就会得到执行。这并不是说只有一个 Connection 中多次执行的预编译语句被缓存，而是对于整个数据库系统，只要预编译的语句语法和缓存匹配，那么在任何时候就可以不需要再次编译而可以直接执行。而在 Statement 的语句中，即使是相同的操作，也会由于每次操作的数据不同，使整个语句相匹配的机会极小，几乎不太可能匹配。例如：

```
insert into tb_name (col1, col2) values ('11', '22');
insert into tb_name (col1, col2) values ('13', '33');
```

即使是相同的操作，但因为数据内容不一样，整个语句本身不能匹配，所以没有缓存语句的意义。事实是没有数据库会对普通语句编译后的执行代码缓存。当然并不是所有预编译语句都一定会被缓存，数据库本身会用一种策略，比如使用频度等因素来决定什么时候不再缓存已有的预编译结果，以保证有更多的空间存储新的预编译语句。

第三，代码的安全性。这是最重要的一点，使用预编译会话指令极大地提高了安全性。在数据库中存在着 SQL 注入威胁，例如：

```
String sql = "select * from userinfo where userName = ' "+varname +" ' and userPass = ' "
+ varpasswd + " ' "
```

如果把 ' or '1' = '1 作为登录页面口令传递给 varpasswd 变量，则登录页面中的用户名写什么都可以，或者为空也行。数据传递到服务端后会生成如下语句：

```
select * from userinfo    where    userName =' ' and userPass = ' '    or    '1'='1'
```

因为 '1' = '1' 恒成立，导致 SQL 语句 where 条件恒为真，所以在客户端输入任何用户名都可以通过验证。更有甚者，若在客户端登录页面的口令框中输入' or '1' = '1 drop table userinfo 作为口令发送到服务端的 varpasswd 变量中，则会生成破坏性更强的语句，即完成登录后， drop 命令删除了 userinfo 用户信息表，语句如下：

```
select * from userinfo WHERE userName =' ' and userPass = ' '    or    '1'='1'
drop table userinfo
```

通过上面的讨论可以看出，使用 Statement 会话对象执行数据库查询操作有可能产生注入威胁，而用 PrepareStatement 预编译会话对象执行数据库查询操作可以避免这种注入威胁。

3. 数据库操作的返回值类型

executeQuery()方法和 executeUpdate()方法返回值的类型：executeQuery()方法返回的是 ResultSet 记录集对象，包含了检索到的记录信息，该方法主要应用数据库查询 select 语句。executeUpdate()方法返回整数值 int 类型，代表影响到数据库表中的记录条数，适用于数据库中的 insert、update、delete 命令。

【项目经验】 数据库连接常见错误。

在数据库连接类设计中，首先通过 Class.forName()方法实例化数据库驱动类，接下来使用 DriverManager.getConnection()创建连接对象，通过获得到的连接对象创建数据库操作会话对象。在数据库操作方法中有两大类，一类是查询操作，包括 select 命令，返回值的类型是 ResultSet 结果集；另一类是更新操作，包括 insert、delete、update 命令，返回值的类型为整型，表示影响数据库表中记录的个数。

测试类运行，经常会报以下错误信息。

错误一：缺少驱动类。出现该类错误时是由于没有正确的将数据库驱动 Jar 包导入到项目中而引起，具体的报错信息如图 3.9 所示。解决的办法是将数据库驱动包拷贝到项目

\WebRoot\WEB-INF\lib 目录中，然后按 F5 键刷新项目重新执行。

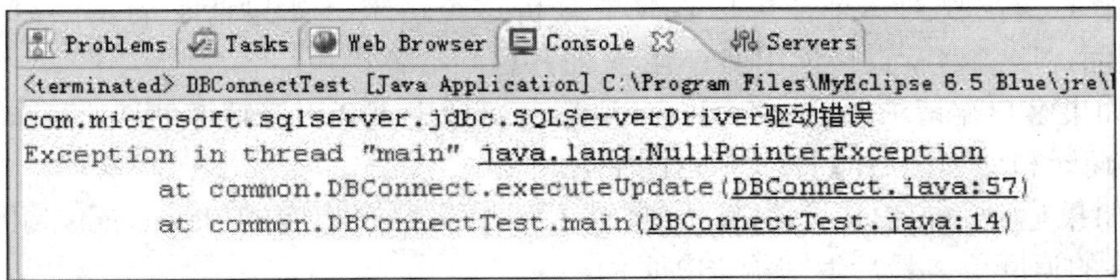

图 3.9　数据库连接类测试报错信息

错误二：数据库服务没有启动或连接地址信息错误，具体的报错信息如图 3.10 所示。该类错误出现时，可能是由于以下原因所引起的：

(1) MySQL 服务没有启动；

(2) 服务启动，但服务器的 TCP/IP 服务没有启动。

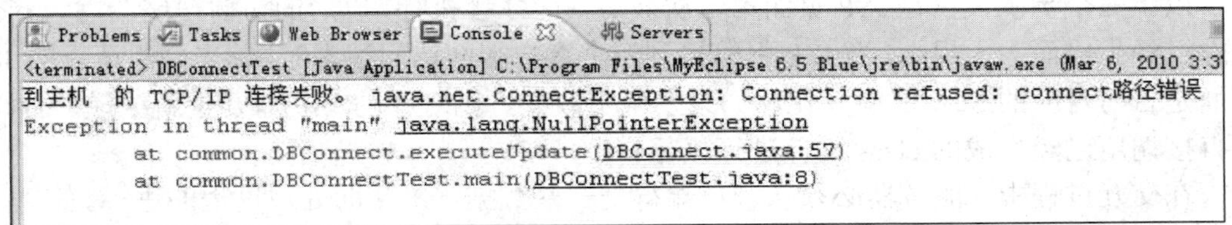

图 3.10　数据库连接类测试报错信息

3.4　JSP 执行原理

JSP 页面运行在服务端，通过响应客户端的浏览器请求，将信息通过 HTTP 协议送到客户端并通过浏览器显示。JSP 的大部分工作就是与客户端进行交互，客户端一般指的是浏览器，它们与置于服务器端的 JSP 页面进行交互。JSP 脚本中所有的 Java 语句都是在服务器执行的，服务器接受客户端提交的请求，通过一定的处理之后，将结果返回给客户端，客户端得到的仅仅是 HTML 代码。

在一般的客户端和服务器端的交互中使用 HTTP 协议。HTTP 协议是一种无状态记录的通信协议，客户端通过下面四个步骤与服务器端进行交互：

(1) 客户端和服务器建立连接；

(2) 发送客户端请求；

(3) 服务器返回应答给客户；

(4) 客户端关闭连接。

所有的请求都是由客户端主动发出的，而服务器一直处于被动监听状态。用户在浏览器键入要访问的地址，按回车键确认后，浏览器开始与服务器建立连接，从这时开始就建立了一次交互过程。浏览器通过一段时间的等待后，从服务器得到 HTML 响应，并且把响应信息以网页方式呈现给用户。用户在浏览网站的过程中，实际上包含了很多这样的交互应答过程。在客户端与 JSP 页面的交互过程中，只有服务器接收请求和返回应答的动作可能不一样，其他与上面过程基本一致，基本过程如下：

(1) 服务器在收到一个请求后首先要分析这个请求，如果请求的页面只是一般的 HTML 页面，服务器就直接读出 HTML 页面并返回给客户端；

(2) 如果客户端请求的是 JSP 页面，则服务器调用 JSP 引擎翻译处理所请求的 JSP 页面，并将翻译和处理之后的 HTML 返回给客户端；

(3) 如果遇到 JavaBeans 组件，则 JSP 引擎将调用相应的 JavaBeans 组件，得到 JavaBeans 的返回值，最后返回给 JSP 页面。

当一个 JSP 页面第一次被访问的时候，JSP 引擎将执行以下步骤：

(1) 将 JSP 页面翻译成一个 Servlet，Servlet 是一个 Java 类；

(2) JSP 引擎调用 Java 编译器对 Servlet 进行编译，得到对应的 class 文件；

(3) JSP 引擎调用 Java 虚拟机来解释执行 class 文件，生成向客户端发送的应答，然后发送给客户端。

以上三个步骤仅仅在 JSP 页面第一次被访问时才会执行，以后的访问速度会因为 class 文件已经生成而大大提高。当 JSP 引擎接到一个客户端的访问请求时，首先判断请求的 JSP 页面是否与对应的 Servlet 有变化，如果发生了改变，则对应的 JSP 需要重新编译，否则，将直接调用已经生成的 class 文件进行执行。

在交互过程中，服务器必须从客户端得到一些数据，来帮助处理过程的进行。这些数据包括请求地址、用户数据(如用户名、密码等)以及其他重要信息。而这些数据的载体，就是用户提交的请求。请求的组成主要有两部分，一部分是头信息，具体包含了请求的方法(get 和 post)、请求的 URL 和浏览器信息；另一部分是其他信息，包含了一些数据信息。JSP 执行的具体过程可通过图 3.11 详细展示出来。

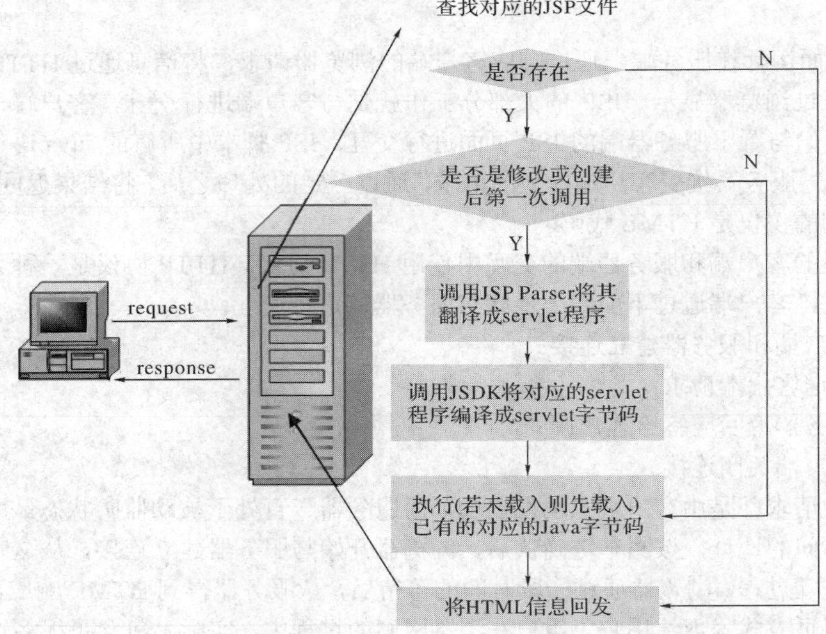

图 3.11　JSP 在服务器中的执行过程

在图 3.12 中对比了 JSP 页面与 JSP 页面向客户端回馈的代码之间的区别情况。

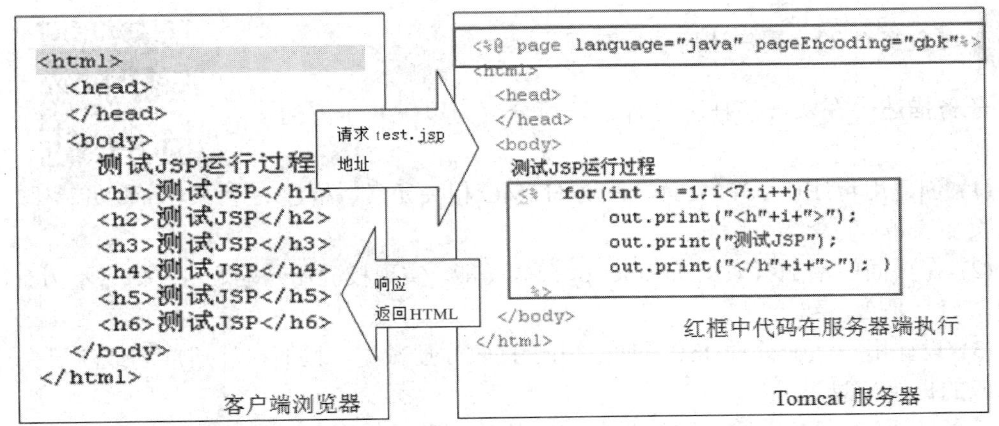

图 3.12　JSP 与响应发送到浏览器代码的区别

图 3.13 所示为 JSP 测试页面执行结果，当用户从客户端的浏览器向服务器对 test.jsp 页面发送请求后，如果是第一次请求这个 JSP 页面，则服务器 Web 容器会对这个页面进行编译，生成对应的 Java 代码和 class 类。这些文件被存入到 Tomcat 服务器安装路径下面的目录下，具体的目录位置是 Tomcat 下的\work\Catalina\localhost\zf\org\apache\jsp\目录。页面中的 Java 脚本代码在服务器端运行，之后将页面中的 HTML 代码通过响应发送到客户的浏览器中进行显示。

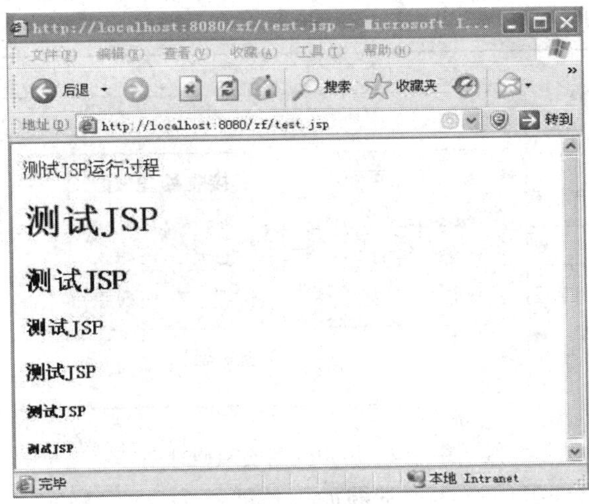

图 3.13　JSP 测试页面执行结果

3.5　阶段项目：用户注册与登录

3.5.1　用户注册功能的实现

用户注册功能实现了新用户的添加，在这个过程中能够综合学习到 JSP 基本语法、页面指令、导航等多方面的综合知识。

【任务 3.2】 用户注册功能实现。

任务描述：在实现该任务过程中，可分解为以下几个方面操作：

(1) 创建用户注册 JSP 页面，使用 HTML 相关元素，构建注册页面表单；

(2) 在页面中增加有效的 JavaScript 校验功能，实现校验用户名、用户口令不为空，校验两次口令是否一致；

(3) 设计用户注册处理 JSP 页面，用于接收注册数据，同时，注册成功或注册失败都有相应的提示信息。

任务分析： 任务中需要创建两个 JSP 页面，第一个是用户注册信息页面 register.jsp，在这个页面上实现对注册信息的输入和校验，通过页面中的“提交”按钮实现对服务器的请求，将客户端数据发送到服务器端；第二个 JSP 页面用于处理接收数据的页面 rec_register.jsp，该页面中有专门用于接收 Http 请求数据的语句，并且在该页面中创建访问数据的对象，实现与数据库的数据操作，具体实现原理图如图 3.14 所示。

> **提示**：在本次任务开发过程中，会使用到服务端内建对象，如 out、request 等对象，这些对象的详细使用将在下一章进行详细讲解，学习者只要能够理解，学会简单使用即可。

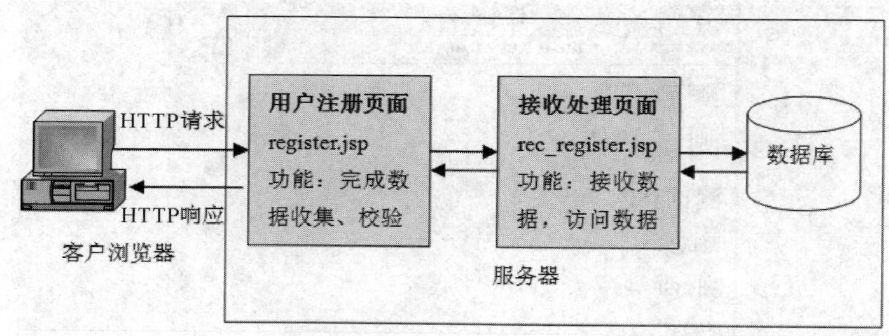

图 3.14　用户注册实现原理图

掌握技能：通过该任务应该达到掌握如下技能：

(1) 掌握 JSP 页面的创建、设计、调试能力；

(2) 熟练使用 JSP 的基本语句和页面元素；

(3) 掌握页面中 JS 的校验方法；

(4) 能够在页面中调用 Java 类，实现数据库的操作。

任务实现：

任务起点为网站主页左侧的【注册用户】 超链接，点击【注册用户】 超链接会弹出一个新的注册页面，如图 3.15 所示。首先第一步，按照图 3.14 所示，创建 register.jsp 页面，具体注册 register.jsp 页面的代码如代码 3_12 所示。

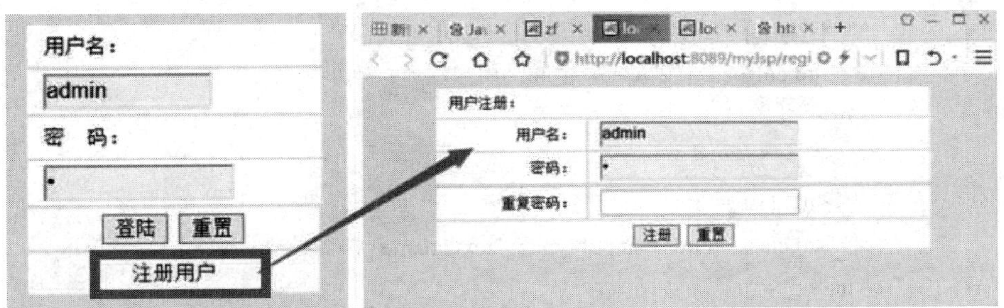

图 3.15　用户注册实现原理图

代码 3_12：WebRoot/register.jsp 用户注册页面

```
<%@ page language = "java" import = "java.util.*" pageEncoding = "utf-8"%>
<html>
<head>
<meta http-equiv = "Content-Type" content = "text/html; charset = utf-8" />
<title></title>
<script lang = "javascript">
    <!--
    function pass(){
        var pass = false;
        if( document.myForm.uname.value == "" ){
            alert("用户名不能为空");
            pass = false;
        }else if(document.myForm.upass.value == ""){
            alert("密码不能为空");
            pass = false;
        } else if(document.myForm.upass.value != document.myForm.upass1.value){
            alert("两次密码不一样");
            pass = false;
        }   else {
            pass = true;
        }
        return pass;
    }
    -->
</script>
<link href = "css/style.css" rel = "stylesheet" type = "text/css">
</head>
<body background = "images/zf_04.jpg"   >
    <form action = "rec_register.jsp" method = "post" name = "myForm" onsubmit = "return pass()">
        <table align = "center" width = "80%">
```

```
            <tr>
                <td colspan = "2" class = "ltd">用户注册：</td>
            </tr>
            <tr>
                <td class = "rtd">用户名：</td>
                <td class = "ltd"><input type = "text" name = "uname"></td>
            <tr>
                <td class = "rtd">密码：</td>
                <td class = "ltd"><input type = "password" name = "upass"></td>
            <tr>
            <tr>
                <td class = "rtd">重复密码：</td>
                <td class = "ltd"><input type = "password" name = "upass1"></td>
            <tr>
                <td class = "td" colspan = "2">
                    <input type = "submit" value = "注册"   class = "button">
                    <input type = "reset" value = "重置" class = "button">
                </td>
            </tr>
        </table>
    </form>
</body>
</html>
```

针对上述代码，有几处关键点需注意：

(1) 在 page 指令中的 pageEncoding 属性设置为 utf-8。如果保留 pageEncoding 的原有属性，则会影响页面中汉字的保存与正常显示。

(2) 对页面中的 uname、upass 等字段进行有效性的 JS 校验。在页面中出现了使用 JS 语言编写的校验函数，目的是对页面提交的数据进行合法性校验。

(3) 页面中 form 表单中的 action 属性值设为接收处理页面地址，在表单的提交事件 onsubmit = "return pass()"中调用校验函数。校验函数通过校验后将向服务器发出请求，请求的地址为 action 中指定的页面地址。

第二步，创建用于接收用户注册数据的介绍页面 rec_register.jsp，在本页面中主要完成以下三项功能：

(1) 接收注册页面 register.jsp 页面的提交数据，部分代码如代码 3_13 所示。

代码 3_13：WebRoot/rec_register.jsp

```
<%@ page language = "java" import = "common.DBConnect, java.sql.*" pageEncoding = "utf-8"%>
<%--Java 脚本部分 --%>
<%
    String username;     //定义用于接收用户名变量
```

```
        String userpass;        //定义用于接收用户口令变量
        DBConnect db = new DBConnect(); //定义创建数据库连接对象

        //利用 JSP 的 request 隐式对象接收请求中的数据
        username = request.getParameter("uname");
        userpass = request.getParameter("upass");
        //向控制台打印获得的用户信息
        System.out.println("username"+username);
        System.out.println("userpass"+userpass);
    %>
    <html>      <!—静态 Html 部分为空  -->
      <head></head>
      <body></body>
    </html>
```

在这段代码中，将 Java 脚本语句都写在了<%%>中间，分别完成了变量定义、数据的获得和数据的输出打印功能。在数据获得过程中，使用了 request 隐式对象的 getParameter 方法(有关隐式对象更多的说明将在后续章节详细说明)：

```
username = request.getParameter("uname");
userpass = request.getParameter("upass");
```

其中，方法中用双引号引起来的是请求页面中输入本文框的 name 属性名，必须与提交页面的 name 属性一致才能获得到提交数据，这一点需初学者特别注意。在代码 3_13 中，为了验证数据是否正确接收，通过 System.out.println("username" + username)语句将得到的结果输出到 MyEclipse 控制台，对比数据输入、输出的效果如图 3.16 所示。

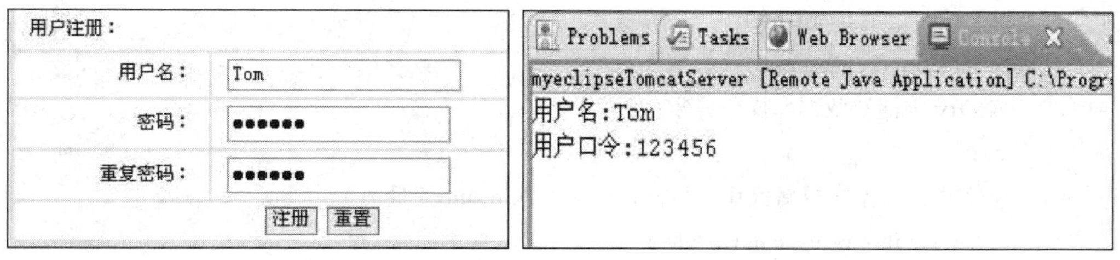

图 3.16　用户注册及数据接收

(2) 连接数据库，将数据存入用户表。

接下来的任务是将接收到的数据，通过 JDBC 存入到数据库相应的表中，这个过程与在 Java 程序设计中的设计方法是一样的。如果没有 Java 程序数据库编程的基础，则可以参考本书的任务 3.1 中有关数据库连接类设计的相关知识。

在操作数据插入的设计过程中，首先在<% @ page %>指令中通过 import 属性引入了必要的数据库连接类 DBConnect 和数据库操作的 JDBC 的支持包 java.sql.*。在具体的 SQL 语句执行过程中，使用了预编译会话对象 PreparedStatement，executeUpdate()方法执行的结果返回一个整型值，代表操作影响表中的记录条数。插入(insert)操作成功后返回整数 1，删除(delete)、更新(update)操作返回 0～n 之间的整数。

(3) 根据数据操作结果，向客户端发送提示“用户注册成功!”或“该用户名已经存在，请重新注册”等提示信息。

提示信息与导航的处理采用 out 隐式对象的 println()方法实现。out 对象的 println()方法将直接将字符串发送到客户端浏览器中。本任务中将提示信息和导航的 JavaScript 语句作为字符串写到浏览器中，相当于在网页中执行这些 JavaScript 脚本。

该页面的主要功能不是用于数据显示，而是用于数据的处理，所有页面中的 HTML 部分是空的，没有任何显示内容出现。下面的代码 3_14 是完整的 rec_register.jsp 页面代码。

代码 3_14：WebRoot/rec_register.jsp

```
<%@ page language = "java" import = "common.DBConnect, java.sql.*" pageEncoding = "utf-8"%>
<%--Java 脚本部分 --%>
<%      String username;        //定义用于接收用户名变量
    String userpass;            //定义用于接收用户口令变量
    //利用 JSP 的 request 隐式对象接收请求中的数据
    username = request.getParameter("uname");
    userpass = request.getParameter("upass");
    //定义创建数据库连接对象
    DBConnect db = new DBConnect();
    //创建数据库操作的 sql 语句，以字符串的形式表示
    String sql = "insert into userinfo (username, userpass) values (?, ?)";
    //创建数据库操作会话对象 PreparedStatement
    PreparedStatement ps = db.getPs(sql);
    //将从前端得到的数据，通过 ps 对象写入到 sql 语句中对应的“?”中，
    //其中的 1 代表第一个?，2 代表第二个?，?是一个预置的参数
    ps.setString(1, username);
    ps.setString(2, userpass);
    //在 try 中捕获数据库操作异常
    try{
        //执行数据库更新操作，将操作结果存入 result 变量中
        int result = ps.executeUpdate();
        //判断执行结果，影响记录条数为 1，成功，否则失败
        if(result == 1){
            //使用 out 对象向页面写入 JavaScript 脚本，实现提示和导航
            out.println("<script lang = 'javascript'>");
            out.println("alert('注册成功！'); ");
            out.println("location = '/zf/register.jsp'");
            out.println("</script>");
        }else{
            out.println("alert('注册成功！'); ");
        }
```

```
    }catch(SQLException e){
        System.out.println("rec_register.jsp"+e);
    }
    %>
<html>
    <head></head>
    <body></body>
</html>
```

3.5.2 用户登录功能的实现

用户登录功能实现了已注册用户的后台登录功能，登录后台页面时对用户名与用户口令进行校验，用户口令、用户名正确，导航到个人信息管理页面，不正确还要返回到登录页面弹出“用户不存在或口令错误！”提示信息。在这个过程中，能够使用到 JSP 的基本语法、页面指令、导航、后台类的调用等各个方面的综合知识。

【任务 3.3】 用户登录功能实现。

用户登录功能实现

任务描述：在该任务完成过程中，可将任分解为以下几个方面。

(1) 核心任务是设计登录 JSP 页面，能够完成用户信息的提交功能；

(2) 页面上要有对客户输入数据的 JavaScript 有效性的校验功能；

(3) 设计登录数据接收页面 rec_login.jsp，在该页面中接收登录页面提交的数据，并访问数据库，判断用户的有效性，登录成功，则导航到 afterlogin.jsp 页面，登录失败，则导航到登录页面；

(4) 当登录用户名或口令错误时，在登录界面实现信息提示。

任务分析： 用户登录过程中涉及两个 JSP 页面，一个是登录界面，在任务中命名为 left.jsp；另一个是用于接收登录请求数据，并负责向数据库提交查询的后台业务功能页面，在任务中命名为 afterlogin.jsp。在 afterlogin.jsp 页面中还要根据在数据库中检索的情况进行相应的导航。同时还要考虑在登录页面中设计显示用户的提示信息，用于说明用户登录失败的提示。具体的任务逻辑关系(用户登录设计方案)如图 3.17 所示。

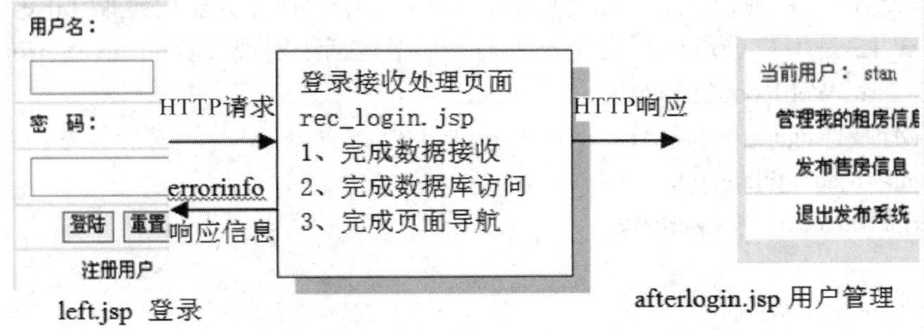

图 3.17 用户登录设计方案

掌握技能：通过该任务应该达到掌握如下技能：

(1) 进一步熟悉 JSP 页面的创建、设计、调试能力；

(2) 熟练使用 JSP 的基本语句和页面元素，学会使用 Java 编码实现对页面逻辑的控制；

(3) 掌握页面中 JavaScript 的校验方法；

(4) 能够在页面中调用 Java 类，实现数据库的操作；

(5) 会使用 response 隐式对象中的页面导航方法。

任务实现：

第一步，按照图 3.17 所示设计 left.jsp 页面。在用户登录页面中有以下几方面的注意事项：

(1) 表单的设计。

表单中的 action 属性定义了接受页面的地址 action = "rec_login.jsp"，新页面打开窗口 target = "_self" 定义为自身窗口，method = "post" 定义了数据的提交方式为 post 方式提交。

(2) 对提示信息的显示控制。

当登录失败后，登录界面要负责向用户显示失败的提示信息“该用户不存在，或口令错误！”，这个信息在页面上的显示是要有选择性的，选择的条件是判断向登录页面提交的请求中是否含有 errorinfo 这个变量，也就是说这个变量内容不为空的时候说明发生了登录错误，这时就要显示报错信息。errorinfo 信息是通过登录处理页面对数据库的访问后，由于用户不存在等原因而设定的标志信息。注意下面的代码是两段 Java 脚本代码形成的一个完整的 if 语句，中间夹杂着受控制的 HTML 代码，这部分的 HTML 代码要根据 Java 脚本的逻辑进行显示。

```
<%  //从请求 request 中读取参数 errorinfo
String errorinfo = request.getParameter("errorinfo");
    //判断 errorinfo 参数值是否为空，如果不为空，说明有错误产生
if(errorinfo != null){
%>
  <!—在网页上显示提示信息，这个位置属于 Html 页面-->
    该用户不存在，或口令错误！
<% } %>
```

(3) 页面的 JS 校验。

在页面数据有效性校验的 JavaScript 函数 login()中，document 对象通过控件的 name 属性获得本窗体中各个控件的 value 值，当用户名与用户口令为空时返回 false，否则返回 true。代码 3_15 是用户登录页面的部分代码，其中包括了实现校验的 JavaScript 函数。

代码 3_15：WebRoot/left.jsp

```
<%@ page language = "java" pageEncoding = "utf-8"%>
<html><head><title></title>
<script language = "javascript">
        <!--
        function login(){
                if( document.myForm.uname.value == "" ){
```

```
                alert("用户名不能为空"); return false;
            }else if(document.myForm.upass.value == ""){
                alert("密码不能为空"); return false;
            } else {return true; }
        }-->
    </script>
    <link href = "css/style.css" rel = "stylesheet" type = "text/css">
    </head>
    <body background = "images/zf_04.jpg">
     <form action = "rec_login.jsp" target = "_self" method = "post" name = "myForm">
            <table align = "center" width = "95%" >
          <tr>  <td colspan = "2" class = "ltd">用户名：</td>       </tr>
          <tr> <td colspan = "2" class = "ltd">
                <input type = "text" name = "uname" size = 10" >
                <%  String errorinfo = request.getParameter("errorinfo");
                    if(errorinfo!= null){
                %>
                    该用户不存在，或口令错误！
                <% } %>
               </td></tr>
          <tr>  <td colspan = "2" class = "ltd">密    码：</td>    </tr>
          <tr> <td colspan = "2" class = "ltd">
          <input type = "password" name = "upass" size = 12" ></td></tr>
          <tr>  <td class = "td">
          <input type = "submit" value = "登陆"    class = "button" onclick = "return login(); " >
          <input type = "reset" value = "重置" class = "button">
          </td></tr>
          <tr> <td class = "td">
                <a href = "register.html"    target = "main" class = "link">注册用户</a>
            </td></tr>
        </table>
       </form>
    </body>
    </html>
```

第二步，按照图 3.17 所示设计登录接收处理页面 rec_login.jsp。在登录接收处理页面中需要完成以下几方面功能：

(1) 接收登录页面表单提交的用户名和用户口令的数据；使用 request 的 getParameter() 方法实现数据的提取。其中 uname 与 upass 是登录页面中的数据输入字段的 name 属性名。如：

```
String username = request.getParameter("uname");
String userpass = request.getParameter("upass");
```

(2) 数据库的访问，在页面的 page 指令中引入相关类和 java.sql 系统包。在代码 3_16 中实现了数据库的查询操作，使用了预编译会话 PreparedStatement 对象的 executeQuery() 方法，得到数据查询记录集 ResultSet。

(3) 根据数据库查询结果进行相应的导航，当查询记录集不为空时，说明用户存在直接导航到用户管理页面，即 afterlogin.jsp 页面。当查询记录集为空时，说明用户不存在，使用 respons 的 sendRedirect 方法导航到登录页面，即 left.jps 页面。在导航过程中，要将报错参数的值设为任意一个不空的字符以备在 left.jsp 页面中获得报错参数。

代码 3_16：WebRoot/rec_login.jsp 用户登录接收处理页面

```
<%@ page language = "java" import = "common.*, java.sql.*" pageEncoding = "gbk"%>
<%//通过 request 隐式对象获得登录信息
    String username = request.getParameter("uname");
    String userpass = request.getParameter("upass");
    //创建数据库连接对象
    DBConnect db = new DBConnect();
    //定义查询结果记录集
    ResultSet rs;
    //定义查询语句，其中?代表参数
    String sql = "select * from userinfo where username = ? and userpass = ?";
    //创建预编译数据库会话对象
    PreparedStatement ps = db.getPs(sql);
    try{
        //按顺序置入参数
        ps.setString(1, username);
        ps.setString(2, userpass);
        //执行查询，将结果存入记录集对象中
        rs = ps.executeQuery();
        if(rs.next()){
            //结果集不为空，说明用户名、口令正确，导航到 afterlogin.jsp
            response.sendRedirect("afterlogin.jsp");
        }else{
            //结果集为空，用户名错误，导航到登录页面，设报错参数 errorinfo = 't'
            response.sendRedirect("left.jsp?errorinfo = 't'");
        }
    }catch(SQLException e){
        System.out.println("rec_login.jsp"+e);
    } %>
<html> <head> <title></title> </head>
```

```
    <body></body>
</html>
```

【项目经验】 JSP 页面在项目中发挥不同的作用。

在任务 3.2 和任务 3.3 中都有一部分 JSP 页面的作用不是为了显示内容，而是为了执行对应的业务逻辑而存在的。如任务 3.2 中的 rec_register.jsp 和任务 3.3 中的 rec_login.jsp 页面，这个部分页面在今后的任务将被 Java 后台类所代替，而 JSP 页面将主要用在向客户端的数据进行显示的功能上。

练　习　题

1. include 页面指令与 include 动作指令有什么区别？
2. 在<%!和%>之间声明的变量和在<%和%>之间声明的变量有何区别？
3. 说明<jsp:useBean>动作指令的作用。
4. Class.forname()方法的作用是什么，其中 class 类属于哪个包？
5. PreparedStatement 与 Statement 的区别有哪些？
6. 怎样导入数据库驱动的外部 Jar 包？
7. 请说出一个 JSP 的运行原理。

课后习题参考答案

第 4 章　JSP 隐式对象及其应用

本章简介：本章以 JSP 隐式对象为主要讲解内容，详细介绍了 JSP 中九种隐式对象的概念、作用域、生命周期和使用方法；按照九种隐式对象的分类从数据保存、数据输入输出、导航应用等分类方向，通过丰富案例全方位讲解隐式对象具体的使用功能；归纳项目开发中常见的问题，提出关于汉字乱码、导航等问题的解决方案和项目开发经验；通过完成用户登录信息保持和网站主页信息提取功能项目案例，强化对相关知识技能点的掌握。

知识点要求：

(1) 了解 JSP 隐式对象的分类、作用、生命周期；

(2) 如何使用 pageContext、request、session、application 存取数据；

(3) 如何利用 request、response 实现请求转发和重定向，有什么区别；

(4) 了解数据库表对应实体类编写的方法；

(5) 使用 session 保存用户信息。

技能点要求：

(1) 能够利用 request 接收请求数据或数据集合；

(2) 能够根据场景要求利用 request 和 response 完成导航；

(3) 能够利用 request 和 session 等隐式对象保存信息；

(4) 能够熟练使用 JSP 脚本命令控制页面显示流程；

(5) 能够处理请求过程中的汉字乱码问题；

(6) 能够根据任务要求完成数据库的查询操作，并将结果集封装到集合类中，返回到页面显示。

4.1　JSP 隐式对象

4.1.1　JSP 隐式对象简介

JSP 隐式对象(有些资料和教材也叫做内建对象)是可以不加声明就在 JSP 页面脚本(Java 程序片和 Java 表达式)中使用的成员变量。在第 3 章的任务中分别用到了 out、request、response 等系统隐式对象。JSP 隐式对象是在 Web 容器中系统定义的“系统变量”，存在于服务器的内存中，实现对临时数据的存储，应用程序可以利用 JSP 的各种隐式对象完成后台数据与前台页面的交换功能。不同隐式对象的作用范围也不一样。本章将重点针对数据存储和输入输出相关的隐式对象进行详细讲解。JSP 的 9 种基本隐式对象如表 4.1 所示。

表 4.1　JSP 的 9 种基本隐式对象

内置对象名称	代 表 内 容	范　围
request	当前页面，用于接收请求，可传参	request
response	向客户端发的应答	page
session	为请求的客户创建的 session 对象	session
application	从 servlet 上下文中获得	application
out	向输出流写入内容的对象	page
pageContext	仅仅是当前页面，无法传参	page
page	实现处理本页当前请求的类的实例	page
config	本 JSP 的 ServletConfig	page
exception	表示 JSP 页面运行时产生的异常	page

根据隐式对象的作用可以将 9 种隐式对象分为以下几类：

(1) 与数据存储有关的对象(request、session、application、pageContext)；

(2) 与 servlet 有关的对象(page、config)；

(3) 与输入输出有关的对象(out、request、response)；

(4) 和异常处理有关的对象(exception)。

4.1.2　与数据存储有关的隐式对象

1. request 对象

request 对象常用的存储方法有 request.getAttribute()、request.setAttribute()等，如表 4.2 所示。

表 4.2　request 对象的存储方法

方　法	功　　能
void setAttribute(String key, Object obj)	在 request 范围内创建属性并赋值
object getAttribute(String name)	返回指定属性的属性值
Enumeration getAttributeNames()	返回所有可用属性名的枚举

【案例 4_1】　使用 request 对象保存数据。

使用 request
对象保存数据

案例说明： 在 test4_1.jsp 页面中，保存用户名和口令信息于 request 对象，再通过 JSP 动作标签，导航到 test4_2.jsp 页面，并显示用户名与口令信息。在本案例中使用了两种方法进行页面间的导航。方法 1：采用 request.getRequestDispatcher("test4_2.jsp"). forward(request, response)

进行导航。方法 2：采用 JSP 动作标签进行导航。这两种方法的导航都属于请求转发类型导航。案例中使用了 request.setAttribute("name", "Tom")方法保存数据，在另外一个页面使用 request.getAttribute("name")方法提取数据。案例中使用了 out 对象向客户端浏览器输出(out 对象相关知识点稍后讲解)。使用 request 保存数据的具体代码如代码 4_1 和代码 4_2 所示，运行结果如图 4.1 所示。

代码 4_1：WebRoot/ch4/test4_1.jsp

```
<%@ page language = "java" import = "java.util.*" pageEncoding = "utf-8"%>
<!DOCTYPE HTML PUBLIC "-//W3C//DTD HTML 4.01 Transitional//EN">
<html>
  <head>
    <title>test4_1</title>
  </head>
  <body>
      <%
      request.setAttribute("name", "Tom");
      request.setAttribute("passWord", "admin");
      //导航方法 1
      //request.getRequestDispatcher("test4_2.jsp").forward(request, response);
     %>
      <!-- 导航方法 2 -->
      <jsp:forward page = "test4_2.jsp"/>
  </body>
</html>
```

代码 4_2：WebRoot/ch4/test4_2.jsp

```
<%@ page language = "java" import = "java.util.*" pageEncoding = "utf-8"%>
<!DOCTYPE HTML PUBLIC "-//W3C//DTD HTML 4.01 Transitional//EN">
<html>
  <head>
    <title>test4_2.jsp</title>
  </head>
  <body>
   <%
      String Name = (String) request.getAttribute("name");
      String Password = (String) request.getAttribute("passWord");
      out.println("Name = "+Name);
      out.println("Password = "+ Password);
  %>
  </body>
</html>
```

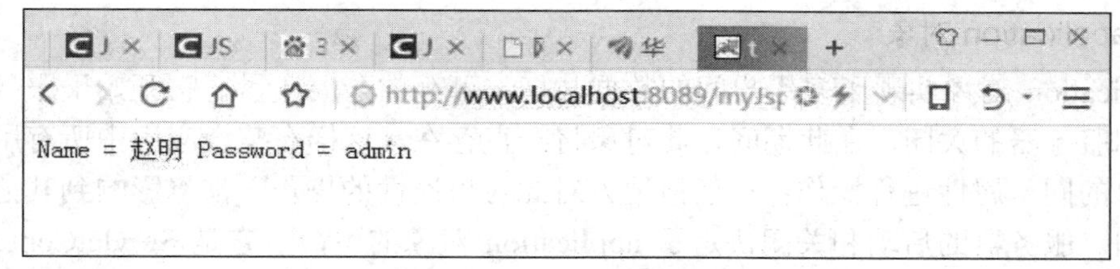

图 4.1　使用 request 对象保存数据运行结果

2. session 对象

session 表示客户端与服务器的一次会话，Web 中的 session 指的是用户在浏览某个网站时，从进入网站到浏览器关闭这段时间内在服务端保存客户信息的对象。从上述定义中可以看到，session 实际上是一个特定的时间概念，在服务器的内存当中保存着不同用户的 session，session 和用户是一一对应的。session 对象是客户端与服务器之间会话保持，从客户连到服务器的一个 Web 应用开始，直到客户端与服务器断开连接为止，它是 HttpSession 类的实例。服务器将会为该 session 对象产生一个唯一编号，这个编号称之为 SessionID，服务器以 Cookie 的方式将 SessionID 存放在客户端。当浏览器再次访问该服务器时，会将 SessionID 作为 Cookie 信息带到服务器中，服务器可以通过该 SessionID 检索到以前的 session 对象，并对其进行访问。需要注意的是，此时的 Cookie 中仅仅保存了一个 SessionID，而相对较多的会话数据保存在服务器端对应的 session 对象中，由服务器统一维护，一定程度保证了会话数据的安全性，但增加了服务器端的内存开销。

存放在客户端的用于保存 SessionID 的 Cookie 会在浏览器关闭时清除。我们把用户打开一个浏览器访问某个应用开始，到关闭浏览器为止的交互过程称为一个“会话”。在一个会话过程中，可能会向同一个应用发出多次请求，这些请求将共享一个 session 对象，因为这些请求携带了相同的 SessionID 信息。对于一个企业级应用而言，session 对象的管理十分重要。session 对象的信息一般情况下置于服务器的内存中，当服务器由于故障重启或应用重新加载时，会导致 session 信息全部丢失。为了避免这样的情况，在某些场合可以将服务器的 session 数据存放在文件系统或数据库中，这样的操作称为 session 对象的持久化。session 对象在持久化时，存放在其中的对象以序列化的形式存放，这就是为什么一般存放在 session 中的数据需要实现可序列化接口(java.io.Serializable)的原因。

Tomcat 服务器提供两个类用于 session 对象的管理，这两个类分别是 StandardManager 类和 PersistentManager 类。Tomcat 默认使用 StandardManager 类来管理 session。Tomcat 默认会在服务器关闭或应用重新加载时建立一个名为 session.ser 的文件，并将该应用对应的 session 对象存放在其中，该文件位于“Tomcat 主目录\work\Catalina\ localhost\应用名”路径下。session 对象的常用方法如表 4.3 所示。

表 4.3　session 对象的常用方法

方　法	功　能
String[] getValueNames()	返回 session 中所有可用属性的数组
void removeValue(String name)	删除 session 中指定的属性
Void setAttribute(String name，Object val)	在 session 中存入对象
Object getAttribute(String name)	从指定的 session 对象中提取数据

3. application 对象

application 对象实现了多用户间的数据共享，可存放全局变量。它开始于服务器的启动，直到服务器的关闭，在此期间，此对象将一直存在，这样在整个应用中所有用户可以对此对象的同一属性进行操作；在任何地方对此对象属性的操作，都将影响到其他用户对此的访问。服务器的启动和关闭决定了 application 对象的生命，它是 ServletContext 类的实例。

> **提示**：session 对象在项目开发中通常用于保存与用户个体相关的信息，如登录后的用户名、登录状态等，application 对象用于保存整个项目相关的配置、公共等信息。所有的隐式对象都占用服务器内存，使用时需兼顾效率与内存占用之间的平衡。

4. pageContext 对象

pageContext 对象提供了对 JSP 其他隐式对象访问的方法。pageContext 对象可以访问到本页的 session 对象，也可以存、取本页面中的 application 的某一属性值，它相当于页面中所有功能的集大成者。

【案例 4_2】 使用 pageContext 对象存取其他对象数据。

使用 pageContext 对象存取其他对象数据

案例说明：演示用 pageContext 设置 4 个容器的属性，具体如代码 4_3 和代码 4_4 所示。请注意在存取数据过程中所涉及的隐式对象范围。

代码 4_3：WebRoot/ch4/test4_3.jsp

```
<%@ page language = "java" import = "java.util.*" pageEncoding = "utf-8"%>
<!DOCTYPE HTML PUBLIC "-//W3C//DTD HTML 4.01 Transitional//EN">
<html>
  <head>
    <title>test4_4.jsp</title>
  </head>
  <body>
    <%
      //从小到大的 4 个容器
      //这一段的功能等价于 4 个容器设置的属性，这里全部通过 pageContext.setAttribute()实现
      pageContext.setAttribute("name", "张三", PageContext.PAGE_SCOPE);
      pageContext.setAttribute("name", "李四", PageContext.REQUEST_SCOPE);
      pageContext.setAttribute("name", "赵五", PageContext.SESSION_SCOPE);
      pageContext.setAttribute("name", "王二", PageContext.APPLICATION_SCOPE);
    %>
    <br/>
    <%
```

```
        //这一段的功能等价于之前用 4 个容器分别读取的属性值，这里全部通过
//pageContext.getAttribute()实现
            out.println( pageContext.getAttribute("name", PageContext.PAGE_SCOPE) );
            out.println("<br/>");
            out.println( pageContext.getAttribute("name", PageContext.REQUEST_SCOPE) );
            out.println("<br/>");
            out.println( pageContext.getAttribute("name", PageContext.SESSION_SCOPE) );
            out.println("<br/>");
            out.println( pageContext.getAttribute("name", PageContext.APPLICATION_SCOPE) );
        %>
    </body>
</html>
```

代码 4_4：WebRoot/ch4/test4_4.jsp

```
<%@ page language = "java" contentType = "text/html; pageEncoding = "utf-8"%>
<!DOCTYPE html PUBLIC "-//W3C//DTD HTML 4.01 Transitional//EN"
                                    "http://www.w3.org/TR/html4/loose.dtd">
<html>
<head>
    <meta http-equiv = "Content-Type" content = "text/html; charset = utf-8">
<title>数据共享</title>
</head>
<body>
    <%  //存储
        pageContext.setAttribute("pageContext", 1);
        request.setAttribute("request", 1);
        session.setAttribute("session", 1);
        application.setAttribute("application", 1);
        //本页获取
        Object obj = pageContext.getAttribute("pageContext");
        Object obj1 = request.getAttribute("request");
        Object obj2 = session.getAttribute("session");
        Object obj3 = application.getAttribute("application");
    %>
    pageContext:<% = obj%><br>
    request:<% = obj1%><br>
    session:<% = obj2%><br>
    application:<% = obj3%><br>
</body>
</html>
```

test4_3jsp 的运行结果如图 4.2 所示。

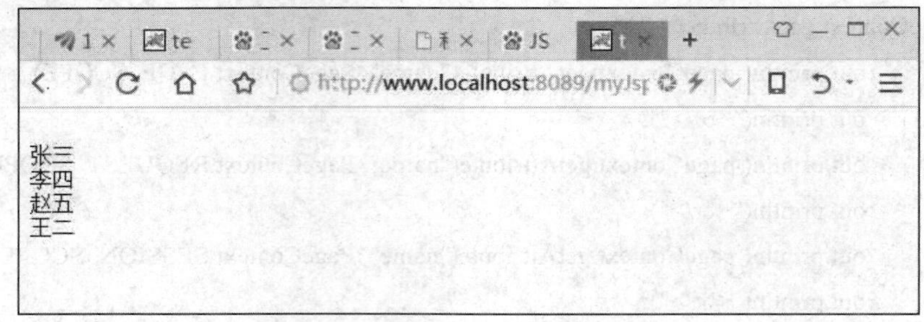

图 4.2　代码 4_3 的运行结果

4.1.3　与输入输出有关的隐式对象

与输入输出有关的隐式对象包括：out、request 和 response。request 对象包括客户端请求的内容；response 对象表示响应客户端的结果；out 对象负责把数据的结果显示到客户端的浏览器上。

1. out 对象

out 对象是 JspWriter 类的实例，能把字符串输出到客户端网页上。out 对象最常用到的方法是 out.println(String name)和 out.print(String name)，它们两者最大的差别在于 out. println()在输出的数据后面会自动加上换行的符号，它输出数据后会自动换行，而 out. print()不会在输出数据后自动换行。out 对象输出并不输出到 MyEclipse 的 Console 窗口。out 对象除了这两种方法最常使用之外，还有一些方法，这些方法主要是用来控制管理输出的缓冲区(buffer)和输出流(output stream)的。缺省情况下，服务器端输出到客户端的内容不直接写到客户端，而是先写到一个输出缓冲区中，只有在下面三种情况下才会把该缓冲区的内容输出到客户端上：

(1) 该 JSP 网页已完成信息的输出；

(2) 输出缓冲区已满；

(3) JSP 中调用了 out.flush()或 response.flushbuffer()。

out 对象的输出方法如表 4.4 所示。

表 4.4　out 对象的输出方法

方　法	功　能
void clear()	清除缓冲区的内容
void clearBuffer()	清除缓冲区的当前内容
void flush()	清空流
int getBufferSize()	返回缓冲区以字节数的大小，如不设缓冲区则为 0
int getRemaining()	返回缓冲区中剩余的空间大小
boolean isAutoFlush()	返回缓冲区满时，是自动清空还是抛出异常
void close()	关闭输出流

【案例 4_3】 使用 out 对象向客户端浏览器发送信息。

使用 out 对象向客户端浏览器发送信息

案例说明： 本案例中使用 out 对象的 println()方法直接向客户端浏览器写出信息。通过 out 对象可以向客户端浏览器写入普通信息、HTML 标签、JS 程序代码等信息。在本案例中，第一句是使用普通信息写入的，第二句采用了 HTML 标签写入，如代码 4_5 所示，运行结果如图 4.3 所示。

代码 4_5：WebRoot/ch4/test4_5.jsp

```
<%@ page language = "java" import = "java.util.*" pageEncoding = "utf-8"%>
<!DOCTYPE HTML PUBLIC "-//W3C//DTD HTML 4.01 Transitional//EN">
<html>
  <head>
    <title>test4_5.jsp</title>
  </head>
  <body>
    <%
      out.println("<h2>勤学</h2>");
      out.println("勤学，如初出之苗，不见其增，自有所长，<br>");
      out.flush();
      out.clearBuffer();
      out.println("<input type = 'text' name = 't2' size = '50' value = '
        辍学，如磨刀之石，不见其损，自有所耗!'/><br>");
    %>
    <br>
    缓冲区大小：<% = out.getBufferSize() %>byte<br>
    缓冲区剩余大小：<% = out.getRemaining() %>byte<br>
    是否自动清空缓冲区：<% = out.isAutoFlush() %><br>
  </body>
</html>
```

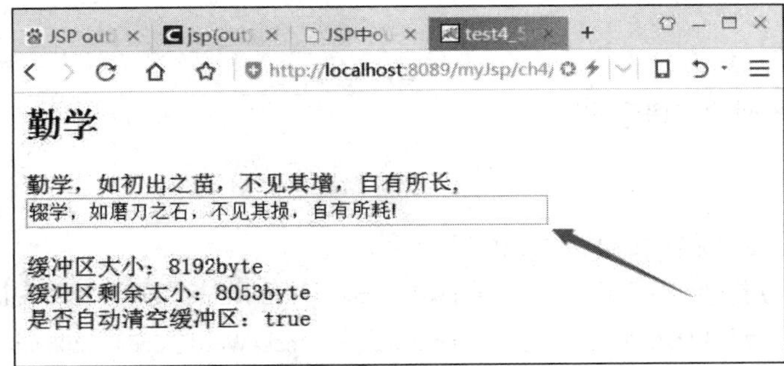

图 4.3　代码 4_5 的运行结果

2. request 对象

request 对象除了具有保存数据功能外，还可以封装用户提交的信息，通过调用该对象的相应方法获取封装信息。该对象在输入输出方面最常用的方法有 request.getParameter(String name)方法、request.getParameterValues(String name)等，如表 4.5 所示。

表 4.5　request 对象输入输出的方法

方　　法	功　能
String getParameter(String name)	获得 HTTP 请求中指定名称的值
String[] getParameterValues(String name)	获得 HTTP 请求中指定名称集合的所有值
Enumeration getParameterNames()	返回可用参数名的枚举
String getCharacterEncoding()	返回字符的编码方式
setCharacterEncoding(String name)	设置请求中的汉字编码形式

在上一章的任务 3.1 中就使用了 getParameter(String name)方法，通过其获得了请求中用户名和用户口令的值。request 对象还包含了一些其他与获得 HTTP 请求头部信息和获得 IP、主机等有关网络信息的方法，由于这些方法在项目开发中的使用率比较低，所以在此不做详细介绍。下面以用户登录为例制作一个简单案例。

【案例 4_4】 使用 request 对象接收用户 form 表单提交的数据。

使用 request 对象接收用户 form 表单提交的数据

案例说明： 本案例使用 request 对象的 getParameter()方法接收客户端提交的 form 表单提交数据，如代码 4_6 和代码 4_7 所示，运行结果如图 4.4 所示。注意 getParameter()方法中参数的名称要与 form 表单对应字段的名称完全一样，区分大小写。这个过程中可能会遇到汉字乱码问题，在本章后续案例中会详细讲解。

代码 4_6：WebRoot/ch4/test4_6_1.jsp

```
<%@ page language = "java" import = "java.util.*" pageEncoding = "utf-8"%>
<!DOCTYPE HTML PUBLIC "-//W3C//DTD HTML 4.01 Transitional//EN">
<html>
  <head>
    <title>test4_6_1.jsp</title>
  </head>
  <body>
      <form action = "test4_6_2.jsp">
          用户姓名：<input type = "text" name = "userName" size = "20" value = ""><br><br>
          用户口令：<input type = "text" name = "passWord" size = "20" value = ""><br><br>
          <input type = "submit" name = "tj" size = "20" value = "提交">
      </form>
```

```
    </body>
</html>
```

代码 4_7：WebRoot/ch4/test4_6_2.jsp

```
<%@ page language = "java" import = "java.util.*" pageEncoding = "utf-8"%>
<!DOCTYPE HTML PUBLIC "-//W3C//DTD HTML 4.01 Transitional//EN">
<html>
    <head>
        <title>test4_6_2.jsp</title>
    </head>
    <body>
        <%
            String uName = request.getParameter("userName");
            String pWord = request.getParameter("passWord");
        %>
        <h3>信息接收页面</h3>
        <br>
                你的用户名：<% = uName%><br>
            你的口令：<% = pWord %><br>
    </body>
</html>
```

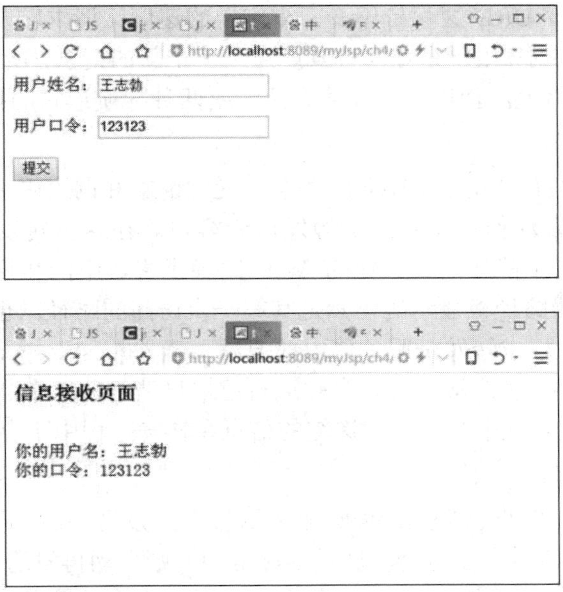

图 4.4　request 对象接收 form 表单数据的运行结果

3. response 对象

response 对象包含了响应客户请求的有关信息，但在 JSP 中很少直接用到它，可以使用 response 的 sendRedirect(URL 导航地址)方法实现客户的重定向。response 是 HttpServletResponse 类的实例。response 对象的常用方法如表 4.6 所示。

表 4.6　response 对象的常用方法

方　法	功　能
String getCharacterEncoding()	返回响应用的是何种字符编码
PrintWriter getWriter()	返回向客户端输出字符的 out 对象
void setContentType(String type)	设置响应的 MIME 类型
sendRedirect(java.lang.String location)	重新定向客户端的请求到新页面

【项目经验】 请求转发与重定向。

response 与 request 对象还有一个常用的功能就是用于页面间的导航。两个对象都能实现从一个页面自动跳转到另外一个页面的功能，但有本质的区别：response 是重定向，而 request 是请求转发。下面使用两条实例代码说明两种导航形式的区别。

请求转发实例代码：

```
request.getRequestDispatcher("地址").forward(request, response);
```

重定向实例代码：

```
response.sendRedirect("地址");
```

使用请求转发时，JSP 容器将使用一个内部方法来调用目标页面，新页面继续处理同一个请求，而浏览器将不会知道这个过程。重定向方式是第一个页面通知浏览器发送一个新的页面请求。因为，当使用重定向时，浏览器中所显示的 URL 会变成新页面的 URL，而使用请求转发时，该 URL 会保持不变。重定向的速度比请求转发慢，因为浏览器还得发出一个新的请求。同时，由于重定向方式产生了一个新的请求，所以经过一次重定向后，request 内的对象数据将无法使用。下面将介绍考察两种导航形式的执行过程。

1) 请求转发导航过程

客户浏览器发送 HTTP 请求，Web 服务器接受此请求并调用内部的一个方法在容器内部完成请求处理和转发动作后将目标资源发送给客户。在这里转发的路径必须是同一个 Web 容器下的 URL，不能转向到其他的 Web 路径上去，中间传递的是自己的容器内的 request。在客户浏览器路径栏显示的仍然是其第一次访问的路径，也就是说客户是感觉不到服务器做了转发的。请求转发是服务器内部把对一个 request/response 的处理权移交给另外一个地址的过程，对于客户端而言它只知道自己最早请求的那个 A，而不知道中间的 B，甚至 C、D。请求转发过程中，客户端递交的信息在转发过程中不会丢失。

2) 重定向导航过程

客户浏览器发送 HTTP 请求，Web 服务器接受后发送 302 状态码响应及对应新的 location 给客户浏览器。客户浏览器发现是 302 响应，则自动再发送一个新的 HTTP 请求，请求 URL 是新的 location 地址，服务器根据此请求寻找资源并发送给客户。在这里 location 可以重定向到任意 URL，既然是浏览器重新发出了请求，就没有什么 request 传递的概念了。在客户浏览器路径栏显示的是其重定向的路径，客户可以观察到地址的变化。重定向行为是浏览器做了至少两次的访问请求。

例如，客户端 request A，服务器响应并 response B 回来一个新地址，告诉浏览器应该去 B。这个时候可以看到 IE 地址栏的地址变成了新地址并重新发出 request B 请求，而且历史的回退按钮也亮了。重定向可以访问自己 Web 应用以外的资源。在重定向的过程中，request 中传输的信息会丢失。

下面介绍 HttpServletResponse.sendRedirect()方法与 RequestDispatcher.forward()方法的总结比较：

(1) RequestDispatcher.forward()方法只能将请求转发给同一个 Web 应用中的组件；而 HttpServletResponse.sendRedirect()方法不仅可以重定向到当前应用程序中的其他资源，还可以重定向到同一个站点上的其他应用程序中的资源，甚至是使用绝对 URL 重定向到其他站点的资源。

(2) 调用 HttpServletResponse.sendRedirect()方法重定向的访问过程结束后，浏览器地址栏中显示的 URL 会发生改变，由初始的 URL 地址变成重定向的目标 URL；而调用 RequestDispatcher.forward()方法的请求转发过程结束后，浏览器地址栏的地址保持初始的 URL 地址不变。

(3) HttpServletResponse.sendRedirect()方法对浏览器的请求直接做出响应，响应的结果就是告诉浏览器去重新发出对另外一个 URL 的访问请求。RequestDispatcher.forward()方法在服务器内部将请求转发给另外一个资源，浏览器只知道发出了请求并得到了响应结果，并不知道在服务器程序内部发生了转发行为。

(4) RequestDispatcher.forward()方法的调用者与被调用者之间共享相同的 request 对象和 response 对象，它们属于同一个访问请求和响应过程；而 HttpServletResponse.sendRedirect()方法调用者与被调用者使用各自的 request 对象和 response 对象，它们属于两个独立的访问请求和响应过程。对于同一个 Web 应用程序的内部资源之间的跳转，特别是跳转之前要对请求进行一些前期预处理，并要使用 HttpServletRequest.setAttribute()方法传递预处理结果，那就应该使用 RequestDispatcher.forward()方法。不同 Web 应用程序之间的重定向，特别是要重定向到另外一个 Web 站点上的资源，都应该使用 HttpServletResponse.sendRedirect()方法。

怎么选择是重定向还是转发呢？通常情况下转发更快，而且能保持 request 对象的状态与数据，或者要想 request 对象中保存读取的数据，应该选用请求转发导航。但是由于在转发之后，浏览器中的 URL 仍然指向开始页面，此时如果重载(刷新)当前页面，开始页面将会被重新调用。不要轻易地将数据保存到 session 作用域，那会增大服务器的负担，而是要将数据保存到 request 中，使用请求转发实现导航。

【案例 4_5】 请求转发与重定向示例。

请求转发与重定向示例

案例说明： 本案例中包括三个页面 A、B、C，其中 A 为发起请求页面、B 为中间(中转请求)页面、C 为目标页面，如图 4.5 所示。中间页面 B 中分别采用请求转发和重定向方式进行导航，大家需关注 A 发起的页面中，参数在两种不同的导航形式中是否能够顺利传递，A 页面中将使用超链接的形式发起请求。具体代码如代码 4_8～代码 4_10 所示，运行结果如图 4.6 和图 4.7 所示。

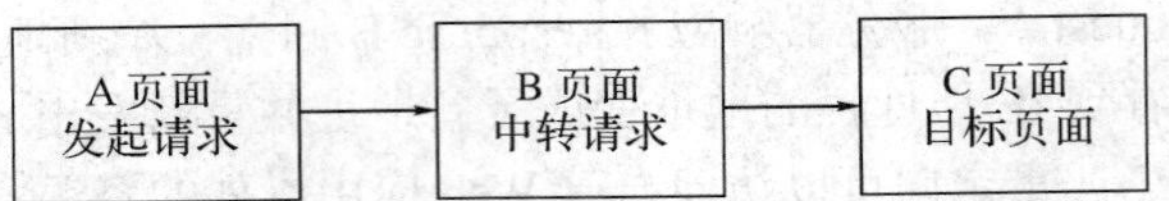

图 4.5　请求转发与重定向案例页面关系

代码 4_8：WebRoot/ch4/test4_7_a.jsp

```
<%@ page language = "java" import = "java.util.*" pageEncoding = "utf-8"%>
<!DOCTYPE HTML PUBLIC "-//W3C//DTD HTML 4.01 Transitional//EN">
<html>
  <head>
    <title>test4_7_a.jsp</title>
  </head>
  <body>
    <h3>请求发起页面</h3>
    <br>
      <a href = "test4_7_b.jsp?userName = 'Tom'&passWord = '123123'">
            点击我，发起请求！
      </a>
  </body>
</html>
```

提示：使用<a href="test4_7_b.jsp?userName = 'Tom'&password = '123123'">超链接发送请求时，注意“?”后面参数名前后不要有空格，否则在接收端也要加入空格，接收端与发送端参数的名称要严格一致。

代码 4_9：WebRoot/ch4/test4_7_b.jsp

```
<%@ page language = "java" import = "java.util.*" pageEncoding = "utf-8"%>
<!DOCTYPE HTML PUBLIC "-//W3C//DTD HTML 4.01 Transitional//EN">
<html>
  <head>
    <title>test4_7_b.jsp</title>
  </head>
  <body>
    <%
      //请求转发
      //request.getRequestDispatcher("test4_7_c.jsp").forward(request, response);
      //重定向
      response.sendRedirect("test4_7_c.jsp");
    %>
  </body>
</html>
```

代码 4_10：WebRoot/ch4/test4_7_c.jsp

```
<%@ page language = "java" import = "java.util.*" pageEncoding = "utf-8"%>
<!DOCTYPE HTML PUBLIC "-//W3C//DTD HTML 4.01 Transitional//EN">
<html>
  <head>
    <title>test4_7_c.jsp</title>
  </head>
  <body>
    <%
      String uName = request.getParameter("userName");
      String pWord = request.getParameter("passWord");
    %>
    <h3>信息接收页面</h3>
    <br>
          你的用户名：<% = uName%><br>
      你的口令：<% = pWord %><br>
  </body>
</html>
```

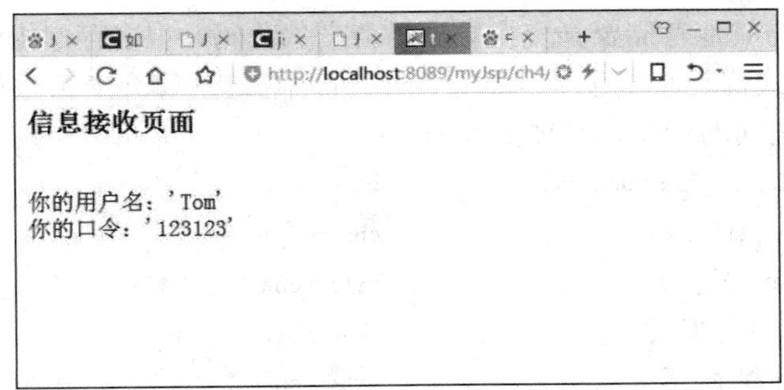

图 4.6　请求转发后 request 对象中数据保持运行结果

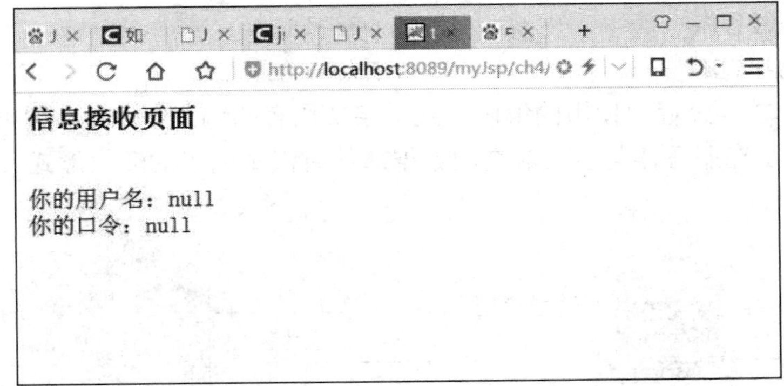

图 4.7　重定向后 request 对象中数据丢失运行结果

除了上述讲解的隐式对象外，还有些目前不常用的隐式对象，如 page、config 和 exception 对象，会在后续的相关章节中同其他知识点和应用一并讲解。

4.2　JSP 隐式对象应用中的常见问题

4.2.1　发送请求过程中汉字乱码问题

在完成 JSP 项目或任务过程中，常常会遇到提交数据中包含有汉字的情况，这时接收页面或类中的汉字会出现乱码现象，最终导致保存到数据库中的汉字出现乱码。如保存到数据库中的汉字都是“??????”符号，这是由于 Java 内核和 class 文件基于 unicode 编码形式，这使 Java 程序具有良好的跨平台性，但也带来了一些中文乱码问题，原因主要有两方面：Java 和 JSP 文件本身编译时产生的乱码问题和 Java 程序与其他媒介交互产生的乱码问题。

(1) Java(包括 JSP)源文件中很可能包含有中文，而 Java 和 JSP 源文件的保存方式是基于字节流的，如果 Java 和 JSP 在编译成 class 文件的过程中，使用的编码方式与源文件的编码方式不一致，就会出现乱码。在 JSP 页面的文件头加上如下代码指令基本上就能解决这类乱码问题了：

```
<%@ page contentType = "text/html; charset = utf-8"%>
<%@ page contentType = "text/html; charset = gb2312"%>
```

(2) Java 程序与其他存储媒介交换数据时会产生乱码。很多存储媒介，如数据库、文件、流等的存储方式都是基于字节流的，Java 程序与这些媒介交换数据时就会发生字符(char)与字节(byte)之间的转换，具体情况如下：

从页面 form 提交数据到 java 程序	byte→char
从 Java 程序到页面显示	char→byte
从数据库到 Java 程序	byte→char
从 Java 程序到数据库	char→byte
从文件到 Java 程序	byte→char
从 Java 程序到文件	char→byte
从流到 Java 程序	byte→char
从 Java 程序到流	char→byte

如果在以上转换过程中使用的编码方式与字节原有的编码不一致，很可能就会出现乱码。图 4.8 展示了在服务器与客户端之间数据通信时汉字编码的转换形式。

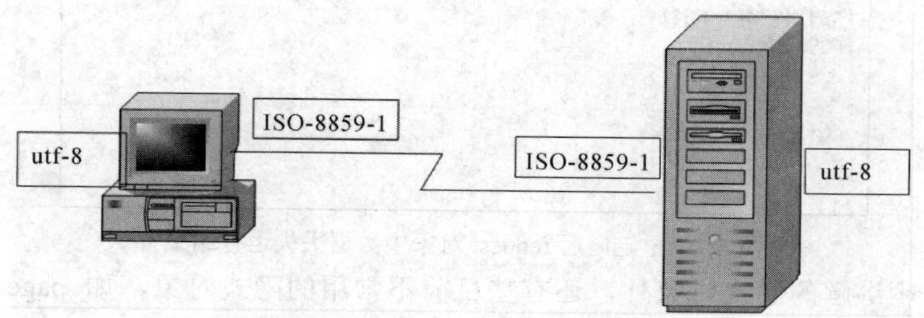

图 4.8　网际传输中的字符编码转换

那么汉字的乱码问题如何解决呢，现在有以下几种方法。

(1) 在 JSP 获取页面参数时一般采用系统默认的编码方式，如果页面参数的编码类型和系统默认的编码类型不一致，就很可能会出现乱码。解决这类乱码问题的基本方法是在页面获取参数之前，指定 request 获取参数的编码方式，如：

```
request.setCharacterEncoding("utf-8")
request.setCharacterEncoding("gb2312")
```

如果在 JSP 将变量输出到页面时出现了乱码，则可以通过设置以下响应对象 response 的编码格式来解决：

```
response.setContentType("text/html; charset = utf-8")
response.setContentType("text/html; charset = gb2312")
```

(2) 强制类型转换。在接收页面使用如下语句，首先使用 request 隐式对象的 getParameter()方法获得请求数据，再通过创建新字符串的方法强制将字符的编码形式由 ISO-8859-1 转换成 UTF-8 格式，编码类型重新构造：

```
String userName = request.getParameter("username");
userName = new String(userName.getBytes("iso-8859-1"), "utf-8");
```

(3) 通过过滤器对所有请求进行统一的汉字编码类型转换。有关过滤器方面的知识将在后续任务中介绍。

(4) 修改 Tomcat 默认编码。Tomcat 默认编码类型为 ISO-8859-1，可以设置默认编码为 utf-8 以解决乱码问题，在 Tomcat\conf\server.xml 文件中的设置如代码 4_11 所示。

代码 4_11：Tomcat\conf\server.xml

```
<Connector port = "8080" protocol = "HTTP/1.1"
    connectionTimeout = "20000"
    redirectPort = "8443"   URIEncoding = "utf-8"/>
```

4.2.2　页面中的 form 表单

(form)表单允许客户端的用户以标准格式向服务器提交数据。表单的创建者为了收集所需数据，使用了各种控件设计表单，如 input 或 select 控件。通过单击“提交”按钮即可向服务器发送数据，服务器上的脚本会处理这些数据。如果数据要发送出去，那么必须定义每个控件元素 name 的标签属性。表单中的元素可使用 name 属性或 id 属性引用。在 form 中有个 action 属性，该属性说明用于提交页面后服务器的接收处理请求地址，如 action = "/jsppos/ch3/logincheck.jsp"，表示当用户提交页面进行登录校验时，由服务器中的 logincheck.jsp 页面接收处理数据。

form 可以使用多种方式向服务器提交数据，最常用的有两种方法，即 get()方法和 post()方法。可以在 form 标签元素中使用 method = "post" 或 method = "get" 子句设定提交方式。通过下面几点总结归纳了 get 和 post 提交方式的特点。

(1) get 把参数数据队列加到提交表单的 action 属性所指的 URL 中，值和表单内各个字段一一对应，在 URL 中可以看到。post 通过 HTTP post 机制，将表单内各个字段与其内容放置在 HTML Header 内一起传送到 action 属性所指的 URL 地址。用户是看不到这些过程的。

(2) 对于 get 方式，服务器端用 Request.QueryString 获取变量的值；对于 post 方式，服务器端用 Request.Form 获取提交的数据。

(3) get 传送的数据量较小，不能大于 2KB；post 传送的数据量较大，一般被默认为不受限制。

(4) get 安全性比较低，post 安全性较高。

4.2.3　页面中集合类标签数据收集

在网页中经常会有复选框等集合类或同名标签，这类标签如何使用 request 获取数值是开发中经常遇到的问题。可以通过 String[] my = request.getParameterValues( )方法获得同名标签的值，并且将值保存到数组集合中。

【案例 4_6】 集合类或同名标签数据接收。

集合类或同名标签数据接收

案例说明： 本案例中包括 3 个页复选框，每个复选框同名，当运行提交后，由服务器 request 对象进行接收，保存的数组中，通过遍历数组成员得到对应的分量值，如代码 4_12 和代码 4_13 所示，运行效果如图 4.9 所示。

代码 4_12：WebRoot/ch4/test4_8_a.jsp

```
<%@ page language = "java" import = "java.util.*" pageEncoding = "utf-8"%>
<!DOCTYPE HTML PUBLIC "-//W3C//DTD HTML 4.01 Transitional//EN">
<html>
  <head>
    <title>test4_8_a.jsp</title>
  </head>
  <body>
   <form action = "test4_8_b.jsp">
      <p><input type = "checkbox" name = "vehicle" value = "自行车" />我有辆自行车</p>
      <p><input type = "checkbox" name = "vehicle" value = "摩托车" />  我有辆摩托车</p>
         <p><input type = "checkbox" name = "vehicle" value = "汽车" checked = "checked" />
              我有辆汽车</p>
         <input type = "submit" name = "tj" size = "20" value = "提交">
      </form>
  </body>
</html>
```

代码 4_13：WebRoot/ch4/test4_8_b.jsp

```
<%@ page language = "java" import = "java.util.*" pageEncoding = "utf-8"%>
<!DOCTYPE HTML PUBLIC "-//W3C//DTD HTML 4.01 Transitional//EN">
<html>
```

```
    <head>
      <title>test4_8_b.jsp</title>
    </head>
    <body>
      <%
        String[] my = request.getParameterValues("vehicle");
      %>
      <h3>信息接收页面</h3><br>
      <%for(int i = 0; i<my.length; i++){ %>
        我有：<% = my[i]%><br>
      <%}%>
    </body>
  </html>
```

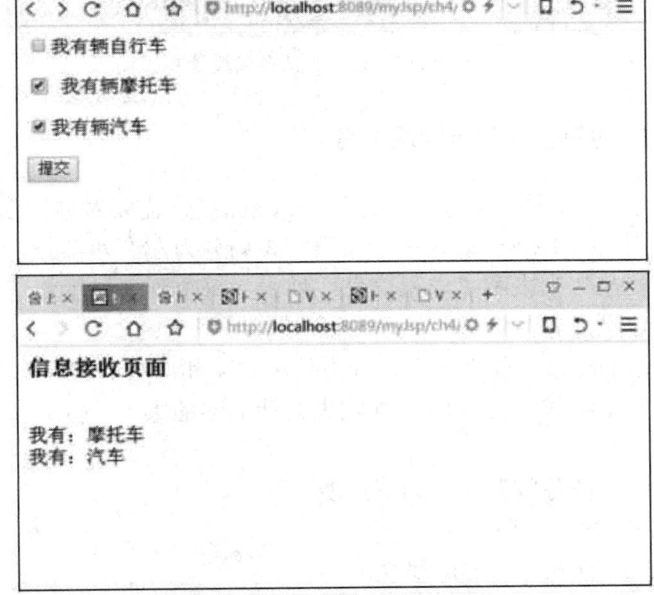

图 4.9　案例 4_6 运行效果

4.3　阶段项目：主页实现与用户信息保持

4.3.1　房屋租赁网站主页实现

在任务 2.2 使用 Table + iFrame 布局页面中，完成了网站主页总体布局的设计和静态页面的实现。在本节中将重点实现主页中右侧框架中的信息显示功能。显示信息划分为两部分，左边为“出租信息”列表，右边为“求租信息”列表，每个信息列表显示数据库信息中最近的十条记录。本项目将主页实现分成两个阶段任务：第一阶段任务实现如图 4.10 所示的布局设计；第二阶段利用 JSP 及数据库相关技术，实现对出租信息和求租信息的加载功能。

图 4.10　主页信息布局设计

【任务 4.1】 主页信息显示区域布局。

任务描述：为实现在主页中有序显示出租和求租信息，需要对显示信息进行适当布局，在信息显示区域采用 Div + CSS 样式进行布局。布局分为左右两部分，分别为“出租信息”列表和“求租信息”列表，每个列表显示最新发表的前十条记录内容。

主页信息显示区域布局

任务分析：采用 Div 盒子模型布局，分为外层 Div 和内层 Div，内层由两个并列的 Div 组成。通过 CSS 样式表设计 Div 的大小、位置和比例等信息。

掌握技能：通过该任务应该掌握如下技能：

(1) 掌握使用 Div 规划布局页面；

(2) 学会使用 CSS 样式修饰 Div 属性；

(3) 学会使用 Table 显示记录信息。

任务实现：

第一步，编写页面 Div 代码，如代码 4_14 所示。

代码 4_14：主页 Div 框架布局

```
<%@ page language = "java" import = "java.util.*" pageEncoding = "utf-8"%>
<html>
<head>
<title></title>
<link href = "css/style.css" rel = "stylesheet" type = "text/css">
</head>
```

```
<body background = "images/zf_04.jpg"   >
  <div id = page>
          <div id = search>
               <p>出租信息</p>
          </div>
          <div id = search2>
               <p>求租信息</p>
          </div>
     </div>
</body>
</html>
```

第二步，修改样式表，对<link href = "css/style.css" rel = "stylesheet" type = "text/css">引入的样式表进行修改。样式表文件为 style.css，位于项目 WebRoot\css\ 路径下，样式表中使用 id 对 Div 标签进行影响修饰。为了能够直观地显示出 Div 布局分布的情况，在样式中加入了 border-style:dashed 修饰，使 Div 边框线呈现出点画线效果。在实际完成设计后，可将该项属性去掉或设置为 none 或 double。具体代码如代码 4_15 所示。

代码 4_15：主页样式表

```
#page
{    margin:0 2% 0 2%;
     padding: 10px 10px;
     border-style:dashed;
     height:300px;
}
#search
{    margin: 10px 0;
     border-style:dashed;
     height :90%;
     width:45%;
     float:left;
}
#search2
{    margin: 10px 0;
     border-style:dashed;
     height :90%;
     width:45%;
     float:right;
}
```

第三步，使用 table 标签添加出租信息和求租信息列表，最终页面的设计代码如代码 4_16 所示。代码中间部分为 table 标签，每个表格定义为 8 行，开发者可以根据自己页面布局的具体情况调整行数。表格目前是静态列出的 8 行，在下一个任务中将使用 JSP 语句迭代数据库返回数据，主页的最终效果如图 4-11 所示。

代码 4_16：主页完整布局

```
<%@ page language = "java" import = "java.util.*" pageEncoding = "utf-8"%>
<html>
<head>
<title></title>
<link href = "css/style.css" rel = "stylesheet" type = "text/css">
</head>
<body background = "images/zf_04.jpg"   >
    <div id = page>
        <div id = search>
                <label class = "text3">出租信息</label>           
                <a class = "link" href = "">更多</a>
                <br>
                <table align = 'center' width = "100%">
                        <tr><td class = "ltd">有两室一厅房屋出租</td></tr>
                        <tr><td class = "ltd">有两室一厅房屋出租</td></tr>
                        <tr><td class = "ltd">有两室一厅房屋出租</td></tr>
                        <tr><td class = "ltd">有两室一厅房屋出租</td></tr>
                        <tr><td class = "ltd">有两室一厅房屋出租</td></tr>
                        <tr><td class = "ltd">有两室一厅房屋出租</td></tr>
                        <tr><td class = "ltd">有两室一厅房屋出租</td></tr>
                        <tr><td class = "ltd">有两室一厅房屋出租</td></tr>
                  </table>
                </div>
                <div id = search2>
                    <label class = "text3">求租信息</label>           
                    <a class = "link" href = "">更多</a>
                <br>
                <table align = 'center' width = "100%">
                        <tr><td class = "ltd">求租双室一套</td></tr>
                        <tr><td class = "ltd">求租双室一套</td></tr>
                        <tr><td class = "ltd">求租双室一套</td></tr>
                        <tr><td class = "ltd">求租双室一套</td></tr>
                        <tr><td class = "ltd">求租双室一套</td></tr>
                        <tr><td class = "ltd">求租双室一套</td></tr>
                        <tr><td class = "ltd">求租双室一套</td></tr>
                        <tr><td class = "ltd">求租双室一套</td></tr>
```

```
                </table>
            </div>
        </div>
    </body>
    </html>
```

图 4.11　主页最终效果

【任务 4.2】 主页信息数据加载。

主页信息数据加载

任务描述：任务 4.1 完成了主页信息显示的布局，在本任务中将完成对“出租信息”和“求租信息”的数据加载任务。具体任务要求如下：

(1) 定义数据表对应的 Java 实体类；

(2) 在 JSP 页面加入调用数据库代码，实现对数据库的连接；

(3) 分别从 CzInfo 和 QzInfo 表中读取最近的 8 条记录，用于页面显示；

(4) 对信息过长的记录在页面上进行截断处理。

任务分析：本任务中首先要在 JSP 页面创建数据库连接对象，定义两个集合对象用于存放“出租信息”和“求租信息”数据。在 JSP 页面加入循环控制代码，实现数据表格行的重复迭代。

掌握技能：通过该任务应该掌握如下技能：

(1) 掌握在 JSP 页面引用 Java 类；

(2) 掌握数据库的相关操作；

(3) 熟练应用 JSP 的语法规则。

任务实现：

第一步，创建数据表相对应的实体类。在项目开发中经常需要对数据库进行查询访问，数据库查询结果需要转化为 Java 对象保存，因此需要定义与数据库表对应的 Java

实体类。Java 实体类的定义规范与本书第 3 章介绍的 JavaBean 定义规则一致。本次任务中需要定义与表 CzInfo 和 QzInfo 相一致的实体，存放在 hcit/entity/包下，如代码 4_17 和代码 4_18 所示。

代码 4_17：CzInfo.java 实体类

```
package hcit.entity;
public class CzInfo {
    public Integer id;
    public String userId;
    public String title;
    public String address;
    public String floor;
    public String room;
    public String hall;
    public String price;
    public String sdate;
    public String telephone;
    public String contractMan;
    public String area;
    public String cellName;
    public Integer getId() {
        return id;
    }
    public void setId(Integer id) {
        this.id = id;
    }
    … (属性的 getter 和 setter 方法！)
    public String getCellName() {
        return cellName;
    }
    public void setCellName(String cellName) {
        this.cellName = cellName;
    }
}
```

在定义实体类的过程中，可以先定义与表中对应的属性，然后通过工具辅助手段自动生成属性对应的 getter()和 setter()方法。在实体类空白处点击鼠标右键，在弹出的菜单中选择【Source】源代码选项，再选择【Generate Getter and Setters】选项，在弹出的如图 4.12 所示的选择对话框中进行勾选，然后点击“OK”按钮完成自动生成过程。

代码 4_18：QzInfo.java 实体类

```
package hcit.entity;
```

```
public class QzInfo {
    public Integer id;
    public String userId;
    public String detailInfo;
    public String title;
    public String sdate;
    public String telephone;
    public String cellName;
    public Integer getId() {
        return id;
    }
    public void setId(Integer id) {
        this.id = id;
    }
    ...(属性的 getter 和 setter 方法!)
    public String getCellName() {
        return cellName;
    }
    public void setCellName(String cellName) {
        this.cellName = cellName;
    }
}
```

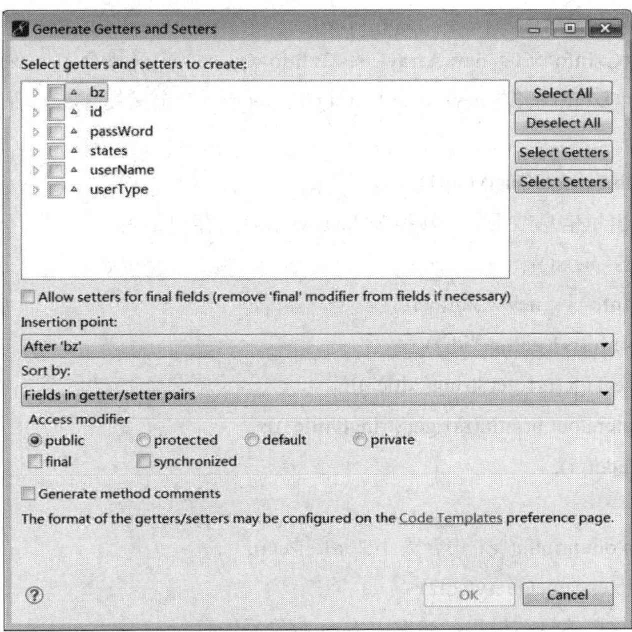

图 4.12　【Generate Getters and Setters】对话框

第二步，在主 JSP 页面加入访问数据库代码，分别从两个表中读取所需数据，如代码 4_19 所示。本步骤包括在 JSP 页面中编写服务端代码的技巧，是本任务的核心部分，也是前面所讲 JSP 相关技术的综合应用。需要在编程中注意以下几点：

(1) Java 类导入与在 Java 中编程类似，在 JSP 页面上也要对引入的 Java 类进行引入处理，使用<%@page import = "hcit.entity.QzInfo"%>语句。

(2) 数据库查询过程：

① 创建数据库连接对象，如：DBConnect db = new DBConnect();

② 定义结果集对象，如：ResultSet rs1, rs2；

③ 编写查询语句；

④ 调用查询方法，如：rs1= db.executeQuery(sql1);

⑤ 利用循环遍历结果集，提取结果集中数据，保存到集合对象中；

⑥ 关闭数据库连接。

代码 4_19：主页中 JSP 脚本代码(数据库连接与数据提取)

```
<%@page import = "hcit.entity.QzInfo"%>
<%@page import = "hcit.entity.CzInfo"%>
<%@page import = "java.sql.ResultSet"%>
<%@ page language = "java" import = "java.util.*, hcit.common.DBConnect" pageEncoding = "utf-8"%>
<%
    DBConnect db = new DBConnect();
    ResultSet rs1, rs2;
    String sql1 = "SELECT * FROM CzInfo ORDER BY sdate desc LIMIT 8";
    String sql2 = "SELECT * FROM QzInfo ORDER BY sdate desc LIMIT 8";
    //使用泛型
    ArrayList<CzInfo> a1 = new ArrayList<CzInfo>();      //定义集合 a1，保存出租信息
    ArrayList<QzInfo> a2 = new ArrayList<QzInfo>();      //定义集合 a2，保存求租信息
    try{
        rs1 = db.executeQuery(sql1);
        //遍历出租信息结果集，转换为 Java 对象后保存到 a1 中
        while(rs1.next()){
            CzInfo ci = new CzInfo();
            ci.setId(rs1.getInt("id"));
            ci.setTitle(rs1.getString("title"));
            System.out.println(rs1.getString("title"));
            a1.add(ci);
        }
        System.out.println("a1 集合大小:"+a1.size());
        rs2 = db.executeQuery(sql2);
        //遍历求租信息结果集，转换为 Java 对象后保存到 a2 中
        while(rs2.next()){
```

```
                QzInfo qi = new QzInfo();
                qi.setId(rs2.getInt("id"));
                qi.setTitle(rs2.getString("title"));
                a2.add(qi);
            }
            System.out.println("a2 集合大小:"+a2.size());
        }catch(Exception e){
            System.out.println("异常："+e);
        }finally{
            db.free();
            //关闭数据库
        }
    %>
    <html>
    <head>
    <title></title>
    <link href = "css/style.css" rel = "stylesheet" type = "text/css">
    </head>
    <body background = "images/zf_04.jpg"   >
        <div id = page>
                <div id = search>
                    <label class = "text3">出租信息</label>           
                    <a class = "link" href = "">更多</a>
                    <br>
                    <table align = 'center' width = "100%">
                        <%
                        for(int i = 0; i<a1.size(); i++){
                        %>
                        <tr><td class = "ltd"><% = a1.get(i).getTitle() %></td></tr>
                        <%
                    }
                    %>
                </table>
                </div>
                    <div id = search2>
                    <label class = "text3">求租信息</label>           
                    <a class = "link" href = "">更多</a>
                    <br>
                    <table align = 'center' width = "100%">
```

```
                <%
                for(int i = 0; i<a2.size(); i++){
                %>
                <tr><td class = "ltd"><%= a1.get(i).getTitle() %></td></tr>
                <%
              }
              %>
            </table>
          </div>
        </div>
    </body>
    </html>
```

【项目经验】 数据库查询排序。

在项目开发过程中经常会遇到需要对查询结果按照某个字段进行排序，并根据结果取前 n 条记录的要求。

(1) select 查询排序。在查询语句中，通过使用 order by 子句完成对某一字段的排序，如在代码 4_19 “SELECT * FROM CzInfo ORDER BY sdate desc” 中按照 sdate 字段的降序进行排列。

(2) 提取排序查询结果中某一段的记录，根据不同数据库提取前 n 条记录。

① Access 数据库：

```
select top (10) * from table1 where 1 = 1
```

② db2 数据库：

```
select column from table where 1 = 1 fetch first 10 rows only
```

③ mysql 数据库：

```
select * from table1 where 1 = 1 limit 10
```

④ sql server 数据库：

读取前 10 条：select top (10) * from table1 where 1 = 1

读取后 10 条：select top (10) * from table1 order by id desc

⑤ oracle 数据库：

```
select * from table1 where rownum <= 10
```

【项目经验】 Java 编程中泛型的使用。

在本任务中定义 ArrayList 对象用于保存实体集合，在定义过程中使用的 Java 泛型如以下语句所示：

```
ArrayList<CzInfo> a1 = new ArrayList<CzInfo>(); //定义集合 a1，保存出租信息
ArrayList<QzInfo> a2 = new ArrayList<QzInfo>(); //定义集合 a2，保存求租信息
```

Java 泛型是 Java SE1.5 之后版本的新特性，泛型的本质是参数化类型，也就是说所操作的数据类型被指定为一个参数。这种参数类型可以用在类、接口和方法的创建中，分别称为泛型类、泛型接口和泛型方法。

泛型(Generic type 或者 Generics)是对 Java 语言类型系统的一种扩展，以支持创建可以

按类型进行参数化的类。可以把类型参数看做是使用参数化类型时指定的类型的一个占位符，就像方法的形式参数是运行时传递的值的占位符一样。

可以在集合框架(Collection Framework)中看到泛型的动机。例如，Map 类允许向一个 Map 添加任意类的对象，即使最常见的情况是在给定映射(map)中保存某个特定类型(比如 String)的对象。因为 Map.get()被定义为返回 object，所以一般必须将 Map.get()的结果强制类型转换为期望的类型，如下面的语句所示：

```
Map m = new HashMap();
m.put("key", "blarg");
String s = (String) m.get("key");
```

要让程序通过编译，必须将 get()的结果强制类型转换为 String，并且希望结果真的是一个 String。但是有可能某人已经在该映射中保存了不是 String 的东西，这样的话，上面的代码将会抛出 ClassCastException。理想情况下，可能得出这样一个观点，即 m 是一个 Map，它将 String 键映射到 String 值。这可以让我们消除代码中的强制类型转换，同时获得一个附加的类型检查层，该检查层可以防止有人将错误类型的键或值保存在集合中。这就是泛型所做的工作。

Java 语言中引入泛型是一个较大的功能增强。不仅语言、类型系统和编译器有了较大的变化，以支持泛型，而且类库也进行了大翻修，所以许多重要的类，比如集合框架，都已经成为泛型化了，这带来了很多好处：

(1) 类型安全。泛型的主要目标是提高 Java 程序的类型安全。通过知道使用泛型定义的变量的类型限制，编译器可以在一个高得多的程度上验证类型假设。没有泛型，这些假设就只存在于程序员的头脑中(如果幸运的话，还存在于代码注释中)。Java 语言引入泛型的好处是安全简单。泛型的好处是在编译的时候检查类型安全，并且所有的强制转换都是自动和隐式的，提高代码的重用率。

(2) 消除强制类型转换。泛型的一个附带好处是消除源代码中的许多强制类型转换。这使得代码更加可读，并且减少了出错机会。

(3) 潜在的性能收益。泛型为较大的优化带来可能。在泛型的初始实现中，编译器将强制类型转换(没有泛型的话，程序员会指定这些强制类型转换)插入生成的字节码中。但是更多类型的信息可用于编译器这一事实，为未来版本的 JVM 的优化带来了可能。由于泛型的实现方式，支持泛型(几乎)不需要 JVM 或类文件更改。所有工作都在编译器中完成，编译器生成类似于没有泛型(和强制类型转换)时所写的代码，只是更能确保类型安全而已。

【项目经验】 数据库操作语句位置关系。

如代码 4_20 所示，在做数据库操作时，用一个数据库连接对象的同时创建了两个结果集 ResultSet，在对第一个进行操作时会报如图 4.13 所示的错误。当创建第二个结果集 rs2 后第一个结果集 rs1 已经被关闭了，正确的代码如代码 4_21 所示。

代码 4_20：记录集定义位置不正确，导致报错

```
public void test2(){
    DBConnect db = new DBConnect();
    ResultSet rs1, rs2;
    String sql1 = "SELECT * FROM czinfo ORDER BY sdate desc LIMIT 8";
```

```
    String sql2 = "SELECT * FROM qzinfo ORDER BY sdate desc LIMIT 8";
    try{
        rs1 = db.executeQuery(sql1); //注意两个结果集的定义位置
        rs2 = db.executeQuery(sql2);
        //使用泛型
        ArrayList<CzInfo> a1 = new ArrayList<CzInfo>();        //定义集合 a1，保存出租信息
        ArrayList<QzInfo> a2 = new ArrayList<QzInfo>();        //定义集合 a2，保存求租信息
        //遍历出租信息结果集，转换为 Java 对象后保存到 a1 中
        while(rs1.next()){
            CzInfo ci = new CzInfo();
            ci.setId(rs1.getInt("id"));
            ci.setTitle(rs1.getString("title"));
            a1.add(ci);
        }
        System.out.println("1111"+a1.size());
        //********************
        //遍历求租信息结果集，转换为 Java 对象后保存到 a2 中
        while(rs2.next()){
            QzInfo qi = new QzInfo();
            qi.setId(rs2.getInt("id"));
            qi.setTitle(rs2.getString("title"));
            a2.add(qi);
        }
        System.out.println("2222"+a2.size());
    }catch(Exception e){
        System.out.println("******"+e);
    }finally{
        db.free();
        //关闭数据库
    }
}
```

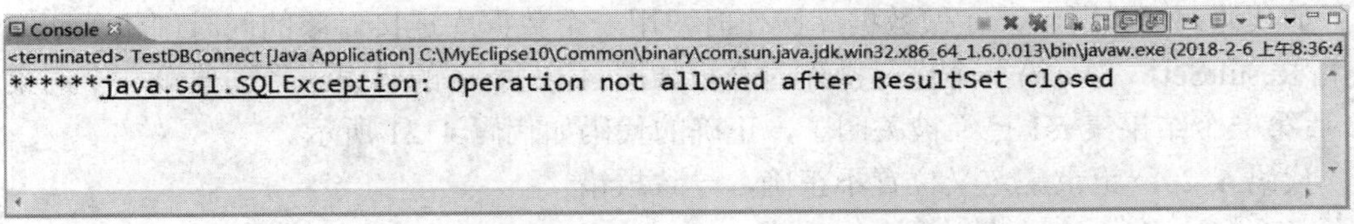

```
Console
<terminated> TestDBConnect [Java Application] C:\MyEclipse10\Common\binary\com.sun.java.jdk.win32.x86_64_1.6.0.013\bin\javaw.exe (2018-2-6 上午8:36:4
******java.sql.SQLException: Operation not allowed after ResultSet closed
```

图 4.13　两个结果集并列使用报错

代码 4_21：正确定义结果集代码

```
public void test2(){
```

```
DBConnect db = new DBConnect();
ResultSet rs1, rs2;
String sql1 = "SELECT * FROM czinfo ORDER BY sdate desc LIMIT 8";
String sql2 = "SELECT * FROM qzinfo ORDER BY sdate desc LIMIT 8";
try{
    rs1 = db.executeQuery(sql1); //注意两个结果集的定义位置
    //使用泛型
    ArrayList<CzInfo> a1 = new ArrayList<CzInfo>(); //定义集合 a1，保存出租信息
    ArrayList<QzInfo> a2 = new ArrayList<QzInfo>(); //定义集合 a2，保存求租信息
    //遍历出租信息结果集，转换为 Java 对象后保存到 a1 中
    while(rs1.next()){
        CzInfo ci = new CzInfo();
        ci.setId(rs1.getInt("id"));
        ci.setTitle(rs1.getString("title"));
        a1.add(ci);
    }
    System.out.println("1111"+a1.size());
    rs2 = db.executeQuery(sql2);
    //遍历求租信息结果集，转换为 Java 对象后保存到 a2 中
    while(rs2.next()){
        QzInfo qi = new QzInfo();
        qi.setId(rs2.getInt("id"));
        qi.setTitle(rs2.getString("title"));
        a2.add(qi);
    }
    System.out.println("2222"+a2.size());
}catch(Exception e){
    System.out.println("******"+e);
}finally{
    db.free();
    //关闭数据库
}
}
```

4.3.2　用户信息保持

在任务 3.3 中，初步实现了用户登录的功能，本节将完善用户登录过程的信息保存，即将登录成功后的用户名、用户 id 信息保存到 session 隐式对象中，将登录失败的信息保存到 request 隐式对象中，进一步优化用户登录过程。如何将信息保存到 session 和 request

对象中将在下面的任务 4.3 中完成。

【任务 4.3】 保存用户信息，重构登记功能。

保存用户信息，重构登记功能

任务描述：按照下列要求完成用户登录功能：

(1) left.jsp 页面汇集用户登录功能和登录后信息导航功能于一体；

(2) 登录校验页面 rec_login.jsp 对用户信息进行保存处理，当登录成功后将用户名、用户 id 信息保存到 session 隐式对象中，登录失败将报错信息保存到 request 隐式对象中；

(3) 登录网页 left.jsp，根据 session 中用户名的状态决定显示哪个部分的内容。

任务分析：

按照任务描述中第(3)点的要求，需要根据 session 中变量的状态决定显示的网页内容，具体设计框架如代码 4_22 所示。

代码 4_22：根据 session 中变量的状态决定显示内容

```
<body background = "images/zf_04.jpg"   >
    <% String userName = (String)session.getAttribute("userName"); %>
    <%if(username == null){ %>
        //session 中 userName 为空，说明用户没有登录，所以显示登录部分网页内容
    <%}else{%>
        //session 中 userName 不为空，说明用户已经登录，所以显示信息导航部分内容
<%} %>
```

掌握技能：

通过该任务应该掌握如下技能：

(1) 掌握使用 JSP 脚本控制页面的流程；

(2) 掌握隐式对象的综合应用；

(3) 熟练使用数据库查询；

(4) 具有项目综合开发能力。

任务实现：

第一步，整合登录页面与导航页面为一个 JSP 网页，通过 JSP 脚本控制页面显示逻辑，两部分功能显示界面如图 4.14 所示，具体实现代码如代码 4_23 所示。

图 4.14　登录与导航界面功能

代码 4_23：整合后登录 JSP 完整页面

```
<%@ page language = "java"   pageEncoding = "utf-8"%>
<html>
<head>
<title></title>
<script language = "javascript">
  function   login(){
        if( document.myForm.uname.value == "" ){
              alert("用户名不能为空");
              return false;
        }else if(document.myForm.upass.value == ""){
              alert("密码不能为空");
              return false;
        } else {
              return true;
        }
  }</script>
<link href = "css/style.css" rel = "stylesheet" type = "text/css"></head>
<body background = "images/zf_04.jpg"   >
 <% String userName = (String)session.getAttribute("userName"); %>
 <%if(userName == null){ %>
       <form action = "rec_login.jsp" target = "_self" method = "post" name = "myForm"
                onsubmit = "return login()">
    <table align = "center" width = "95%" >
       <tr>  <td colspan = "2" class = "ltd">用户名：</td>      </tr>
       <tr> <td colspan = "2" class = "ltd">
             <input type = "text" name = "uname" size = 10" >
             <%   String errorinfo = request.getParameter("errorinfo");
                  if(errorinfo != null){   %>
                  该用户不存在，或口令错误！
               <% } %>
             </td>
       </tr>
       <tr>  <td colspan = "2" class = "ltd">密    码：</td>   </tr>
       <tr> <td colspan = "2" class = "ltd">
             <input type = "password" name = "upass" size = 12"   >
             </td>
       </tr>
       <tr>  <td class = "td">
```

```
                    <input type = "submit" value = "登录"    class = "button" >
                    <input type = "reset" value = "重置" class = "button">
                </td>
            </tr>
            <tr>
                <td class = "td"><a href = "register.html"    target = "main" class = "link">注册用户</a>
                </td>
            </tr>
        </table>
        </form>
    <%}else{%>
            <table align = "center" width = "95%">
                <tr><td class = "ltd">
                    <font color = 'red'>用户：<% = session.getAttribute("userName") %>
                    </font></td>
                </tr>
                <tr><td class = "td">
                        <a href = "myinfolist.jsp" target = "main" class = "link">管理我的租房信息</a>
                    </td>
                </tr>
                <tr><td class = "td">
                    <a href = "sendinfo.html" target = "main" class = "link">发布售房信息</a>
                    </td>
                </tr>
                <tr><td class = "td">
                    <a href = "/zf/close.jsp" onclick = "closesystem(); " class = "link">退出发布系统</a>
                    </td>
                </tr>
    </table>
    <%} %>
   </body>
   </html>
```

第二步，与任务 3.3 的第二步相同，只是增加了在 session 隐式对象中保存数据的语句，在接收页面完成数据库访问，并将用户名和用户 id 保存到 session 隐式对象中，如代码 4_24 所示。

代码 4_24：接收页面

```
<%
    //通过 request 隐式对象获得登录信息
    String username = request.getParameter("uname");
```

```
        String userpass = request.getParameter("upass");
        String userid;
        //创建数据库连接对象
        DBConnect db = new DBConnect();
        System.out.println("3");
        //定义查询结果记录集
        ResultSet rs;
        //定义查询语句，其中? 代表参数
        String sql = "select * from userinfo where username = ? and userpass = ?";
        //创建预编译数据库会话对象
        PreparedStatement ps = db.getPs(sql);
        try{
            //按顺序置入参数
            ps.setString(1, username);
            ps.setString(2, userpass);
            //执行查询，将结果存入记录集对象中
            rs = ps.executeQuery();
            if(rs.next()){
                //结果集不为空，说明用户名、口令正确，导航到 afterlogin.html
                userid = rs.getString("user_id");
                session.setAttribute("userId", userid);
                session.setAttribute("userName", username);
                response.sendRedirect("afterlogin.jsp");
            }else{
                //结果集为空，用户名错误，导航到登录页面，设报错参数 errorinfo = 't'
                response.sendRedirect("left.jsp?errorinfo = 't'");
            }
        }catch(SQLException e){
            System.out.println("rec_login.jsp"+e);
        }
    %>
```

【项目经验】 设定 session 的有效时间。

在 Java Web 项目开发中，可以通过以下两种方式设定 session 的有效时间。

(1) 用 Java 代码 request.getSession().setMaxInactiveInterval(1800)；设定 session 的有效时间，以秒为单位，1800 = 60×30，即 30 分钟。这种方式的优先级最高。

(2) 在 web.xml 中配置 session 的有效时间 ，以分钟为单位。如：

```
<session-config>
    <session-timeout>30</session-timeout>
</session-config>
```

练　习　题

1. 写出常用隐式对象的作用范围。
2. 如果要将用户登录信息保存在某个隐式对象中，选择哪种隐式对象进行保存比较适合？
3. 归纳总结 request 隐式对象接收数据的主要方法。
4. 写出请求转发与重定向的导航语句，并说明区别。
5. 如何设定 session 的有效时间？

课后习题参考答案

第 5 章　MVC 模式与 Servlet

本章简介：本章首先在比较三种开发模式的基础上，介绍了典型 MVC 三层开发模型，该模型以 Servlet 为控制层，以 JSP 为视图层，以 Java 类实现业务逻辑，各个层次分工明确，项目维护方便。接下来重点讲解了在 Java Web 项目中如何定义 Servlet，详细介绍了 Servlet 中的常用方法接口，以及 Servlet 的执行加载过程。以丰富案例讲解隐式对象在 Servlet 中的应用，以及 session 与 Cookie 的联系，如何在 Servlet 中访问 Cookie。最后，使用 Servlet 三层开发模型结合房屋信息发布系统完成相关的任务设计。

知识点要求：

(1) 掌握 MVC 三层开发模型中三层的含义；
(2) 熟练掌握 Servlet 的定义、地址映射、方法应用；
(3) 掌握隐式对象在 Servlet 方法中的使用技巧；
(4) 了解 session 与 Cookie 的关系，掌握在 Servlet 中操作 Cookie 的方法。

技能点要求：

(1) 能够利用 Servlet 完成案例控制层的设计，包括数据接收、任务分配、导航等；
(2) 能够利用 MVC 三层模型完成相关任务的编程；
(3) 能够在 Servlet 中灵活使用隐式对象完成数据接收和数据保存；
(4) 能够在 Servlet 中操作 Cookie；
(5) 能够处理请求过程中汉字乱码的问题。

5.1　MVC 开发模式

5.1.1　Web 开发模式的演变

从 JSP 项目开发与发展的过程来看，开发模式经历了三种模式的变迁。

模式 1：JSP 独立开发模式。JSP 页面独立完成所有任务模块的功能，具体如图 5.1 所示。

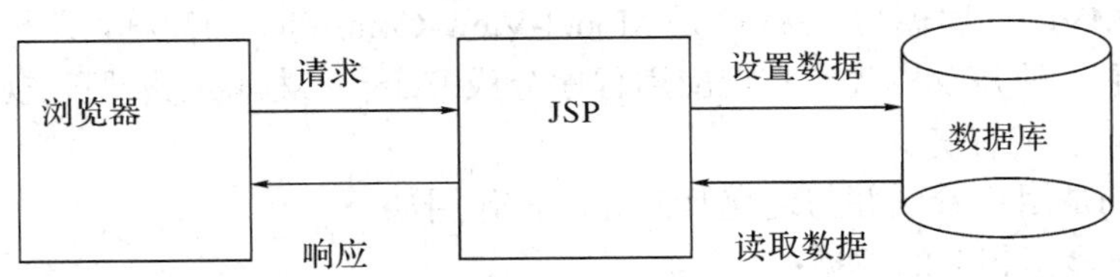

图 5.1　JSP 独立开发模式

模式 2：Model1 模式。Model1 模式是指使用 JSP 加上 Java 业务类两层实现开发，具体如图 5.2 所示。

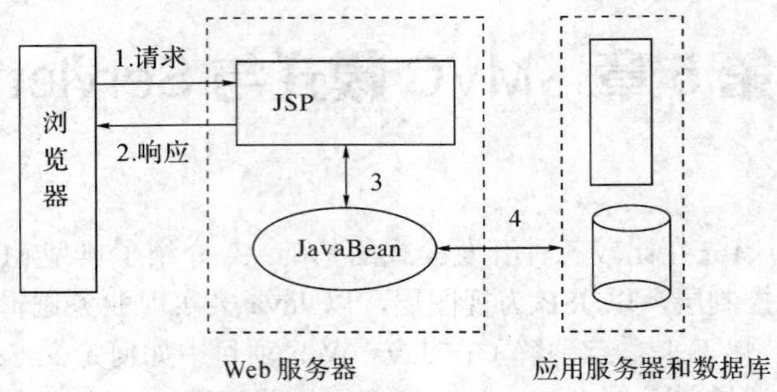

图 5.2　JSP Model1 开发模式

模式 3：Model2 模式。Model2 模式是指使用 JSP、servlet、Java 业务类三层开发模式进行开发，这种模式实现了 MVC 三层结构，是一种规范的开发模式，具体如图 5.3 所示。

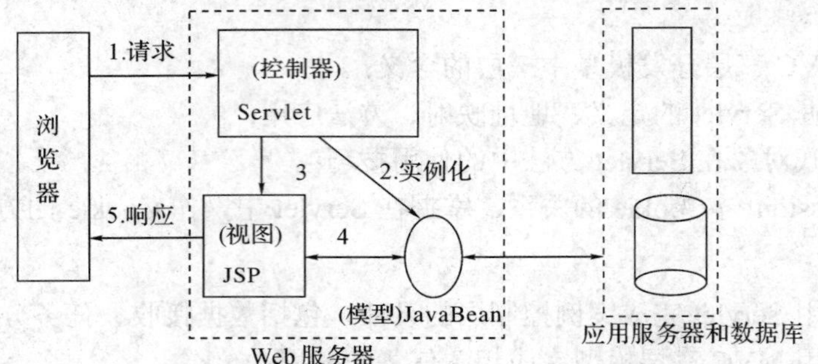

图 5.3　JSP Model2 开发模式

在早期的 Java Web 应用中，JSP 文件同时负责生成网页、控制到下一个网页的流程，以及负责完成业务逻辑。这给 Web 开发带来一系列问题，如 HTML 标签语言和 Java 逻辑代码强耦合在一起，JSP 文件的编写者必须既是网页设计者，又是 Java 开发者，从而导致页面的可读性差、调试困难、不利于维护，更改业务逻辑或数据可能牵涉相关的多个网页。

Model1 模型就是将页面中大段 Java 代码转移到独立的 Java 类中，这个 Java 类我们称为 JavaBean(广义的 JavaBean)。这样，在 JSP 页面中就只有为数很少的 Java 代码，从而将业务代码从页面分离出去，而在页面中可以通过使用 page 指令将所需的 JavaBean 类导入到当前的页面中。Model1 模型实际上实现了 JSP 开发的两层模型，JavaBean 成为实现业务逻辑的主要场所，具体如图 5.2 所示。

在 Model1 中引入 Servlet 后就形成了 Model2 模式。Model2 模式利用 Servlet 实现对系统业务逻辑的控制，Servlet 是整个业务过程的控制中心。这样就将整体系统规划成了三层框架结构，即 MVC 三层模型。MVC 是 Model-View-Controller 的简称，即模型—视图—控制器。MVC 是一种开发模式，它把应用程序分成三个核心模块：模型、视图、控制器，它们各自处理自己的任务。

视图(View)是用户看到并与之交互的界面，作用如下：

(1) 向用户显示相关的数据；

(2) 接收用户的输入；

(3) 不进行任何实际的业务处理；

(4) 向模型查询业务状态，但不能改变模型；

(5) 接受模型发出的数据更新事件，从而对用户界面进行同步更新。

视图在基于 JSP 开发的项目中，就是 JSP 页面。

模型(Model)是应用程序的主体部分，模型提供业务数据并表示业务逻辑。

一个模型能为多个视图提供数据。由于应用于模型的代码只需写一次就可以被多个视图重用，所以提高了代码的可重用性。模型也就是由我们项目中的 Java 业务类和 JavaBean 实体类组成的。

控制器(Servlet)接受用户的输入并调用模型完成用户的需求，并根据要求导航到不同的视图页面或其他的 Servlet 控制中心。当 Web 用户单击 Web 页面中的递交按钮来发送 HTML 表单时，控制器本身不输出任何东西和做任何处理。控制器接收请求并决定调用哪个模型组件去处理请求，然后决定调用哪个视图来显示模型处理返回的数据。

控制器的工作过程如下：

(1) 首先接收用户的请求，并确定调用哪个模型来进行处理；

(2) 然后根据用户请求进行相应的业务逻辑处理并返回数据；

(3) 最后调用相应的视图格式化模型返回的数据，并通过视图呈现给用户。

MVC 三层模型在项目开发过程中优点极为突出，其中最重要的是多个视图可共享一个模型，同一个模型又可以被不同的视图重用，大大提高了代码的可重用性。由于 MVC 的三个模块相互独立，改变其中一个不会影响其他两个，所以依据这种设计思想能构造良好的松耦合的构件。此外，控制器提高了应用程序的灵活性和可配置性。控制器可以用来连接不同的模型和视图去完成用户的需求，这样控制器可以为构造应用程序提供强有力的手段。

5.1.2　了解 Servlet

Servlet 技术是 Sun 公司(2010 年 Oracle 收购了 Sun 公司)提供的一种动态 Web 项目开发解决方案，它是基于 Java 编程语言的 Web 服务器端编程技术，运行在 Web 服务器端，获得客户端的访问请求信息和动态生成对客户端的响应消息。Servlet 是一种运行在服务器端的 Java 应用程序，具有独立于平台和协议的特性，可以生成动态 Web 页面。它担当客户请求(Web 浏览器或其他 HTTP 客户程序)与服务器响应(HTTP 服务器上的数据库或应用程序)的中间层。与传统的从命令行启动的 Java 应用程序不同，Servlet 由 Web 服务器加载，在服务器运行，与 Java Applet 比较而言，Java Applet 是一种当作单独文件同网页一起发送的小程序，它用于在客户端运行，得到为用户进行运算或者根据用户互作用定位图形等服务。

Servlet 技术是 JSP 技术的基础，每个 JSP 页面实质就是一个 Servlet。一个 Servlet 程序就是一个实现了特殊接口的 Java 类，用于支持 Servlet 的 Web 服务器调用和运行，即只能运行于具有 Servlet 引擎的 Web 服务器端。一个 Servlet 程序负责处理它所对应的一个或一组 URL 地址的访问请求，接收访问请求信息和产生响应内容。

Servlet 与普通 Java 程序相比，只是输入信息的来源和输出结果的目标不一样，所以，普通 Java 程序所能完成的大多数任务，Servlet 程序都可以完成。Servlet 程序具有如下的一些基本功能：

(1) 获取客户端请求及数据；

(2) 创建对客户端的响应消息内容；

(3) 访问服务器端的项目系统；

(4) 调用其他的 Java 类。

一个 Servlet 程序就是一个在 Web 服务器运行的特殊 Java 类，这个特殊 Java 类必须实现 javax.servlet.Servlet 接口，Servlet 接口定义了 Servlet 容器与 Servlet 程序之间通信的协议约定。为了简化 Servlet 程序的编写，Servlet API 中提供了一个实现 Servlet 接口的最简单的 Servlet 类，其完整名称为 javax.servlet.GenericServlet，该类实现了 Servlet 程序的基本特征和功能。Servlet API 中还提供了一个专用于 HTTP 协议的 Servlet 类，其名称是 javax.servlet.http.HttpServlet，它是 GenericServlet 的子类，在 GenericServlet 类的基础上进行了一些针对 HTTP 特点的扩充。显然一个 Java 类只要继承了 GenericServlet 或 HttpServlet，它就是一个 Servlet。反过来说，要编写一个 Servet 类，这个类必须继承 GenericServlet 类或 HttpServlet 类。为了充分利用 HTTP 协议的功能，在一般情况下，都应让自己编写的 Servlet 类继承 HttpServlet 类，而不是继承 GenericServlet 类。

查看 HttpServlet 类的帮助文档，可以看到其中有一个名为 service 的方法，当客户端每次访问一个 Servlet 程序时，Servlet 引擎都将调用这个方法来进行处理。Service()方法接受两个参数，一个是用于封装 HTTP 请求消息的对象，其类型为 HttpServletRequest；另一个是代表 HTTP 响应消息的对象，其类型为 HttpServletResponse。调用 HttpServletResponse 对象的 getWriter()方法可以获得一个文本输出流对象，向这个输出流的对象中写入的数据将作为 HTTP 响应消息的实体内容部分发送给客户端。

Java Server Pages(JSP)是在 Servlet 基础上发展起来的一种实现普通静态 HTML 和动态语言混合编码的技术。JSP 并没有增加任何 Servlet 以外的功能，也就是说 JSP 实质就是一种 Servlet，在访问过程中 JSP 页面还是要被编译成 Servlet 的。但是在 JSP 中编写静态 HTML 更加方便，不必再用 out.println()语句输出每一行 HTML 代码。更重要的是借助内容和外观的分离，页面制作中不同性质的任务可以方便地分开。比如由页面设计者进行 HTML 设计，同时留出供 Servlet 程序员插入动态内容的空间。下面的代码 5_1 是 JSP 页面和 Servlet 的代码比较，运行的结果完全一致，如图 5.4 所示。现在分别用 JSP 和 Servlet 来实现下面页面的功能，区别比较一下 JSP 和 Servlet 的实现方法。

代码 5_1：简单 JSP 页面

```
<%@ page language = "java" import = "java.util.*" pageEncoding = "gbk"%>
<!DOCTYPE HTML PUBLIC "-//W3C//DTD HTML 4.01 Transitional//EN">
<html>
  <head>
    <title>比较 JSP 同 Servlet 的区别</title>
  </head>
  <body>
    比较 JSP 同 Servlet 的区别 <br>
```

```
  </body>
</html>
```

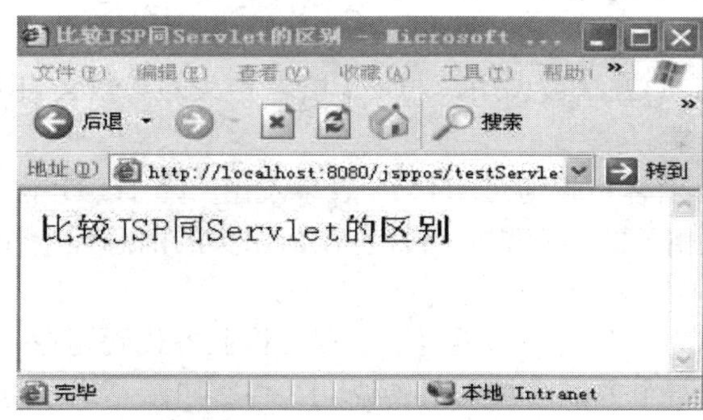

图 5.4　JSP 与 Servlet 运行结果

代码 5_1 是实现该功能的 JSP 页面，代码 5_2 是实现同样功能的 Servlet 代码，比较一下就会发现，Servlet 中的信息都是 JSP 页面上的内容。只是使用了 out.println()语句将 HTML 代码写到了浏览器中最终显示出来。有了 JSP，我们可以方便地书写 HTML 代码标签，与编辑 HTML 页面差别不大。在运行过程中 JSP 页面也要被编译成 Servlet。

代码 5_2：实现与代码 5_1 中 JSP 页面相同功能的 Servlet 代码

```
public void doGet(HttpServletRequest request, HttpServletResponse response)
            throws ServletException, IOException {
    response.setContentType("text/html");
    response.setCharacterEncoding("gbk");
    PrintWriter out = response.getWriter();
    out.println("<!DOCTYPE HTML PUBLIC \"-//W3C//DTD HTML 4.01 Transitional//EN\">");
    out.println("<HTML>");
    out.println("<HEAD><TITLE>比较 JSP 同 Servlet 的区别</TITLE></HEAD>");
    out.println("<BODY>");
    out.println("比较 JSP 同 Servlet 的区别");
    out.println("</BODY>");
    out.println("</HTML>");
    out.flush();
    out.close();
}
```

下面列出的是 Servlet 中的常用方法：

(1) init()方法。在 Servlet 的生命期中，仅执行一次 init()方法。它是在服务器装入 Servlet 时执行的，之后无论有多少客户机访问 Servlet，都不会重复执行 init()。缺省的 init()方法通常是符合要求的，但也可以用定制 init()方法来覆盖它。

(2) service() 方法。service()方法是 Servlet 的核心。每当一个客户请求一个 HttpServlet 对象时，该对象的 service()方法就要被调用，而且传递给这个方法一个请求(ServletRequest)对象和一个响应(ServletResponse)对象作为参数。在 HttpServlet 中已存在 service()方法。缺省的服务功能是调用与 HTTP 请求的方法相应的 doXXX 功能。例如，如果 HTTP 请求方法为 GET，则缺省情况下调用 doGet()。

(3) doGet()方法。doGet()方法是 Servlet 中的方法之一，用于接收由 get 模式提交的请求和数据，当客户端通过 HTML 表单发出一个 HTTP get 请求或直接使用一个 URL 地址请求时，Servlet 中的 doGet()方法被调用，与 get 请求相关的参数会自动添加到 URL 地址的后面一起发送到服务器端。

(4) doPost()方法。当客户端通过 HTML 表单发出一个 HTTP post 请求时，doPost()方法被调用。与 post 请求相关的参数数据将打包在请求头的消息体中作为一个整体发送到服务器端。

在实际项目开发中为了避免代码重复，通常会将业务代码写在 doGet()或 doPost()方法中的其中一个，而在另一个方法中加入跳转语句，将客户端请求引导到有业务代码的方法中。例如，已将业务处理代码写入到 doPost()方法中，而在 doGet()方法中加入一条 this.doPost()语句。这样，当客户端发起 get 请求后，doGet()方法接收到请求，并通过 this.doPost()语句将控制权移交给写有业务代码的 doPost()方法进行处理。

(5) destroy()方法。destroy() 方法仅执行一次，即在服务器停止且卸装 Servlet 时执行该方法。典型的是将 Servlet 作为服务器进程的一部分来关闭。缺省的 destroy() 方法通常是符合要求的，但也可以覆盖它。

Servlet 承担的主要任务有：

(1) 读取客户端(浏览器)发送的显式的数据，包括网页上的 HTML 表单，或者也可以是来自 Applet 或自定义的 HTTP 客户端程序的表单。

(2) 读取客户端(浏览器)发送的隐式的 HTTP 请求数据，包括 Cookie、媒体类型和浏览器能理解的压缩格式等。

(3) 处理数据并生成结果，这个过程可能需要访问数据库，调用 Web 服务，或者直接计算得出对应的响应。

(4) 发送显式的数据(即文档)到客户端(浏览器)。该文档的格式可以是多种多样的，包括文本文件(HTML 或 XML)、二进制文件(GIF 图像)、Excel 等。

(5) 发送隐式的 HTTP 响应到客户端(浏览器)，包括告诉浏览器或其他客户端被返回的文档类型(例如 HTML)、设置 Cookie 和缓存参数，以及其他类似的任务。

(6) 执行调度与导航。根据程序逻辑进行请求转发或重定向导航。

5.2　Servlet 的创建与使用

5.2.1　定义一个 Servlet

【案例 5_1】 Servlet 创建。

Servlet 创建

案例说明：在本案例中将一步一步指导学生创建第一个 Servlet 案例，并详细说明创建的每一个步骤和含义。

第一步：选择 MyEclipse 项目包路径下的 ch5，点击鼠标右键选择【new】下的【Servlet】菜单项，如图 5.5 所示。

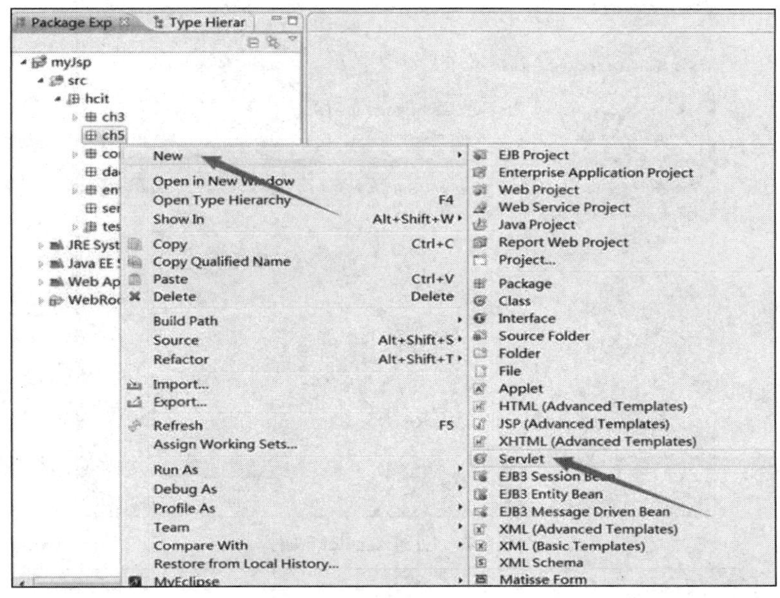

图 5.5　创建 servlet 菜单选项

第二步：在弹出的窗口中输入 Servlet 名称，在本案例中 Servlet 的名称为“MyFirstServlet”，注意 Servlet 也是一个 Java 类，要遵循 Java 的命名规范，类名的首字母需要大写，类继承了 HTTPServlet。创建 Servlet 菜单选项的具体操作如图 5.6 所示。

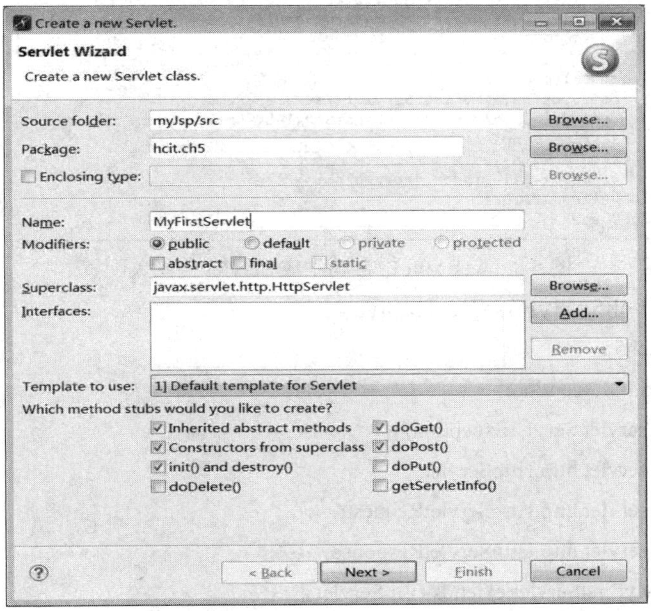

图 5.6　创建 Servlet 菜单选项

第三步：弹出了 Servlet 的映射地址，如图 5.7 所示。在图 5.7 中，Servlet 的名称为“MyFirstSevlet”，形成的映射地址为“/servlet/MyFirstServlet”。开发环境会自动配置

web.xml 文件，如图 5.8 所示，生成的 Servlet 如代码 5_3 所示。

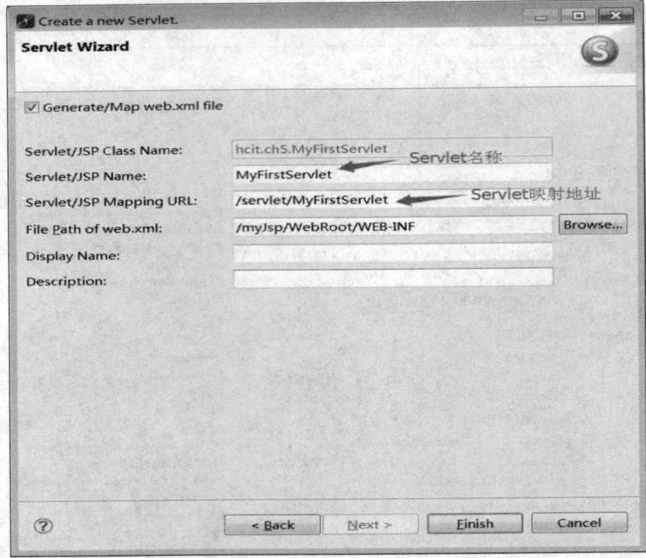

图 5.7　创建 servlet 映射

```
<?xml version="1.0" encoding="UTF-8"?>
<web-app version="2.5"
    xmlns="http://java.sun.com/xml/ns/javaee"
    xmlns:xsi="http://www.w3.org/2001/XMLSchema-instance"
    xsi:schemaLocation="http://java.sun.com/xml/ns/javaee
    http://java.sun.com/xml/ns/javaee/web-app_2_5.xsd">
  <display-name></display-name>
  <servlet>
    <servlet-name>MyFirstServlet</servlet-name>          定义Servlet
    <servlet-class>hcit.ch5.MyFirstServlet</servlet-class>
  </servlet>

  <servlet-mapping>
    <servlet-name>MyFirstServlet</servlet-name>          映射Servlet
    <url-pattern>/servlet/MyFirstServlet</url-pattern>
  </servlet-mapping>
  <welcome-file-list>
    <welcome-file>index.jsp</welcome-file>
  </welcome-file-list>
</web-app>
```

图 5.8　web.xml 中自动生成 Servlet 的相关配置

代码 5_3：hcit/ch5/ MyFirstServlet.java

```
package hcit.ch5;
import java.io.IOException;
import javax.servlet.ServletException;
import javax.servlet.http.HttpServlet;
import javax.servlet.http.HttpServletRequest;
import javax.servlet.http.HttpServletResponse;
public class MyFirstServlet extends HttpServlet {
    /*** 构造方法*/
    public MyFirstServlet() {
        super();
```

```
    }
    /***  销毁方法 */
    public void destroy() {
        super.destroy();
    }
    /*** doGet 方法 */
    public void doGet(HttpServletRequest request, HttpServletResponse response)
        throws ServletException, IOException {
    }
    /*** doPost 方法        */
    public void doPost(HttpServletRequest request, HttpServletResponse response)
        throws ServletException, IOException {
    }
    /***  初始化方法*/
    public void init() throws ServletException {
    }
}
```

【案例 5_2】 Servlet 编程与访问。

Servlet 编程与访问

案例说明： 在本案例中，将在案例 5_1 基础上完成 Servlet 的简单编程，演示如何访问 Servlet。在案例 5_1 基础上实现接收用户提交数据的请求，请求参数名称为“userName”，接收后将 userName 参数打印到控制台。

第一步：修改案例 5_1 代码中的 doGet()和 doPost()方法，修改内容如代码 5_4 所示。

代码 5_4：hcit/ch5/ MyFirstServlet.java 中部分方法

```
/*** doGet 方法 */
public void doGet(HttpServletRequest request, HttpServletResponse response)
            throws ServletException, IOException {
    String u = request.getParameter("userName");
    System.out.println("接收参数："+u);
}
/*** doPost 方法    */
public void doPost(HttpServletRequest request, HttpServletResponse response)
            throws ServletException, IOException {
    this.doGet(request, response);
}
```

doGet()和 doPost()方法是用于接收处理客户端发出的请求，在本案例中使用了 doGet()方法，但为避免客户端使用 doPost()方式提交，在 doPost()方法中调用了 doGet()方法。也就是说无论用户在客户端使用什么方式提交请求，都会转到 doGet()方法中进行处理。

第二步：访问定义的 Servlet。访问一个 Servlet 有多种途径。可以在 form 的 action 属性中访问，也可以直接在客户端的浏览器地址栏中访问，还可以是以超链接方式访问。凡是能发出请求的地方，都可以直接访问 Servlet 地址。在本案例中采用直接在客户端浏览器地址栏中访问的方式进行访问测试。打开浏览器，输入地址：http://localhost:8089/myJsp/servlet/MyFirstServlet?userName = abc。

5.2.2 Servlet 执行过程与生命周期

1. Servlet 工作流程

(1) 首先用户在浏览器地址栏输入网址 http://localhost:8089/myJsp/servlet/MyFirst Servlet?userName = abc 时，浏览器会自己先解析主机名 localhost，并去本地的 host 文件查询主机有没有配备 IP 地址，如果在 host 文件当中查不到，浏览器将进行 DNS 查询。网址中："localhost"代表的是主机，"8089"代表的是端口号，"myJsp"代表的是 Web 应用名称，最后的"servlet /MyFirstServlet"代表的是资源名。

(2) 查到主机的 IP 地址之后就会转到 Web 服务器。首先浏览器会先向 Web 服务器发送一个试探包(尝试连接)，如果 Web 服务器对浏览器有响应的话，浏览器就会发出 HTTP 请求。Web 服务器收到浏览器发出的 HTTP 请求之后会自己先解析出主机名(因为 Tomcat 管理多个主机)，然后解析出 Web 应用。Web 服务器解析出 Web 应用之后就会知道对应 Web 应用的 web.xml 文件，因为我们知道每一个 Web 应用都对应一个 Web.xml 文件。最后，Web 服务器解析出资源名称，这里就是 MyFirstServlet。

(3) 完成之后 Web 服务器去查询对应 Web 应用的 web.xml 文件，得知资源(MyFirstServlet)在哪一个包下面。具体的 web.xml 关键代码如代码 5_5 所示。

代码 5_5：web.xml 配置 Servlet 代码

```
<servlet>
    <servlet-name>MyFirstServlet</servlet-name>
    <servlet-class>hcit.ch5.MyFirstServlet</servlet-class>
  </servlet>
  <servlet-mapping>
    <servlet-name>MyFirstServlet</servlet-name>
    <url-pattern>/servlet/MyFirstServlet</url-pattern>
  </servlet-mapping>
```

(4) 成功之后就能找到相应的 Servlet 了，然后 Web 服务器就会使用反射机制，创建实例。调用 init()方法将该实例装载到内存，该方法只被调用一次。Web 服务器把接收到的 HTTP 请求封装成一个 request 对象，作为 service()方法的参数传递进去。Service()方法会被调用多次，每访问一次 Servlet，它的 service()方法就会被调用一次。

(5) 要返回结果给 Web 服务器的话需要获取 response 对象，该对象有各种信息。Web 服务器获取到结果之后不是直接返回给浏览器而是先将 response 的信息拆解出来形成 HTTP 响应格式，然后将这个结果返回给浏览器。

(6) 浏览器得到结果之后会对自己能识别的格式进行解析。

(7) 在某些情况下 Web 服务器会调用该 Servlet 的 destroy()方法，将该 Servlet 销毁。

2. Servlet 生命周期

(1) 当 Servlet 第一次被调用的时候会触发 init()方法，该方法把 Servlet 实例加载到内存中。该方法只会被调用一次。

(2) 然后调用 Servlet 的 Service()方法。

(3) 当第二次及以后调用 Service 时，将直接调用 service()方法。

(4) 当 web 应用需要 reload 或者关闭 Tomcat 或者关机时，都会去调用 destroy()方法，此时该方法就会去销毁 Servlet。有三种情况会调用 destroy()方法：第一种情况是关闭 Tomcat，第二种情况是 Web 应用 reload，第三种情况是关机。

5.2.3　隐式对象在 Servlet 中的使用

request、response 和 session 三个隐式对象在 Servlet 中使用的频率最高，其中，request、response 两个隐式对象在 doGet()和 doPost()方法参数中已经给出。session 对象可以通过 request 对象获得。这三个隐式对象在 Servlet 中最常用的作用归纳为三个方面：接收数据、保存数据、导航(请求转发或重定向)。

1. request 与 Servlet 容器相关的方法

request 与 Servlet 容器相关的方法如表 5.1 所示。

表 5.1　request 与 Servlet 容器相关的方法

动作指令	简 要 说 明
request.getContentLength()	获得请求主体长度
request.getContentType()	获得请求类型
request.getContextPath()	返回站点根路径
request.getMethod()	客户端提交请求的方法
request.getLocale()	获得语言编码信息
request.getQueryString()	获取带参数查询(只对 get 提交方式有效)
request.getRequestURI()	返回除去 host(域名或者 IP)部分的路径
request.getRequestURL()	返回全路径
request.getServletPath()	返回除去 host 和工程名部分的路径
request.getContextPath()	返回工程名部分，如果工程映射为/，则此处返回为空
request.getRemoteAddr()	接收请求的接口的 Internet Protocol (IP) 地址
request.getRemotePort()	获取客户端端口号
request.getScheme()	获得客户端协议名称
request.getServerName()	返回请求被发送到的服务器主机名
request.getServerPort()	返回请求被发送到的服务器端口

request 与 Servlet 容器相关方法的测试代码如代码 5_6 所示，运行结果如图 5.9 所示。

代码 5_6：hcit/ch5/ Test1Servlet.java

```
public class AServlet extends HttpServlet {
    public void doGet(HttpServletRequest request, HttpServletResponse response)
            throws ServletException, IOException {
        System.out.println("request.getContentLength(): " + request.getContentLength());
        System.out.println("request.getContentType(): " + request.getContentType());
        System.out.println("request.getContextPath(): " + request.getContextPath());
        System.out.println("request.getMethod(): " + request.getMethod());
        System.out.println("request.getLocale(): " + request.getLocale());
        System.out.println("request.getQueryString(): " + request.getQueryString());
        System.out.println("request.getRequestURI(): " + request.getRequestURI());
        System.out.println("request.getRequestURL(): " + request.getRequestURL());
        System.out.println("request.getServletPath(): " + request.getServletPath());
        System.out.println("request.getRemoteAddr(): " + request.getRemoteAddr());
        System.out.println("request.getRemoteHost(): " + request.getRemoteHost());
        System.out.println("request.getRemotePort(): " + request.getRemotePort());
        System.out.println("request.getScheme(): " + request.getScheme());
        System.out.println("request.getServerName(): " + request.getServerName());
        System.out.println("request.getServerPort(): " + request.getServerPort());
    }
}
```

```
Console
tomcat6Server [Remote Java Application] C:\MyEclipse10\Common\binary\com.sun.java.jdk.win32.x86_64_1.6.0.013\bin\javaw.exe (2018-2-18
request.getContentLength(): 20
request.getContentType(): application/x-www-form-urlencoded
request.getContextPath(): /myJsp
request.getMethod(): POST
request.getLocale(): zh_CN
request.getQueryString(): null
request.getRequestURI(): /myJsp/servlet/Test1Servlet
request.getRequestURL(): http://localhost:8089/myJsp/servlet/Test1Servlet
request.getServletPath(): /servlet/Test1Servlet
request.getRemoteAddr(): 0:0:0:0:0:0:0:1
request.getRemoteHost(): 0:0:0:0:0:0:0:1
request.getRemotePort(): 51689
request.getScheme(): http
request.getServerName(): localhost
request.getServerPort(): 8089
```

图 5.9　request 与 Servlet 容器相关方法运行结果

【案例 5_3】 在 Servlet 中使用 request 获得 session。

在 Servlet 中使用 request 获得 session

案例说明：在 JSP 页面中可以直接使用 session 对象，但在 Servlet 中 session 对象需要通过 request 对象获得。本案例设计请求页面 test_2.jsp 和 test_3.jsp，定义 Servlet 用于接收 test_2.jsp 发送请求，Servlet 将接收的请求数据保存到 session 中后导航到 test_3.jsp 页面，并在 test_3.jsp 页面中显示 session 中保存的数据。本案例利用 request 在 Servlet 中完成了数据接收、数据保存和请求转发三项功能。本案例的运行结果如图 5.10 所示。

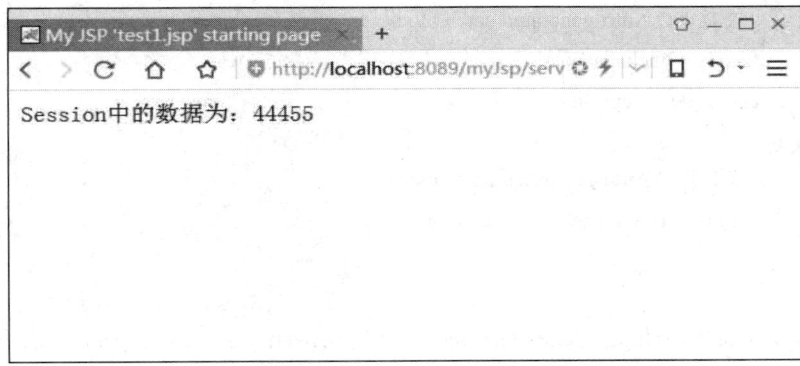

图 5.10　案例 5_3 运行结果

第一步：创建 test_2.jsp 页面，代码如代码 5_7 所示。

代码 5_7：WebRoot/ch5/ test_2.jsp

```
<%@ page language = "java" import = "java.util.*" pageEncoding = "UTF-8"%>
<!DOCTYPE HTML PUBLIC "-//W3C//DTD HTML 4.01 Transitional//EN">
<html>
  <head>
     <title>My JSP 'test_2.jsp' starting page</title>
   </head>
  <body>
    <form action = "/myJsp/servlet/Test2Servlet" >
      <input name = "myData"    value   = "" type = "text" size = "20">
      <input name = "t"   value   = "提交" type = "submit">
    </form>
  </body>
</html>
```

第二步：创建接收处理 Servlet，如代码 5_8 所示。

代码 5_8：hcit/ch5/ Test2Servlet.java

```
public class Test2Servlet extends HttpServlet {
    public Test2Servlet() {     super();     }
    public void destroy() {     super.destroy(); }
    public void doGet(HttpServletRequest request, HttpServletResponse response){
        HttpSession session = request.getSession();
        String d = request.getParameter("myData");
        session.setAttribute("myData", d);
        try {
            request.getRequestDispatcher("/ch5/test_3.jsp").forward(request, response);
        } catch (ServletException e)
        {
            // TODO Auto-generated catch block
            e.printStackTrace();
        } catch (IOException e)
        {
            // TODO Auto-generated catch block
            e.printStackTrace();
        }
    }
public void doPost(HttpServletRequest request, HttpServletResponse response)
                throws ServletException, IOException {
        this.doGet(request, response);
    }
    public void init() throws ServletException { }
}
```

在 Servlet 类中使用了 HttpSession session = request.getSession()方法获得 session 对象。将接收数据通过 session.setAttribute("myData", d)语句存入 session 对象中，使用请求转发进行导航。

第三步：创建接收页面，如代码 5_9 所示。

代码 5_9：WebRoot/ch5/ test_3.jsp

```
<%@ page language = "java" import = "java.util.*" pageEncoding = "UTF-8"%>
<!DOCTYPE HTML PUBLIC "-//W3C//DTD HTML 4.01 Transitional//EN">
<html>
    <head><title>My JSP 'test_3.jsp' starting page</title> </head>
    <body>
     Session 中的数据为：<% = session.getAttribute("myData") %>
    </body>
</html>
```

2. ServletContext 容器

ServletContext 是一个全局的储存空间，服务器启动后就存在，服务器关闭后才释放。ServletContext 为内建对象提供存储空间，其中，一个用户可有多个 request，一个用户只有一个 session，而所有应用的 Servlet 共用一个 servletContext。所以为了节省空间，提高效率，ServletContext 中仅存放必需的、重要的、所有用户需要共享线程安全的信息。

以下是 Web 项目应用在 Tomcat 容器中的加载过程：

(1) Tomcat 服务器启动→读入 web.xml 文件；

(2) Tomcat 容器为这个应用建立一个新的 ServletContext 实例，应用的所有部分都共享这个上下文；

(3) 如果 web.xml 文件中有定义上下文的初始参数，则容器首先创建初始参数实例；

(4) 把初始化参数实例的引用交给 ServletContext 上下文；

(5) 容器创建 Servlet，这时建立一个新的 ServletConfig 对象，并且为这个 ServletConfig 对象提供一个 ServletContext 的引用；

(6) 调用 Servlet 的 init()方法初始化 servlet。

由第(5)步可以看出，每个 Servlet 中都有一个上下文(ServletContext)的引用，因此，Servlet 都知道这个上下文，但是 ServletContext 的实例比 Servlet 先诞生。Tomcat 容器与 Servlet 容器间的关系如图 5.11 所示。

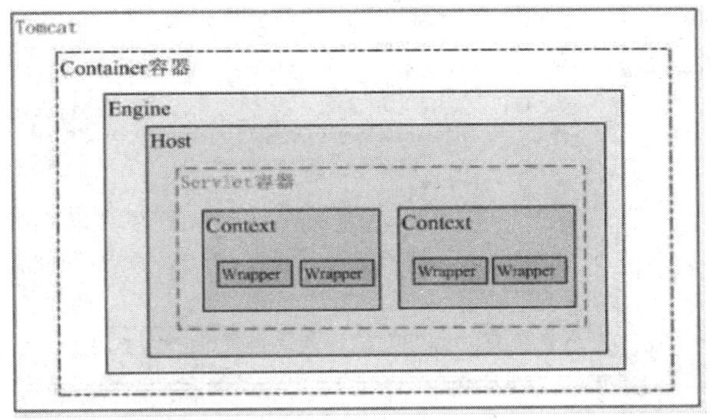

图 5.11　Tomcat 容器与应用 Servlet 容器关系

ServletContext 接口是 Servlet 中最大的一个接口，ServletContext 实例是通过 getServletContext()方法获得的，由于 HttpServlet 继承 Servlet 的关系，GenericServlet 类和 HttpServlet 类同时具有该方法。ServletContext 接口中的常用方法如下：

(1) Object getAttribute(String name)方法。返回 Servlet 上下文中具有指定名字的对象，或使用已指定名捆绑一个对象。从 Web 应用的标准观点看，这样的对象是全局对象，可以被同一 Servlet 在不同时刻访问，或上下文中任意其他 Servlet 访问。

(2) Void setAttribute(String name, Object obj)方法。设置 Servlet 上下文中具有指定名字的对象。

(3) Enumeration getAttributeNames()发放。返回保存在 Servlet 上下文中所有属性名字的枚举。

(4) ServletContext getContext(String uripath)方法。返回映射到另一 URL 的 servlet 上下

文。在同一服务器中 URL 必须是以“/”开头的绝对路径。

【案例 5_4】 使用 ServletContext 加载项目参数文件。

使用 ServletContext 加载项目参数文件

案例说明： 在 Web 项目开发中，经常需要将项目配置信息写入配置文件，当项目启动后读取文件并将设置参数保存到全局变量中。在本案例中，使用 ServletContext 容器加载文件并保存文件中的配置参数供其他模块使用。

第一步：在项目 WEB-INF 路径下创建配置属性文件。选择项目中的【WEB-INF】节点，点击鼠标右键选择新建，弹出如图 5.12 所示的窗口，选择【General】下面的【File】节点。

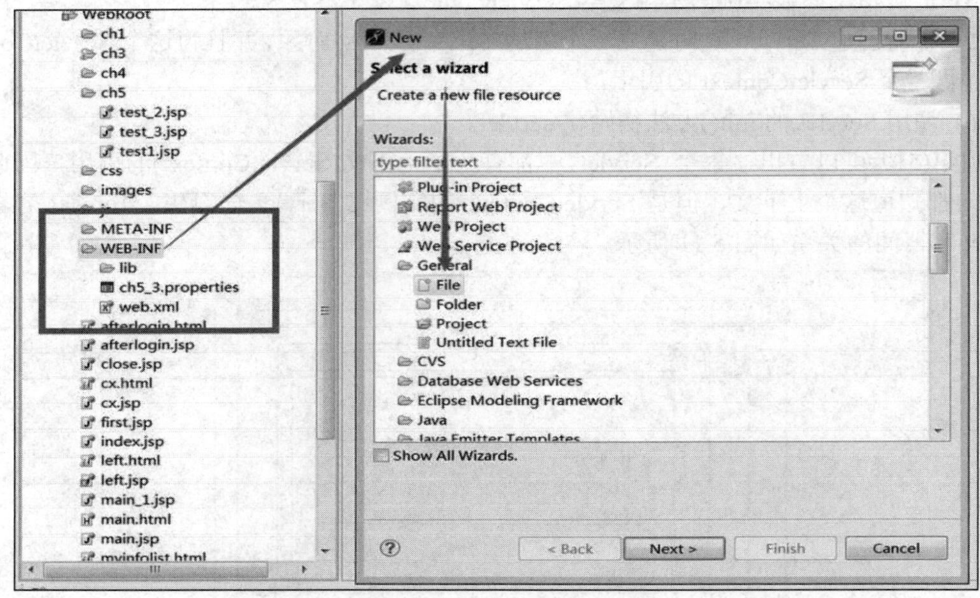

图 5.12　创建属性文件

第二步：为属性文件添加属性键值对，如图 5.13 所示，添加“timeOut”和“stateFlag”关键字及对应的数值。

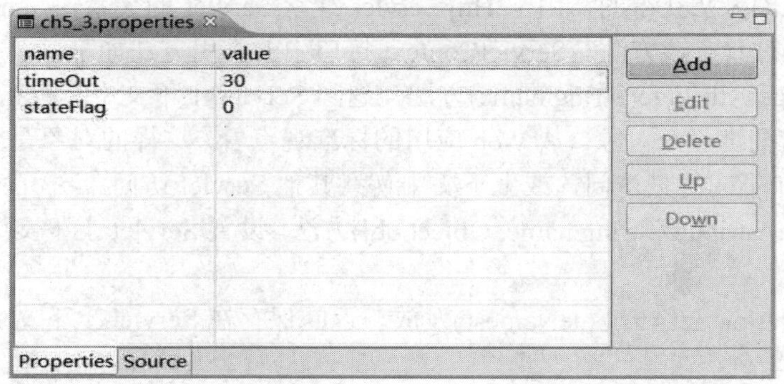

图 5.13　编辑属性文件

第三步：创建 Servlet，实现对属性文件的加载过程，具体内容如代码 5_10 所示。

代码 5_10：hcit/ch5/ Test3Servlet.java

```
public class Test3Servlet extends HttpServlet {
    public Test3Servlet() {
        super();
    }
    public void destroy() {
        super.destroy();
    }
    public void doGet(HttpServletRequest request, HttpServletResponse response)
            throws ServletException, IOException {
      //拿到全局对象
        ServletContext sc = this.getServletContext();
        //获取 ch5_3.properties 文件的路径
        String path = sc.getRealPath("/WEB-INF/ch5_3.properties");
        System.out.println("path = " + path);
        //创建一个 Properties 对象
        Properties pro = new Properties();
        pro.load(new FileReader(path));
        sc.setAttribute("timeOut", pro.get("timeOut"));
        sc.setAttribute("stateFlag", pro.get("stateFlag"));
        System.out.println(pro.get("timeOut"));
        System.out.println(pro.get("stateFlag"));
    }
    public void doPost(HttpServletRequest request, HttpServletResponse response)
        throws ServletException, IOException {
        this.doGet(request, response);
    }
    public void init() throws ServletException {
        // Put your code here
    }
}
```

3. response 对象在 Servlet 中的应用

 **【案例 5_5】** 通过 response 向客户端发送 JS 函数。

通过 response 向客户端发送 JS 函数

案例说明： 在本案例中使用 response 对象的 getWriter().write()方法，向客户端浏览器嵌套 JavaScript 代码来实现页面倒计时的效果，计时结束后使用 response.addHeader()方法完成页面的刷新功能。具体编码如代码 5_11 所示，运行效果如图 5.14 所示。

图 5.14　客户端浏览器倒计时显示

代码 5_11：hcit/ch5/ Test4Servlet.java

```
public class Test4Servlet extends HttpServlet {
    public Test4Servlet() {
        super();
    }
    public void destroy() {
        super.destroy();
    }
    public void doGet(HttpServletRequest request, HttpServletResponse response)
            throws ServletException, IOException {
        //解决乱码的问题
        response.setContentType("text/html; charset = utf-8");
        //添加响应头 refresh
        response.addHeader("Refresh", "10; url = http://localhost:8089/myJsp/zf.html");
        // 页面的倒计时的效果
        response.getWriter().write("等待<span id = 'one'>10</span>秒后跳转!; " +
                "<script type = 'text/javaScript' >" +
                "var span = document.getElementById('one'); " +
                "var i = 10; " +
                "function fun(){" +
                    "i--; " +
                    "if(i>=0){" +
                        "span.innerHTML = i; " +
                    "}" +
                "}" +
                "window.setInterval(fun, 1000); " +
                "</script>");
    }
    public void doPost(HttpServletRequest request, HttpServletResponse response)
```

```
            throws ServletException, IOException {
        this.doGet(request, response);
    }
    public void init() throws ServletException { }
}
```

5.3　Servlet 与 Cookie 处理

5.3.1　Cookie 简介

Cookie 是网站为了辨别用户身份、进行 session 跟踪而储存在用户本地终端上的数据，通常是由 Web 服务器保存在用户浏览器上的小文本文件。Cookie 中包含有关用户的信息，因此也就成了广大网络用户和 Web 开发人员争论的一个焦点之一。

HTTP 是一种无状态的协议，需要自己去解决分辨链接是由谁发起的这个问题，否则，即使是同一个网站，我们每打开一个页面也都要登录一下。Session 和 Cookie 就是为解决这个问题而提出来的两个机制。Cookie 是在 HTTP 协议下，服务器或脚本维护客户工作站上信息的一种方式。Cookie 是由 Web 服务器保存在用户浏览器(客户端)上的，无论用户何时链接到服务器，Web 站点都可以访问 Cookie 信息。目前，有些 Cookie 是临时的，有些是持续的。临时 Cookie 只在浏览器上保存一段规定的时间，一旦超过规定的时间，该 Cookie 就会被系统清除。持续的 Cookie 则保存在用户的 Cookie 文件中，下一次用户返回时，仍然可以对它进行调用。

5.3.2　Cookie 与 session 的联系与区别

session 是在服务器端保存数据的机制，当浏览器第一次向服务器发送请求时，服务器会自动生成了一个 session 和一个 SessionID，用来唯一标识这个 session，并将 SessionID 通过响应发送到浏览器。当浏览器第二次发送请求时，会将前一次服务器响应中的 SessionID 放在请求中一并发送到服务器上，服务器从请求中提取出 SessionID，并和保存的所有 SessionID 进行对比，找到这个用户对应的 session。一般情况下，服务器会在一定时间内(默认 30 分钟)保存这个 session，过了时间限制，就会销毁这个 session。在销毁之前，程序员可以将用户的一些数据以 key 和 value 的形式暂时存放在这个 session 中。当然，也有使用数据库将这个 session 序列化后保存起来的，这样的好处是没了时间的限制，坏处是随着时间的增加，这个数据库会急速膨胀，特别是访问量增加的时候。一般还是采取前一种方式，以减轻服务器的压力。

SessionID 在客户端是如何实现保存的？一般浏览器提供了以下两种方式来保存：

(1) 使用 Cookie 来保存。这是最常见的方法，服务器通过设置 Cookie 的方式将 SessionID 发送到浏览器。如果我们不设置这个过期时间，那么这个 Cookie 将不存放在硬盘上，当浏览器关闭的时候，Cookie 就消失了，这个 SessionID 就丢失了。如果我们设置这个时间为若干天之后，那么这个 Cookie 会保存在客户端硬盘中，即使浏览器关闭，这个值仍然存在，下次访问相应网站时，同样会发送到服务器上。

(2) 使用 URL 附加信息的方式，如 aaa.jsp? SessionID=*。这种方式和第一种方式里面不设置 Cookie 过期时间是一样的。还有一种方式是在页面表单里面增加隐藏域，这种方式实际上和第二种方式一样，只不过前者通过 get 方式发送数据，后者使用 post 方式发送数据。

5.3.3 Servlet 中读写 Cookie

在服务端 Servlet 中操作 Cookie 一般可分为以下三个步骤：

(1) 服务器向浏览器发送一组 Cookie；

(2) 浏览器将这些信息存储在内存或本地计算机上，以备将来使用；

(3) 当下一次浏览器向 Web 服务器发送任何请求时，浏览器会把这些 Cookie 信息发送到服务器，服务器将使用这些信息来识别用户。

Cookie 通常设置在 HTTP 头信息中，设置 Cookie 的 Servlet 会发送如代码 5_12 所示的头信息。

代码 5_12：HTTP 请求头部包含 Cookie 信息

```
HTTP/1.1 200 OK
Date: Fri, 04 Feb 2000 21:03:38 GMT
Server: Apache/1.3.9 (UNIX) PHP/4.0b3
Set-Cookie: name = xyz; expires = Friday, 04-Feb-07 22:03:38 GMT;
path = /; domain = zf
Connection: close
Content-Type: text/html
```

其中，Set-Cookie()函数向客户端发送一个 HTTP Cookie，其中包含了一个组键值对，如名称键值对、有效日期键值对、路径键值对和域键值对。expires 字段是一个指令，设定浏览器在给定时间和日期之后 Cookie 失效。如果浏览器被配置为存储 Cookie，则它将会保留此信息直到失效日期。如果用户的浏览器指向任何匹配该 Cookie 的路径和域的页面，则它会重新发送 Cookie 到服务器。浏览器的头信息如代码 5_13 所示。

代码 5_13：Cookie 中键值对信息

```
GET / HTTP/1.0
Connection: Keep-Alive
User-Agent: Mozilla/4.6 (X11; I; Linux 2.2.6-15apmac ppc)
Host: zink.demon.co.uk:1126
Accept: image/gif, */*
Accept-Encoding: gzip
Accept-Language: en
Accept-Charset: iso-8859-1, *, utf-8
Cookie: name = xyz
```

Servlet 能够通过 request.getCookie()方法访问到 Cookie，该方法将返回一个 Cookie 对

象的数组。表 5.2 是 Servlet 操作 Cookie 的常用方法列表。

表 5.2　Servlet 操作 Cookie 相关方法

动作指令	简 要 说 明
public void setDomain(String pattern)	设置 Cookie 适用的域
public String getDomain()	获取 Cookie 适用的域
public void setMaxAge(int expiry)	设置 Cookie 过期的时间(以秒为单位)
public int getMaxAge()	返回 Cookie 的最大生存周期(以秒为单位)
public String getName()	返回 Cookie 的名称(名称在创建后不能改变)
public void setValue(String newValue)	设置与 Cookie 关联的值
public String getValue()	获取与 Cookie 关联的值
public void setPath(String uri)	设置 Cookie 适用的路径
public String getPath()	获取 Cookie 适用的路径
public void setSecure(boolean flag)	设置布尔值，表示 Cookie 是否应该只在加密的(即 SSL)连接上发送
public void setComment(String purpose)	方法规定了描述 Cookie 目的的注释
public String getComment()	返回了描述 Cookie 目的的注释

**【案例 5_6】** Servlet 中写入 Cookie 信息。

Servlet 中写入 Cookie 信息

案例说明： 在本案例中通过页面向 Servlet 请求发送用户姓氏和名称信息，在 Servlet 中将用户的信息写入 Cookie 中进行保存，如代码 5_14 所示。

代码 5_14：hcit/ch5/ Test5Servlet.java

```
public class Test5Servlet extends HttpServlet {
    public Test5Servlet() {
        super();
    }
    public void destroy() {
        super.destroy();
    }
    public void doGet(HttpServletRequest request, HttpServletResponse response)
                    throws ServletException, IOException {
        String fName = request.getParameter("first_name");
        String lName = request.getParameter("last_name");
        // 为名字和姓氏创建 Cookies
        Cookie firstName = new Cookie("first_name", fName);
        Cookie lastName = new Cookie("last_name", lName);
```

```
            // 为两个 Cookies 设置过期日期为 24 小时后
            firstName.setMaxAge(60*60*48);
            lastName.setMaxAge(60*60*48);
            // 在响应头中添加两个 Cookie
            response.addCookie( firstName );
            response.addCookie( lastName );
            // 设置响应内容类型
            response.setContentType("text/html");
            //避免汉字乱码
            response.setCharacterEncoding("utf-8");
            PrintWriter out = response.getWriter();
            String title = "设置 Cookies 实例";
            String docType = "<!doctype html public \"-//w3c//dtd html 4.0 "
                        +"transitional//en\">\n";
            out.println(docType +
                    "<html>\n" +
                    "<head><title>" + title + "</title></head>\n" +
                    "<body bgcolor = \"#f0f0f0\">\n" +
                    "<h1 align = \"center\">" + title + "</h1>\n" +
                    "<ul>\n" +
                    "  <li><b>名字</b>: "
                    + request.getParameter("first_name") + "\n" +
                    "  <li><b>姓氏</b>: "
                    + request.getParameter("last_name") + "\n" +
                    "</ul>\n" +
                    "</body></html>");
        }
    public void doPost(HttpServletRequest request, HttpServletResponse response)
                    throws ServletException, IOException {
    }
    public void init() throws ServletException {
    }
}
```

配套的 JSP 页面代码如代码 5_15 所示。

代码 5_15：WebRoot/ch5/ test_4.java

```
<%@ page language = "java" import = "java.util.*" pageEncoding = "UTF-8"%>
<!DOCTYPE HTML PUBLIC "-//W3C//DTD HTML 4.01 Transitional//EN">
<html>
  <head>
```

```
        <title>My JSP 'test_4.jsp' starting page</title>
      </head>
    <body>
      <form action = "/myJsp/servlet/Test5Servlet" >
        名字：<input type = "text" name = "first_name"><br/>
        姓氏：<input type = "text" name = "last_name" /><br/>
        <input name = "t"    value    = "提交" type = "submit">
      </form>
    </body>
</html>
```

写入 Cookie 案例的界面如图 5.15 所示。

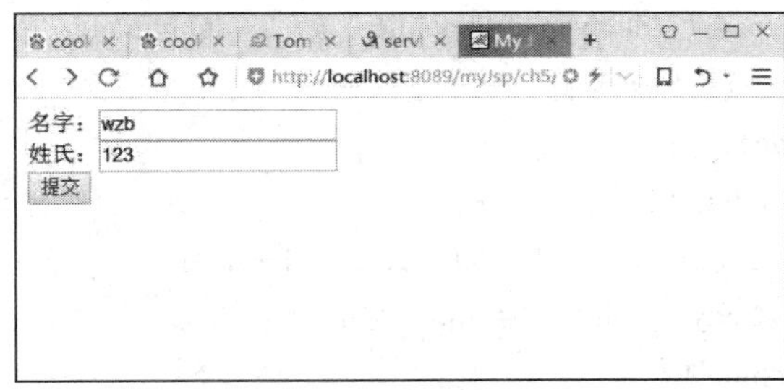

图 5.15　写入 Cookie 案例的界面

通过 Servlet 读取 Cookie，需要通过调用 HttpServletRequest 的 getCookie( )方法创建一个 javax.servlet.http.Cookie 对象的数组。然后循环遍历数组，并使用 getName()和 getValue()方法访问每个 Cookie 和关联的值。

 **【案例 5_7】 Servlet 中读取 Cookie 信息。**

案例说明： 在本案例中通过 Servlet 读取 Cookie 信息存放于 Cookie[]数组中，遍历数组提取 Cookie 对象，并识别 SessionID，具体如代码 5_16 所示，运行效果如图 5.16 所示。

Servlet 中读取 Cookie 信息

代码 5_16：hcit/ch5/ Test6Servlet.java

```
public class Test6Servlet extends HttpServlet {
    public Test6Servlet() {            super();     }
    public void destroy() {            super.destroy();   }
```

```
public void doGet(HttpServletRequest request, HttpServletResponse response)
                        throws ServletException, IOException {
    Cookie cookie = null;
    Cookie[] cookies = null;
    // 获取与该域相关的 Cookie 的数组
    cookies = request.getCookies();
    // 设置响应内容类型
    response.setContentType("text/html");
    response.setCharacterEncoding("utf-8");
    PrintWriter out = response.getWriter();
    String title = "Reading Cookie Example";
    String docType = "<!doctype html public \"-//w3c//dtd html 4.0 "
        +"transitional//en\">\n";
    out.println(docType
        +    "<html>\n"
        +    "<head><title>" + title + "</title></head>\n"
        +    "<body bgcolor = \"#f0f0f0\">\n" );
    if( cookies!= null )
    {
        out.println("<h2>查找 Cookie 名称和值</h2>");
        for (int i = 0; i < cookies.length; i++)
        {
            cookie = cookies[i];
            out.print("名称： " + cookie.getName( ) + ", ");
            out.print("值： " + cookie.getValue( )+" <br/>");
        }
    }else
    {
        out.println("<h2 class = 'tutheader'>未找到 Cookie</h2>");
    }
    out.println("</body>");
    out.println("</html>");
}
public void doPost(HttpServletRequest request, HttpServletResponse response)
                        throws ServletException, IOException {
    this.doGet(request, response);
}
public void init() throws ServletException { }
}
```

图 5.16　读出 Cookie 案例界面

5.4　阶段项目：使用 Servlet 完成项目功能

5.4.1　使用 Servlet 改造前期任务

在本小节将使用 Servlet 改造前期完成的部分任务，如用户登录、用户注册和主页信息显示功能，用 Servlet 代替前面任务中间 JSP 页面，通过 Servlet 实现对数据的接收、业务分派与导航，实现 MVC 三层架构开发模式。

【任务 5.1】 使用 Servlet 实现用户登录。

使用 Servlet 实现用户登录

任务描述：在本小节中将以用户登录为例，使用 Servlet 代替 JSP 页面实现用户登录校验功能，并对照 Servlet 实现与 JSP 实现的异同。在本任务中创建登录校验 Servlet，定义后台校验类，完成用户登录校验功能。

任务分析： 本任务重点是实现 Servlet 的创建与调用。首先能够创建最简单的 Servlet，熟悉 Servlet 在 web.xml 文件中的配置环境。在此基础上掌握 Servlet 类结构，了解 Servlet 类中的各个方法的含义与功能。能够正确的编写 Servlet 类中的方法。掌握在 Servlet 中调用后台类、接受请求数据、导航相应的各种手段。

本任务完成顺序为首先创建 Servlet，编写 Servlet 中的 doGet()方法或 doPost()方法，用于接收请求数据并调用后台类检验用户登录信息。其次，编写后台业务类实现对提交数据的校验。最后，修改登录页面登录请求地址，将请求地址改为映射的 Servlet 地址。

掌握技能：通过该任务应该达到掌握如下技能：

(1) 掌握 Servlet 的创建、编写、调用方法；

(2) 理解 MVC 三层开发模型的建立；

(3) 了解 Servlet 的执行过程。

任务实现：

第一步，创建登录校验 Servlet。首先，选中要存放 Servlet 类的包，点击右键，在弹出的快捷菜单中选择新建中的 Servlet 后出现如图 5.17 所示的界面，在【Name】文本框中填入 Servlet 的名字。

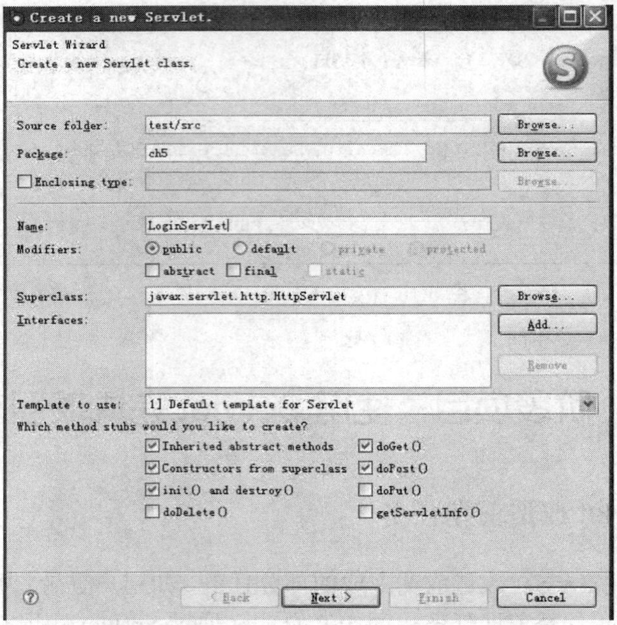

图 5.17　登录校验 Servlet 创建

在 Servlet 创建页面上填完信息，点击“next”按钮进入到图 5.18 所示的界面。图中“LoginServlet”表示 Servlet 的名字，“/LoginServlet”是 Servlet 的映射地址，“/test/WebRoot/WEB-INF”是 Servlet 配置文件的地址。Servlet 是一种能够处理 HTTP 请求和响应的 Java 类，即能够处理 request 和 response 对象。同时，创建 Servlet 要对其进行映射，映射名称就是我们要访问的地址信息。具体映射是在 web.xml 文件中配置的，当我们应用图形界面创建 Servlet 的时候，就会自动在 web.xml 中生成映射代码。代码 5_17 是生成后的部分 web.xml 代码。

图 5.18　Servlet 配置

代码 5_17：配置 LoginServlet 的部分 web.xml 代码

```
//servlet 定义部分
<servlet>
    <servlet-name>LoginServlet</servlet-name>
    <servlet-class>ch5.LoginServlet</servlet-class>
</servlet>
//servlet 映射部分
<servlet-mapping>
    <servlet-name>LoginServlet</servlet-name>
<url-pattern>/LoginServlet</url-pattern>
</servlet-mapping>
```

Servlet 名字相同

Servlet 映射地址

编写 Servlet 中的方法，实现对数据的接收处理，并调用后台业务类实现登录校验。当创建完 Servlet 后，我们主要要对其中的 doGet()或 doPost()方法之一进行重写，之后在另一个方法中去调用重写的那个方法。在这部分代码中要注意成功调用后台业务方法以后的判断导航操作。在本任务中使用 response 的重定向方法 sendRedirect()进行导航，如代码 5_18 所示。

代码 5_18：hcit/ch5/ LoginServlet.java 部分代码

```
public void doGet(HttpServletRequest request, HttpServletResponse response)
            throws ServletException, IOException {
    //定义接受变量
    String username;
    String password;
    username = request.getParameter("username");
    password = request.getParameter("password");
    //实例化后台模型类
    LoginCheck lc = new LoginCheck();
    //通过模型对象调用业务方法
    String userid = lc.loginCheck(username, password);
    //根据业务方法的执行结果，进行相应的导航
    if(userid != null){
        session.setAttribute("userid", userid);
        session.setAttribute("username", username);
        session.setAttribute("islogined", "true");
        System.out.println("登录成功！ ");
        response.sendRedirect("index.jsp");
    }else{
        System.out.println("失败！ ");
        response.sendRedirect("error.jsp");
    }
```

```
    }
    public void doPost(HttpServletRequest request, HttpServletResponse response)
            throws ServletException, IOException {
        //在 doPost 方法中调用 doGet 方法
        this.doGet(request, response);
    }
```

第二步，创建对应的后台业务类 LoginCheck 的代码如代码 5_19 所示，在类中定义了校验方法 LoginCheck()，在方法中访问数据库 userinfo 表进行验证。用户存在则返回 true，用户不存在则返回 false。并且，在 finally 中关闭数据库连接对象，释放数据库连接资源。

代码 5_19：hcit/dao/ LoginCheck.java

```
package dao;
import java.sql.PreparedStatement;
import java.sql.ResultSet;
import java.sql.SQLException;
import common.DBConnect;
public class LoginCheck {
    //登录校验业务方法
    public String loginCheck(String username, String password){
        ResultSet rs;                           //创建记录集
        DBConnect db = new DBConnect();         //创建数据库连接对象
        //创建数据库查询语句
        String sql = "select * from userinfo where username = ? and password = ?";
        try {
            //从数据库连接对象中获得预编译会话对象
            PreparedStatement ps = db.getPs(sql);
            //向预编译对象中注入相应的参数
            ps.setString(1, username);
            ps.setString(2, password);
            //通过预编译会话对象执行查询操作
            rs = ps.executeQuery();
            //根据数据库查询结果，返回用户 ID 值
            if(rs.next()){return rs.getString("userid"); ;
            }
            else{return null;    }
        } catch (SQLException e) {
            System.out.println("LoginCheck"+e);
        }finally
        {
            try {
```

```
                db.free();   //释放数据库连接
            } catch (SQLException e) {e.printStackTrace();         }
        }
        return null;
    }
}
```

第三步，修改登录页面相关代码。

如图 5.19 所示的登录页面，修改页面中 form 提交动作 action 的请求地址。这个请求地址以前都是使用一个用于接收数据的 JSP 页面，现在使用在本任务实现第一步定义的 Servlet 的映射地址作为请求地址，即<form name = "form1" action = " /myJsp/LoginServlet" method = "post">。

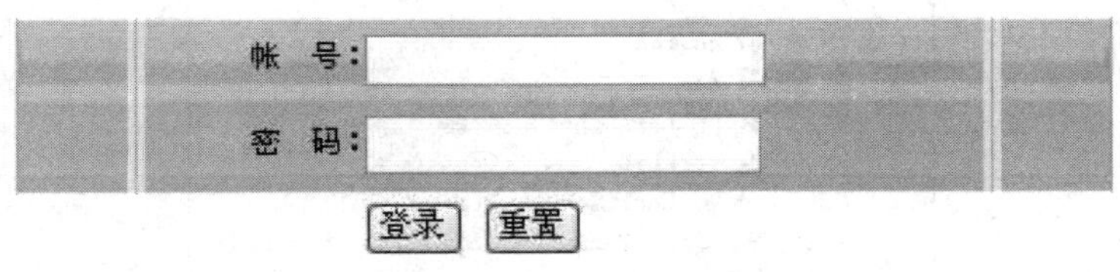

图 5.19　论坛用户登录

【项目经验】 使用 HttpSession 类定义 session 保存用户登录信息。

当用户成功登录后如何记载用户的登录信息呢？使用 session 保存用户的登录信息。在 session 中保存用户的登录名，并且设置成功登录标志 isLogined 为 true。在以前使用 JSP 网页时，可以直接在 JSP 中使用 session，但是在 Servlet 中，在使用 session 之前要定义 session 对象，定义的方法如下：

```
HttpSession session = request.getSession();
session.setAttribute("username", username);
session.setAttribute("islogined", "true");
```

Web 中的 session 指的就是用户在浏览某个网站时，从进入网站到浏览器关闭所经过的这段时间内，Web 服务器为该用户分配的暂存空间。需要注意的是，一个 session 的概念需要包括特定的客户端、特定的服务器端，以及不中断的操作时间。A 用户和 C 服务器建立连接时所处的 session 与 B 用户和 C 服务器中建立连接时所处的 sessions 是两个不同的 session。

session 同之前用到的 request、response 一样都是 Web 容器提供的隐式对象。但 session 的作用范围和生命周期都要比 request、response 的大和长。session 中的数据可以在多个页面中共享使用，而 request 中的数据只能在被请求的页面中使用，当请求结束后数据就失效了。一般 session 的生命周期为 30 分钟，具体时间也可以在 Web 服务器中设定。如在 web.xml 中有如下设置：

```
<session-config>
    <session-timeout>30</session-timeout>
</session-config>
```

【项目经验】 使用 MVC 三层架构模式开发项目。

(1) 在登录校验的过程中，使用 MVC 三层架构模式开发的顺序如图 5.20 所示。

图 5.20　登录过程中的 MVC 三层模型

在组织项目中对目录的组织也体现了 MVC 三层架构的设计模式，其对应关系如图 5.21 所示。在项目中定义了 servlet 包、common 包、dao 包，其中 servlet 包中存放项目中定义的 servlet 类，起到控制器作用；dao 包中存放访问数据库的业务类，起到 Model 模块作用；common 是公共类包，存放数据库连接类等公共基础类。Webroot 为网页存储路径。

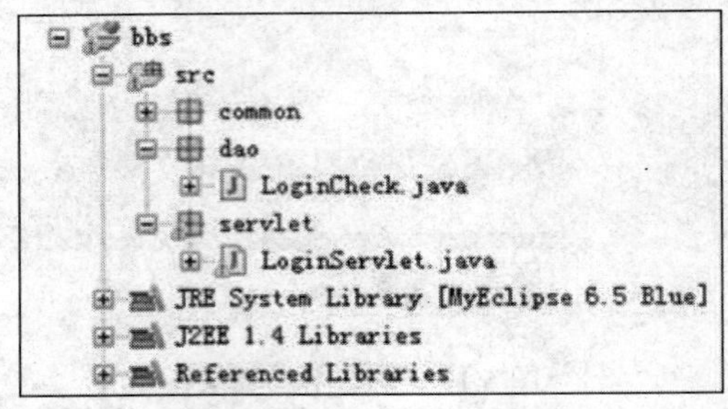

图 5.21　项目中的目录与 MVC 三层模型对应关系

(2) 在 Servlet 开发过程中若是修改了 web.xml 中 Servlet 的配置信息，则要重新发布、启动服务器重新加载配置信息。Servlet 是一个能够接收 HttpRequest 请求和发送 HttpResponse 响应的 Java 类，Servlet 的访问和其他网页访问是一样的，任何可以访问网页的地方，都可以替换成 Servlet 映射地址直接访问。注意在开发中的 MVC 三层开发模式。

【任务 5.2】 使用 Servlet 实现用户注册功能。

使用 Servlet 实现
用户注册功能

任务描述：在该任务中将使用 MVC 三层模型对任务 3.2 的用户注册功能进行改造，利用 Servlet 实现控制，利用后台 Java 类实现业务处理，前台只保留用户注册 JSP 一个页面。

任务分析：在任务 3.2 中是由两个 JSP 页面来承担系统完成任务的，而在该任务中只保留注册 JSP 页面，其他工作分别交给 Servlet 和后台业务类来实现，具体业务流程对比如图 5.22 所示。

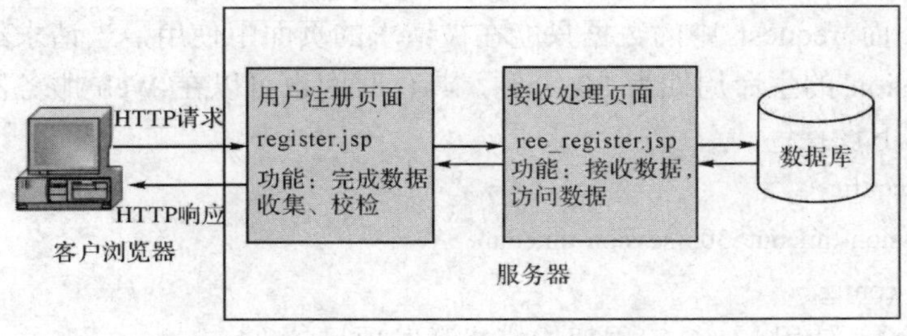

图 5.22　用户注册 JSP 实现原理图

图 5.23 所示为使用 Servlet 改造后的 MVC 三层框架模式，其中将控制与导航功能交由 Servlet 处理，对数据库操作功能交由后台业务类 Dao 层处理。

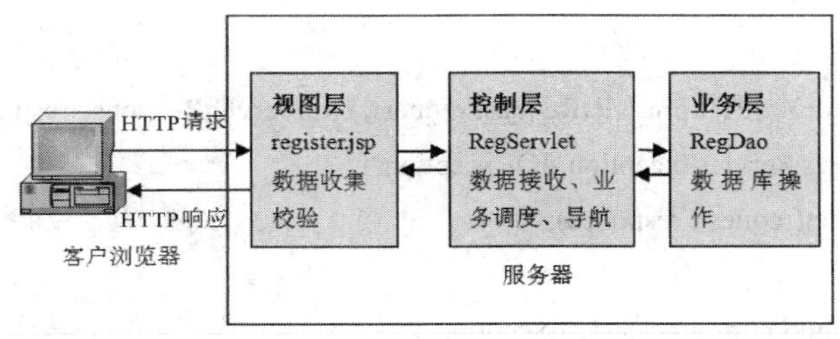

图 5.23　使用 Servlet 实现 MVC 三层架构开发模式

掌握技能：通过该任务应该达到掌握如下技能：

(1) 熟练掌握 Servlet 的创建、编写、调用方法；

(2) 深入理解 MVC 三层开发模型的建立；

(3) 掌握 Servlet 中的业务调度与导航；

(4) 熟练掌握数据库编程。

任务实现：

第一步，创建注册 Servlet。选中要存放 Servlet 类的包，点击右键，在出现的快捷菜单中选择新建中的 Servlet，按照向导创建，具体如代码 5.20 所示。

代码 5_20：hcit/ch5/ RegServlet.java

```
public class RegServlet extends HttpServlet {
    public RegServlet() {              super();     }
    public void destroy() {            super.destroy();  }
    public void doGet(HttpServletRequest request, HttpServletResponse response)
                throws ServletException, IOException {
        response.setCharacterEncoding("utf-8");
        PrintWriter out = response.getWriter();
        String uName = request.getParameter("uname");
        String uPass = request.getParameter("upass");
        //调用后台业务层
        Reg r = new Reg();
        Boolean result = r.regInfo(uName, uPass);
        if(result){
            out.println("<script lang = 'javascript'>");
            out.println("alert('注册成功！ '); ");
            out.println("location = '/myJsp/zf.html'");
            out.println("</script>");
        }else{
            out.println("<script lang = 'javascript'>");
            out.println("alert('注册失败！ '); ");
```

```
                out.println("location = '/myJsp/zf.html'");
                out.println("</script>");
            }
        }
        public void doPost(HttpServletRequest request, HttpServletResponse response)
                throws ServletException, IOException {
            this.doGet(request, response);
        }
        public void init() throws ServletException {
        }
    }
```

第二步，编写后台业务类，实现业务与控制、视图的分离，业务代码如代码 5_21 所示。

代码 5_21：hcit/dao/ Reg.java

```
    public class Reg {
        public Boolean regInfo(String username, String userpass ){
            DBConnect db = new DBConnect();
            //创建数据库操作的 sql 语句，以字符串的形式表示
            String sql = "insert into userinfo (username, userpass) values (?, ?)";
            //在 try 中捕获数据库操作异常
            try{
                //创建数据库操作会话对象 PreparedStatement
                PreparedStatement ps = db.getPs(sql);
                //将从前台页面得到的数据，通过 ps 对象写入到 sql 语句中的？中，
                //其中的 1 代表第一个?，2 代表第二个?，?是一个预置的参数
                ps.setString(1, username);
                ps.setString(2, userpass);
                //执行数据库更新操作，将操作结果存入 result 变量中
                int result = ps.executeUpdate();
                //判断执行结果，影响记录条数为 1，成功，否则失败
                if(result == 1){
                    //使用 out 对象向页面写入 JavaScript 脚本，实现提示和导航
                    return true;
                }else{
                    return false;
                }
            }catch(SQLException e){
                System.out.println("rec_register.jsp"+e);
            }
            return null;
```

```
        }
    }
```

第三步，修改前期完成的主页页面，由于使用了 Servlet 代替先前的 JSP 页面，所以在注册页面的 form 中 action 地址需要进行相应的修改，修改代码为<form action = "/myJsp/RegServlet" method = "post" name = "myForm" onsubmit = "return pass()">。

5.4.2　使用 Servlet 完成信息发布功能

用户登录成功后，可以发布个人房屋出租信息，并且可以对个人发布的信息进行管理。本小节将利用 Servlet 完成房屋信息的发布功能，系统功能界面接口如图 5.24 所示。

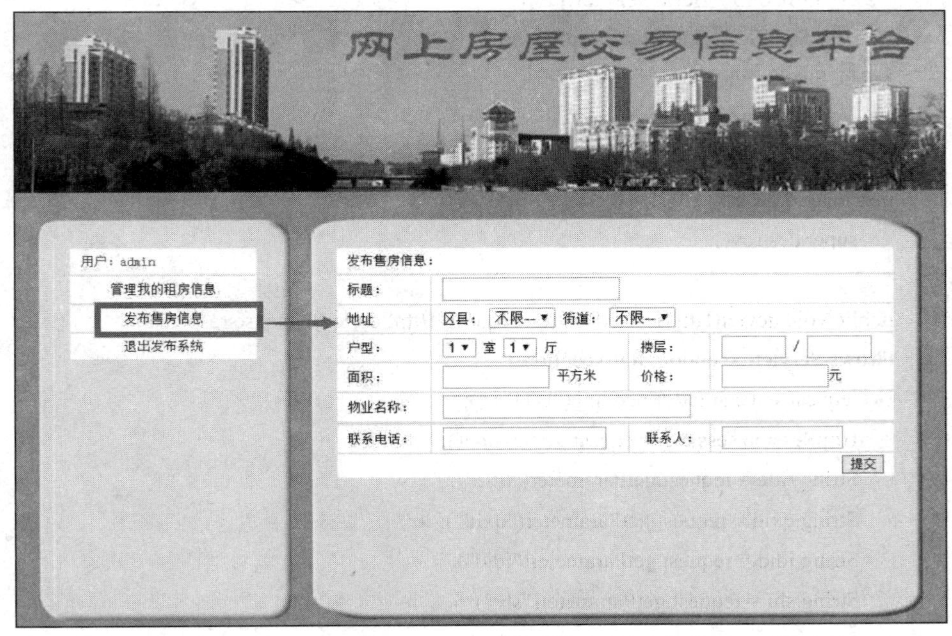

图 5.24　信息发布界面

【任务 5.3】 房屋出租信息发布功能实现。

房屋出租信息发布功能实现

任务描述：继续使用 Servlet 按照 MVC 三层模型架构完成系统中房屋出租信息的发布功能。发布成功后需返回到网站主页，保证新发布的消息能够正确显示到网站对应栏目的首条记录。

任务分析：首先要对前期创建的信息发布页面进行适当修改，将静态 HTML 页面转换成 JSP 页面，保证 JSP 页面能够正常显示、功能完整并且具有校验功能。其次，要创建信息发布 Servlet，保证在 Servlet 中能够正确接收到页面表单提交的各项数据，在 Servlet 中就不能够使用前期在 JSP 页面中使用的 Bean 标签了，只能通过 request 方法获得请求参数。在 Servlet 中调用后台业务类，完成数据库记录的添加，并正确导航到要求的 JSP 页面。

掌握技能：通过该任务应该达到掌握如下技能：

(1) 掌握 JSP 页面编程能力；

(2) 熟练掌握 Servlet 的控制作用，调用后台业务，正确导航；

(3) 深入理解 MVC 三层开发模型；

(4) 熟练掌握数据库编程。

任务实现：

第一步，创建、修改信息发布 JSP 页面(代码略)，其中，最重要的部分为 form 中的 action 请求地址，应与创建的 Servlet 地址一致，如：

```
<form action = "sendServlet" method = "post" name = "mf"        onsubmit = "return validate ()">
```

第二步，创建出租信息发布控制 Servlet，具体如代码 5_22 所示。

代码 5_22：hcit/ch5 / SendServlet.java

```
public class SendServlet extends HttpServlet {
    public SendServlet() {
        super();
    }
    public void destroy() {
        super.destroy();
    }
    public void doGet(HttpServletRequest request, HttpServletResponse response)
    throws ServletException, IOException {
        request.setCharacterEncoding("UTF-8");
        HttpSession session = request.getSession();
        String title = request.getParameter("title");
        String qxid = request.getParameter("qxid");
        String jdid = request.getParameter("jdid");
        String shi = request.getParameter("shi");
        String ting = request.getParameter("ting");
        String lc = request.getParameter("lc");
        String mj = request.getParameter("mj");
        String jg = request.getParameter("jg");
        String wy = request.getParameter("wy");
        String telephone = request.getParameter("telephone");
        String lxr = request.getParameter("lxr");
        String userId = session.getAttribute("userId").toString();
        //调用后台业务类
        SendDao sd = new SendDao();
        sd.setTitle(title);
        sd.setQxid(qxid);
        sd.setJdid(jdid);
        sd.setShi(shi);
```

```
            sd.setTing(ting);
            sd.setLc(lc);
            sd.setMj(mj);
            sd.setJg(jg);
            sd.setWy(wy);
            sd.setTelephone(telephone);
            sd.setLxr(lxr);
            sd.setUserId(userId);
            Boolean result = sd.saveInfo();
            if(result){
                response.sendRedirect("main.jsp");
            }else{
                System.out.println("添加失败！ ");
            }
        }
        public void doPost(HttpServletRequest request, HttpServletResponse response)
        throws ServletException, IOException {
            this.doGet(request, response);
        }
        public void init() throws ServletException { }
    }
```

第三步，创建信息保存后台业务类，具体如代码 5_23 所示。

代码 5_23：hcit/dao / SendDao.java

```
    public class SendDao {
        String title;
        String qxid ;
        String jdid ;
        String shi ;
        String ting ;
        String lc ;
        String mj ;
        String jg;
        String wy ;
        String telephone;
        String lxr;
        String userId;
        public Boolean saveInfo(){
            DBConnect db = new DBConnect();
            String sql = "insert into czinfo (userId, address, floor, room, hall, " +
```

```
                " price, sdate, telephone, contractMan, area, cellName, title) " +
                " values (?, ?, ?, ?, ?, ?, ?, ?, ?, ?, ?, ?)";
        try{
            PreparedStatement ps = db.getPs(sql);
            ps.setString(1, userId);
            ps.setString(2, qxid + jdid);
            ps.setString(3, lc);
            ps.setString(4, shi);
            ps.setString(5, ting);
            ps.setString(6, jg);
            ps.setString(7, this.sysDate());
            ps.setString(8, telephone);
            ps.setString(9, lxr);
            ps.setString(10, mj);
            ps.setString(11, wy);
            ps.setString(12, title);
            int result = ps.executeUpdate();
            if(result == 1){
                return true;
            }else{
                return false;
            }
        }catch(SQLException e){
            System.out.println("SendDao"+e);
        }
        return null;
    }
    public String sysDate(){
        SimpleDateFormat format = new SimpleDateFormat("yyyy-MM-dd HH:mm:ss");
        Date d = new Date();
        String nowDate = format.format(d);
        return nowDate;
    }
    //省略属性的 get 和 set 方法
}
```

【项目经验】 Servlet 类中常用技巧。

(1) 防止获得参数中出现汉字乱码，可以使用 request.setCharacterEncoding("UTF-8")语句；

(2) 在 Servlet 中获得 session 对象常用 HttpSession session = request.getSession()语句；

(3) 在接收数据时一定注意 request.getParameter("参数名")语句中的参数名要与 JSP 页面 form 中的字段名称一致，建议使用复制粘贴进行处理；

(4) 本任务没有太大技术难度，但编码任务量偏大，尤其是业务过程中所涉及的字段比较多，因此在开发过程中需注意字段的匹配。

练　习　题

1. Servlet 类继承了哪个接口，有哪些主要方法？
2. 在 web.xml 中如何定义和映射 Servlet？
3. MVC 模型包括哪三层，作用分别是什么？
4. request 隐式对象在接收数据时，不知道接收数据的参数名称应该用什么方法？

课后习题参考答案

第 6 章　EL 表达式与 JSTL 标签

本章简介：本章主要围绕 EL 表达式、JSTL 标签技术展开讲解，通过使用 EL 表达式和 JSTL 标签简化 JSP 页面，在页面中使用 EL 表达式和 JSTL 标签，使页面中不再包含过多 Java 代码。使用 JSTL 标签控制页面的显示逻辑，使用 EL 表达式从隐式对象中提取数据。在熟练掌握了 JSP 标签应用的同时，掌握自定义标签的创建和使用。

知识点要求：

(1) 掌握 EL 表达式语法规则；
(2) 掌握JSTL标签中核心标签库的使用，重点学习<c:if>和<c:forEach>标签语法的定义；
(3) 掌握自定义标签中简单标签和带参数标签的定义过程；
(4) 强化 MVC 三层架构的应用。

技能点要求：

(1) 能够利用 EL 表达式和 JSTL 标签控制页面显示逻辑，简化页面编码；
(2) 能够利用 MVC 三层架构和<c:forEach>标签实现页面数据迭代的显示；
(3) 能够利用 Servlet 隐式对象状态和<c:if>标签控制页面显示不同的内容；
(4) 学会使用自定义标签实现页面动态控制数据生成。

6.1　EL 表达式

6.1.1　EL 表达式

EL(Expression Language，表达式语言)表达式语法简洁，最大的特点是使用方便，容易掌握，使 JSP 页面编写起来更加简单。EL 表达式是基于 Java Web 容器的一种动态页面技术，可以直接在 JSP 页面上使用，其实质是 Java 代码方法库在页面上的应用。EL 表达式提供了在 JSP 页面脚本元素之外的另一种使用表达式的功能，脚本编制元素是指页面中能够用于在 JSP 中嵌入的 Java 代码元素，也就是说 EL 表达式不能用在页面 Java 代码中。根据项目经验 EL 表达式主要用在提取 JSP 隐式对象数据的操作中，提供了一种与隐式对象交互的高效手段。

1. EL 表达式的语法结构

EL 表达式的语法结构如下：

```
${expression}
```

例如：EL 表达式${sessionScope.person.name}表示在 session 中提取 person 对象，person

对象中包含 name 属性，可以通过引用其中的值。EL 表达式都是以“${”为起始，以“}”为结尾的。EL 表达式范例的含义是从隐式对象 sessionScope 范围中取得 person 对象中的 name 分量值。使用 EL 表达式可以大大简化页面的代码量，同样一个操作，使用 EL 表达式与非 EL 表达式 JSP Scriptlet 调用的对比如代码 6_1 所示。

代码 6_1：EL 表达式与非 EL 表达式调用对比

```
<!—使用非 EL 表达式提取 name 数据-->
<%
Person person = (Person)session.getAttribute("person ");
String name = person.getName( );
%>
<%= name %>
<!—使用 EL 表达式提取 name 数据-->
${sessionScope.person.name}
```

两者相比较之下，可以发现 EL 表达式的语法比传统 JSP Scriptlet 更为方便、简洁。EL 表达式可以直接应用在 JSP 页面的任何地方，用于数据的提取与显示。

> **提示**：EL 表达式所提取的数据是在 Web 容器中各种隐式对象范畴内的数据，而不是在 JSP 页面中 Java 代码变量数据，这一点一定要注意。EL 表达式可以直接应用在 JSP 页面的任何地方，在 HTML 页面中无法识别 EL 表达式。

2. EL 表达式操作对象

EL 存取变量数据的方法很简单，例如：${username}，它的意思是取出某一范围中名称为 username 的变量，这里我们并没有指定哪一个范围的 username。值得一提的是若 EL 表达式没有找到对应变量或对应的变量为 null 时并不返回 null，而是返回空格，这样在页面显示某个变量时就不用担心当所找的变量不存在时会在页面上显示难看的 null 了。EL 表达式的作用范围如表 6.1 所示。

表 6.1　EL 表达式作用范围

${pageScope.username}	取出 page 范围的 username 变量
${requestScope.username}	取出 request 范围的 username 变量
${sessionScope.username}	取出 session 范围的 username 变量
${applicationScope.username}	取出 application 范围的 username 变量

其中 pageScope、requestScope、sessionScope 和 applicationScope 都是 EL 表达式的隐含对象取值范围，由它们的名称可以很容易猜出它们所代表的意思。

例如${sessionScope.username}是取出 session 范围的 username 变量。这种写法是不是比之前 JSP 的写法容易、简洁许多。

3. EL 表达式的运算

只要是表达式就会存在算术运算、关系运算和逻辑运算，表 6.2、表 6.3 和表 6.4 分别列出了 EL 表达式中算术、关系、逻辑的运算符说明。

表 6.2　算术运算符说明

算术运算符	说　明	范　例	结　果
+	加	${ 17 + 5 }	22
—	减	${ 17 － 5 }	12
*	乘	${ 17 * 5 }	85
/ 或 div	除	${ 17 / 5 } 或 ${ 17 div 5 }	3
% 或 mod	余数	${ 17 % 5 } 或 ${ 17 mod 5 }	2

表 6.3　关系运算符说明

关系运算符	说 明	范 例	结 果
== 或 eq	等于	${ 5 = = 5 } 或 ${ 5 eq 5 }	true
!= 或 ne	不等于	${ 5 != 5 } 或 ${ 5 ne 5 }	false
< 或 lt	小于	${ 3 < 5 }或 ${ 3 lt 5 }	true
> 或 gt	大于	${ 3 > 5 }或 ${ 3 gt 5 }	false
<= 或 le	小于等于	${ 3 <= 5 }或 ${ 3 le 5 }	true
>= 或 ge	大于等于	${ 3 >= 5 }或 ${ 3 ge 5 }	false

表 6.4　逻辑运算符说明

逻辑运算符	说 明	范 例	结 果
&& 或 and	交集	${ A && B } 或 ${ A and B }	true / false
|| 或 or	并集	${ A || B } 或 ${ A or B }	true / false
! 或 not	非	${ !A } 或 ${ not A }	true / false

EL 表达式在页面上是否有效与 Servlet 容器版本有关，凡是部署描述文件遵循 Servlet2.4 及更高版本规范的 Web 应用，EL 表达式默认是启用的，在 Servlet2.4 之前的版本，默认 EL 表达式是被忽略的。只有在 JSP 中显式地声明<%@ page isELIgnored="false" %>，EL 才有效。关于 Servlet 的版本信息在 web.xml 文件中可以查询到，具体内容如代码 6_2 所示。

代码 6_2：web.xml 文件的头部信息

```
<?xml version = "1.0" encoding = "UTF-8"?>
<web-app version = "2.4" xmlns = "http://java.sun.com/xml/ns/j2ee"
  xmlns:xsi = "http://www.w3.org/2001/XMLSchema-instance"
      xsi:schemaLocation = "http://java.sun.com/xml/ns/j2ee
      http://java.sun.com/xml/ns/j2ee/web-app_2_4.xsd">
```

除了以上的 Web 上下文对象外，EL 表达式还支持以下一些特殊的对象读取范围：

(1) param：将请求参数名称映射到单个字符串参数值，通过调用 getParameter (String) 方法返回带有特定名称的参数。表达式 $(param.name) 相当于 request.getParameter (name)。

(2) paramValues：aramvalues.name) 相当于 request.getParamterValues(name)。

(3) header：表达式${header.name}相当于 request.getHeader(name)。

(4) headerValues：将请求头的名称映射到一个数值数组。它与头隐式对象非常类似。表达式 ${headerValues.name} 相当于 request.getHeaderValues(name)。

(5) Cookie：将 Cookie 名称映射到单个 Cookie 对象。向服务器发出的客户端请求可以获得一个或多个 Cookie。表达式${cookie.name.value}返回带有特定名称的第一个 Cookie 值。如果请求包含多个同名的 Cookie，则应该使用 ${headerValues.name} 表达式。

(6) initParam：将上下文初始化参数名称映射到单个值。就像其他属性一样，我们可以自行设定 Web 站点的环境参数，当我们想取得这些参数值时，可以使用 EL 表达式中的 initParam 隐含对象提取对应的参数值，具体操作如代码 6_3 所示。

代码 6_3：web.xml 中参数配置与页面提取操作

```
<?xml version = "1.0" encoding = "ISO-8859-1"?>
<web-app xmlns = "http://java.sun.com/xml/ns/j2ee"
xmlns:xsi = "http://www.w3.org/2001/XMLSchema-instance"
xsi:schemaLocation = "http://java.sun.com/xml/ns/j2ee/web-app_2_4.xsd"
version = "2.4">
……
<context-param>
    <param-name>userid</param-name>
    <param-value>Tom</param-value>
</context-param>
……
</web-app>
//JSP 中使用 EL 表达式提取代码
${initParam.userid}
//JSP 中使用非 EL 表达式提取代码
<%
String userid = (String)application.getInitParameter("userid");
%>
```

那么我们就可以直接使用 ${initParam.userid}来取得名称为 userid，其值为 Tom 的参数了。

【案例 6_1】 使用 EL 表达式在 JSP 页面提取显示数据。

使用 EL 表达式在 JSP 页面提取显示数据

案例说明： 在本案例中将创建第一个 Servlet，在 Servlet 中将一些数据保存到 request 对象和 session 对象中去，然后导航到预先编写好的 JSP 页面，在 JSP 页面中使用 EL 表达式提取隐式对象中的数据，并显示在网页上。

第一步，创建 Servlet，将一些测试用对象保存到 request、session 隐式对象中，保存的数据对象可以是简单对象，也可以是复杂对象，如集合对象等。在本案例中用 UserInfo 类创建了一个复杂对象 u，保存到 session 中，如代码 6_4 所示。

代码 6_4：hcit/ch6/ TestServlet6_1.java

```
public class TestServlet6_1 extends HttpServlet {
    public TestServlet6_1() {  super();    }
    public void destroy() {
        super.destroy();
    }
    public void doGet(HttpServletRequest request, HttpServletResponse response)
            throws ServletException, IOException {
        //创建用户信息实体对象
        UserInfo u = new UserInfo();
        u.setId(1);
        u.setUserName("王平");
        u.setPassWord("123");
        u.setUserType("1");
        //获得 session 对象
        HttpSession session = request.getSession();
        //将信息保存到隐式对象中
        request.setAttribute("count", 10);
        request.setAttribute("flag", "yes");
        session.setAttribute("userName", "Tom");
        session.setAttribute("userInfo", u);
        request.getRequestDispatcher("ch6/test6_1.jsp").forward(request, response);
    }
    public void doPost(HttpServletRequest request, HttpServletResponse response)
            throws ServletException, IOException {
        this.doGet(request, response);
    }
    public void init() throws ServletException {
        // Put your code here
    }
}
```

第二步，创建测试用 JSP 页面，在 JSP 页面使用 EL 表达式提取对应域中的数据，如 ${count }为提取 request 域中 count 变量的值；${userInfo.userName}为提取 session 隐式对象中保存的 userInfo 对象的 userName 分量值等，具体如代码 6_5 所示，运行效果如图 6.1 所示。

代码 6_5：WebRoot/ch6/test6_1.jsp

```
<%@ page language = "java" import = "java.util.*" pageEncoding = "UTF-8"%>
<!DOCTYPE HTML PUBLIC "-//W3C//DTD HTML 4.01 Transitional//EN">
<html>
  <head> <title>My JSP 'test6_1.jsp' starting page</title> </head>
  <body>
      使用 EL 表达式从 request 中获取数据：    <br>
      count:${count }<br>
      count+1:${count+1}<br>
      count>1:${count>1}<br>
      使用 EL 表达式从 session 中获取数据：    <br>
      用户名:${userName}<br>
      从对象中提取数据:${userInfo.userName}<br>
  </body>
</html>
```

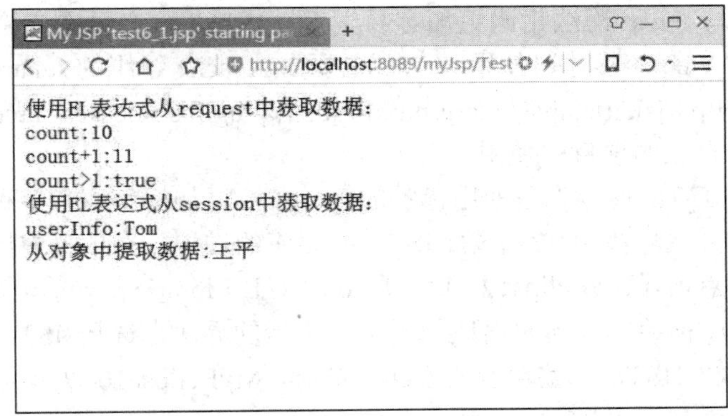

图 6.1　使用 EL 表达式在 JSP 页面显示数据

6.2　JSTL 标签

6.2.1　标签库简介

JSTL 全名为 JavaServer Pages Standard Tag Library，是由 JCP(Java Community Process) 所指定的标准规格，它主要提供给 Java Web 开发人员一个通用标准的标签函数库。Web 程序开发人员能够利用 JSTL 标签和 EL 表达式轻松开发 Web 程序，取代传统直接在页面上嵌入 Java 程序的做法，以提高程序的可读性、维护性和方便性。JSTL 标签库是一个标准的已制定好的函数库，可以应用于各种领域，如基本输入输出、流程控制、循环、XML 文件剖析、数据库查询及国际化和文字格式标准化的应用等。JSTL 所提供的标签函数库主要分为以下五大类：

(1) 核心标签库 (Core tag library)；

(2) I18N 格式标签库 (I18N-capable formatting tag library)；

(3) SQL 标签库 (SQL tag library)；

(4) XML 标签库 (XML tag library)；

(5) 函数标签库 (Functions tag library)。

在本书将根据项目的需要，有选择的讲解其中的部分标签，重点集中在核心标签库的讲解与使用。标签库前缀映射地址对照表如表 6.5 所示。

表 6.5　标签库前缀映射地址对照表

JSTL	前缀	映射 URI	参考
核心标签库	c	http://java.sun.com/jsp/jstl/core	<c:out>
I18N 格式标签库	fmt	http://java.sun.com/jsp/jstl/xml	<fmt:formatDate>
SQL 标签库	sql	http://java.sun.com/jsp/jstl/sql	<sql:query>
XML 标签库	xml	http://java.sun.com/jsp/jstl/fmt	<x:forBach>
函数标签库	fn	http://java.sun.com/jsp/jstl/functions	<fn:split>

JSTL 标签库与 Java 语法相比更加容易学习。JSTL1.1 必须在支持 Servlet2.4 并且 JSP2.0 以上版本的 Web 容器才可使用。JSTL 主要由 Apache 组织的 Jakarta Project 所实现，因此读者可以到 http://jakarta.apache.org/builds/jakarta-taglibs/releases/standard/ 下载实现好的 jstl.jar 包放入到自己的项目中使用。

在项目中添加 JSTL 标签库是使用标签的第一步。添加标签库有多种方法，以下是使用 MyEclipse 集成开发环境中如何添加 JSTL 标签库的过程：在项目中用鼠标右键单击项目调出属性菜单，点击【MyEclipse】选中【Add JSTL Librarie】菜单，如图 6.2 所示，即向项目中添加 JSTL 标签库，此时出现如图 6.3 所示的界面，选择 JSTL 标签版本，点击“Finish”按钮完成对 JSTL 标签功能的添加。目前，MyEclipse10 以上版本在创建 Web 项目的同时默认自动添加了 JSTL 标签库。

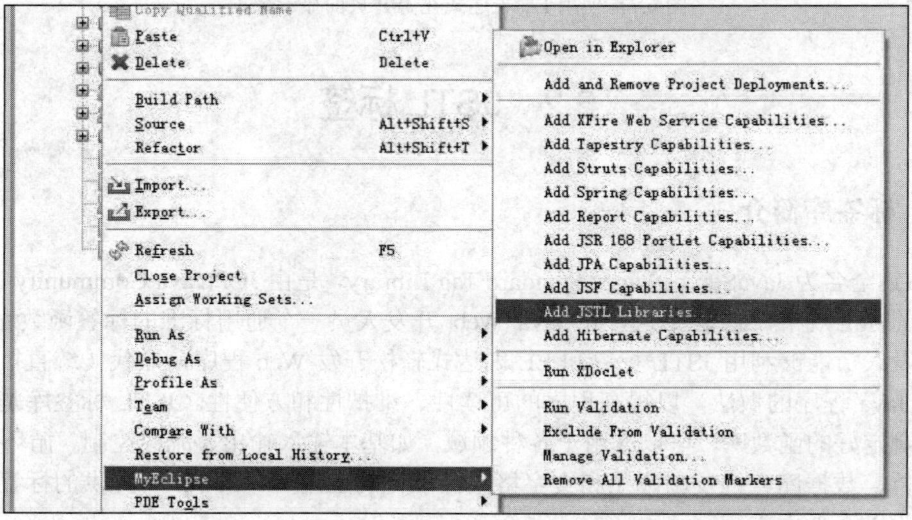

图 6.2　使用 MyEclipse 向项目中添加 JSTL 标签库

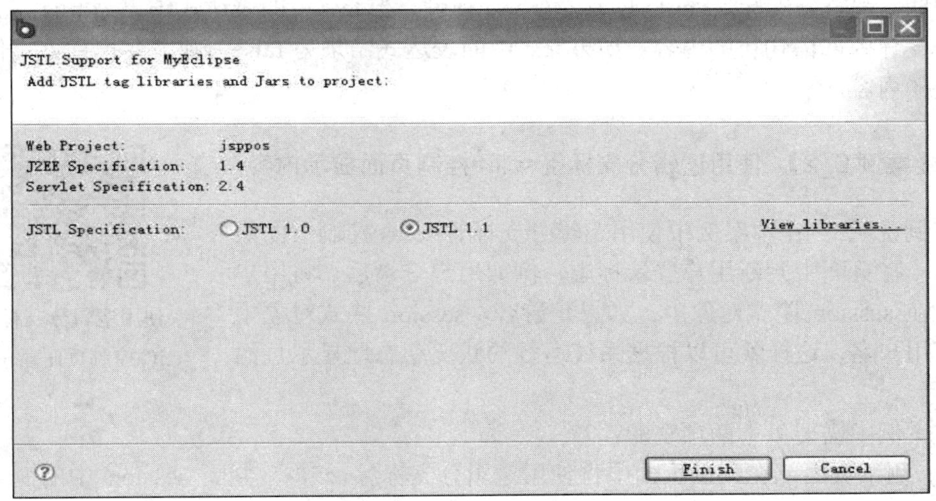

图 6.3　选择 JSTL 标签库版本

6.2.2　JSTL 核心标签库

在 JSTL 核心标签库中标签主要用于实现控制页面流程和显示逻辑，其中有两个重要标签<c:if>和<c:forEach>，下面重点介绍这两个标签的语法及使用技巧。

在页面中使用 JSTL 标签以前，必须在页面中引入相应的标签库，否则标签不起作用。使用<%@ taglib%>指令引入标签库，taglib 指令同<%@ page%>的等级一样是 JSP 的另一个页面指令。在<%@ taglib%>指令中 prefix 为前缀名，用于在页面上引用标签时使用，如“c”。URI 是定义标签库链接地址，注意这个地址不是要通过网络才能找到，所以不一定是真实地址，而是在创建标签库时映射的地址，具体的 taglib 指令形式为<%@ taglib uri = http://java.sun.com/jsp/jstl/core prefix = "c" %>。

1. 逻辑分支标签<c:if>

逻辑分支标签<c:if>的用途同在程序中使用的 if 语句功能一样，起到判断分支的作用。不同的是<c:if>标签没有提供实现类似于 else 的分支语句。其语法如下：

```
<c:if test = "testCondition"   [var = "varName"]   [scope = ""]>
具体内容
</c:if>
```

逻辑分支标签<c:if>的属性如表 6.6 所示。

表 6.6　逻辑分支标签<c:if>的属性说明

元素	说　明	是否可用 EL	类型	必须有	默认值
test	用 EL 表达式构成的判断条件	可以	Boolean	是	无
var	用来储存 test 运算后的结果，即 true 或 false	不可以	String	否	无
scope	var 变量的 JSP 范围	不可以	String	否	page

说明：逻辑分支标签<c:if>必须要有 test 属性，当 test 中的表达式结果为 true 时，则会执行分支体内部语句块的内容；如果 test 中的表达式结果为 false，则不会执行分支体内部语句块的内容。

**【案例 6_2】 使用逻辑分支标签<c:if>控制页面显示内容。**

使用逻辑分支标签<c:if>控制页面显示内容

案例说明： 在本案例中使用逻辑分支标签<c:if>控制页面显示内容，在页面中判断用户登录标志，例如用户登录后，将用户名保存在 session 隐式对象中。如果是游客，session 隐式对象中就没有用户名，这样就可以根据系统运行的状况动态地显示页面内容了。

本案例中需要以下两项资源：

(1) 测试页面，在测试页面中将使用逻辑分支标签<c:if>，判断 session 中的变量是否为空；

(2) 测试用 Servlet，在 Servlet 中模拟用户登录后将用户名存入 session。

在案例中先访问测试 JSP 页面，这时没有 session 中的数据，观察显示的内容，再访问 Servlet，之后导航到测试页面，再观察显示内容是否发生变化，具体如代码 6_6 和代码 6_7 所示。案例运行的结果如图 6.4 所示。

代码 6_6：WebRoot/ch6/test6_2.jsp

```
<%@ page language = "java" import = "java.util.*" pageEncoding = "UTF-8"%>
<%@ taglib prefix = "c" uri = "http://java.sun.com/jsp/jstl/core" %>
<!DOCTYPE HTML PUBLIC "-//W3C//DTD HTML 4.01 Transitional//EN">
<html>
  <head>
      <title>My JSP 'test6_2.jsp' starting page</title>
  </head>
  <body>
      <c:if test = "${sessionScope.userName != null}">
      <!--当 username 不为空时    -->
      ${sessionScope.userName }   ，您好!!
  </c:if>
  <c:if test = "${sessionScope.userName == null }">
      <!--当 username 为空时    -->
      游客，您好!!
  </c:if>
  </body>
</html>
```

代码 6_7：hcit/ch6/TestServlet6_2.java

```
public class TestServlet6_2 extends HttpServlet {
```

```
    public TestServlet6_2() {
        super();
    }
    public void destroy() {
        super.destroy();
    }
    public void doGet(HttpServletRequest request, HttpServletResponse response)
                throws ServletException, IOException {
        HttpSession session = request.getSession();
        session.setAttribute("userName", "Tom");
        response.sendRedirect("ch6/test6_2.jsp");
    }
    public void doPost(HttpServletRequest request, HttpServletResponse response)
                throws ServletException, IOException {
        this.doGet(request, response);
    }
    public void init() throws ServletException { }
}
```

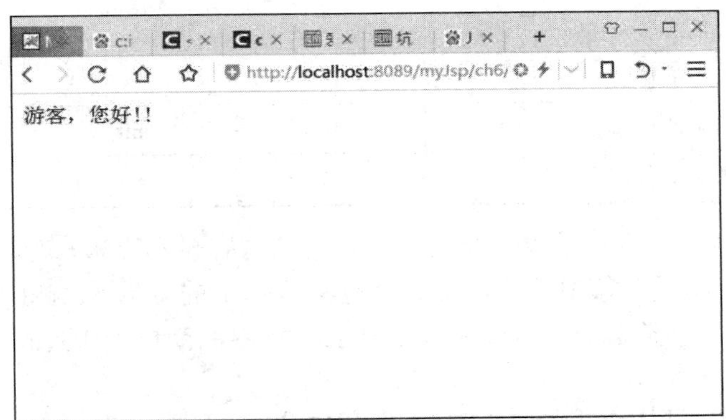

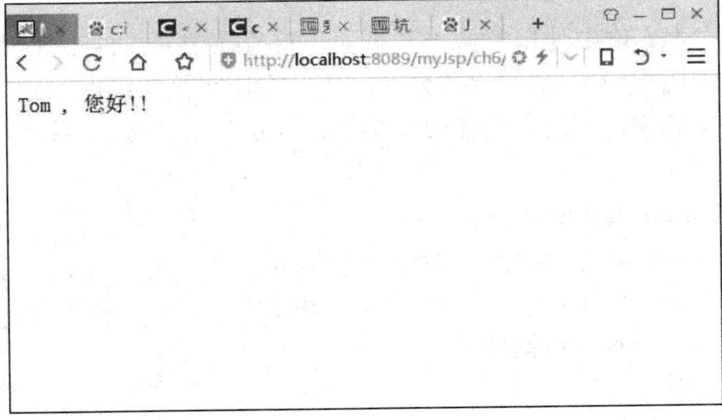

图 6.4　使用逻辑分支标签<c:if>控制页面显示结果

2. 循环迭代标签<c:forEach>

<c:forEach>标签的功能同在程序中使用的 for 循环一样。其语法如下：

```
<c:forEach items = "collection"   [var = "varName"]
[varStatus = "varStatusName"] [begin = "begin"]
[end = "end"] [step = "step"]>
循环体内容
< /c:forEach>
```

<c:forEach>标签的属性如表 6.7 所示。

表 6.7　<c:forEach>标签属性说明

元素	说　明	是否可用 EL	类型	必须有	默认值
items	存放在 session 或 request 范围中被迭代的集合对象	是	Arrays Collection Iterator Enumeration Map String	是	无
var	用来存放当前迭代成员	否	String	否	无
varStatus	用来存放现在指到的相关成员信息	否	String	否	无
begin	开始的位置	是	int	否	0
end	结束的位置	是	int	否	最大
step	每次迭代的间隔数	是	int	否	1

说明：如果要循环迭代一个集合对象，并将它的内容显示出来，就必须有 items 属性。items 是存放在某个隐式对象中的被迭代集合对象。var 中的变量 current 是表示循环集合中当前的成员。下面以字符数组为例演示<c:forEach>标签的简单使用过程。

【案例 6_3】 使用<c:forEach>标签迭代集合。

案例说明： 在本案例中使用测试 JSP 页面，首先在 JSP 页面中使用 Java 代码创建字符型数组，并向数组中存入一定的测试数据，然后将该字符数组保存到 request 对象中以备使用。在页面主体部分，使用<c:forEach>标签循环迭代字符数组，具体如代码 6_8 所示，运行效果如图 6.5 所示。

使用<c:forEach>标签迭代集合

代码 6_8：WebRoot/ch6/test6_3.jsp

```
<%@ page contentType = "text/html; charset = GB2312 " %>
<%@ taglib prefix = "c" uri = "http://java.sun.com/jsp/jstl/core" %>
<%   String atts[] = new String [5];
  atts[0] = "hello";
  atts[1] = "this";
```

```
        atts[2] = "is";
        atts[3] = "a";
        atts[4] = "JSTL Example";
        request.setAttribute("atts", atts);
    %>
    <html>
        <head><title>CH6</title></head>
        <body>
            <c:forEach items = "${atts}" var = "current" >
                ${ current }</br>
        </c:forEach>
      </body>
    </html>
```

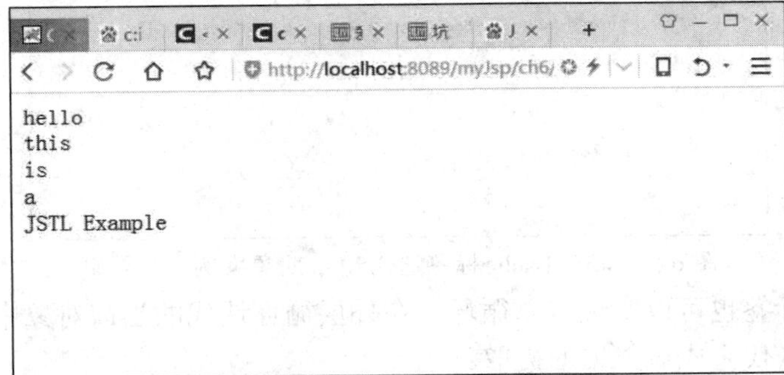

图 6.5　<c:forEach>标签运行结果

【项目经验】

项目开发中经常会遇到复合对象，就是在 request 中保存的集合对象是一个复合对象，也就是说对象中包含对象，进行多次复合。有时，request 中的对象不是 List，而是像 Map 等集合类型，这些情况又怎样处理呢？

首先考察<c:forEach>对 Map 的迭代，代码如代码 6_9 所示，运行效果如图 6.6 所示。

代码 6_9：WebRoot/ch6/test6_4.jsp

```
<%@ page contentType = "text/html; charset = gb2312" language = "java" import = "java.util.*" %>
<%@ taglib prefix = "c" uri = "http://java.sun.com/jsp/jstl/core" %>
<html><head><title>无标题文档</title></head>
<%!
        public static class Test{
            private String name;
                public Test(String name){    this.name = name; }
            public String getName(){return name;    }
    }
%>
<%    Map map = new LinkedHashMap();
```

```
        map.put(new Test("1"), "a");
        map.put(new Test("2"), "b");
        request.setAttribute("map", map); %>
<body>
<c:forEach items = "${map}" var = "item">
        ${item.key.name}-${item.value}<br/>
</c:forEach>
</body>
</html>
```

items 内保存的是 java.util.Map.Entry 对象，这个对象有 getKey、setKey、getValue、setValue 方法，这样就可以在<c:forEach>内部使用 Map 的 key 和 value 属性对其值进行访问了。

图 6.6　<c:forEach>标签迭代 Map 对象案例运行效果

<c:forEach>标签也可以实现双重循环，在外层循环迭代的当前对象中又是一个集合，还需要进行循环迭代完成对数据的提取。

【案例 6_4】 使用<c:forEach>双重循环迭代集合。

使用<c:forEach>双重循环迭代集合

案例说明： 在本案例中首先构造一个 Servlet 用于生成一个嵌套的集合对象，集合对象的外层是 HashMap 类型对象，集合内部是 List 类型对象，List 对象中使用 String 对象表示数据。在项目开发中往往在 List 中也是个复合对象，为了例子的简化直接使用 String 进行存储。设计中 Map 成员存储小组信息，Map 的 key 是小组名称，Map 的成员是 List 类型小组成员姓名集合，具体如代码 6_10 所示，运行效果如图 6.7 所示。

代码 6_10：hcit/ch6/TestServlet6_3.java

```
public class TestServlet6_3 extends HttpServlet {
    public TestServlet6_3() {super(); }
    public void destroy() {     super.destroy(); }
    public void doGet(HttpServletRequest request, HttpServletResponse response)
                    throws ServletException, IOException {
        //构建 Map 对象
        Map maplist = new HashMap();
        //定义小组一成员集合，并将小组成员加入到集合中
```

```
        List list1 = new ArrayList();
        list1.add("王平");
        list1.add("李东");
        list1.add("赵云");
        //定义小组二成员集合，并将小组成员加入到集合中
        List list2 = new ArrayList();
        list2.add("张益民");
        list2.add("赵晓东");
        list2.add("陈诚");
        //将小组对象加入 Map 中
        maplist.put("第二组", list2);
        maplist.put("第一组", list1);
        //将 Map 对象存入 request 中
        request.setAttribute("maplist", maplist);
        //导航到显示页面
        request.getRequestDispatcher("ch6/test6_5.jsp").
        forward(request, response);
    }
    public void doPost(HttpServletRequest request, HttpServletResponse response)
            throws ServletException, IOException {
        this.doGet(request, response);
    }
    public void init() throws ServletException { }
}
```

图 6.7　<c:forEach>标签双重循环案例运行效果

下面的代码 6_11 展示了在页面上如何使用<c:forEach>进行嵌套双重循环。

代码 6_11：WebRoot/ch6/test6_5.jsp(部分代码)

```
<c:forEach   items = "${maplist}" var = "curmap">
             小组名：${curmap.key }<br>
             <c:forEach items = "${curmap.value }" var = "curlist">
                  ${curlist },
```

```
        </c:forEach>
        <br>
    </c:forEach>
```

6.3 自定义标签

6.3.1 创建无标记体简单自定义标签

标签元素共分为两种类型，一种是 JSP 标准标签，如 JSTL 标签；另一种是用户自定义行为元素。标准标签是 JSP 规范定义的可以直接在 JSP 页面中使用的行为元素。自定义元素是使用标记库和 TLD 文件定义标记，然后再通过 jsp:taglib 指令元素将它们引入到 JSP 页面中来的。包括标准行为元素在内，所有标记在运行时都要被翻译成相应的方法，这些方法被加入到 JSP 实现类中，实现标记的功能。

下面列出标签的相关基本概念：

(1) 标签(Tag)。标签是一种 XML 元素，通过标签可以使 JSP 网页变得简洁并且易于维护，还可以方便地实现同一个 JSP 文件支持多种语言版本。由于标签是 XML 元素，所以它的名称和属性都是大小写敏感的。

(2) 标签库(Tag library)。由一系列功能相似、逻辑上互相联系的标签构成的集合称为标签库。

(3) 标签库描述文件(Tag Library Descriptor)。标签库描述文件是一个 XML 文件，这个文件提供了标签库中类和 JSP 中对标签引用的映射关系。它是一个配置文件，和 web.xml 是类似的。

(4) 标签处理类(Tag Handle Class)。标签处理类是一个 Java 类，这个类继承了 TagSupport 或者扩展了 SimpleTag 接口，通过这个类可以实现自定义 JSP 标签的具体功能。

自定义标签是一个非常规范与程式化的过程，下面归纳出自定义标签的创建过程。

第 1 步，定义标签处理类，系统编译后将自动存储在/WEB-INF/classes 目录下。

第 2 步，定义标签描述文件，扩展名为.tld，在 tag 标记体中指定<name> 和<tagclass> 元素，其中<tagclass> 元素要指定完整的类名。

第 3 步，在 web.xml 文件的<taglib> 元素中指定<taglib-uri> 和<taglib-location>。

第 4 步，在使用扩展标记的 JSP 页面中，通过<taglib>元素将 TLD 文件引入到 JSP 页面中。

自定义标记标签的设计关键是生成能够实现标记功能的标签类以及实现标记体的方法，称包含这些方法的类为标记处理类(Tag Handler Class)。标记处理类是实现了 Tag 接口、IterationTag 接口或 BodyTag 接口的 Java 类，它们之间并不是相互独立的，而是有着十分密切的关系的。其中，BodyTag 接口是由 IterationTag 接口扩展而来的，而 IterationTag 接口则是由 Tag 接口扩展而来的。如果定义的标记不需要处理标记体，那么就要实现 Tag 接口。如果定义的标记需要处理标记体，那么就要实现 BodyTag 接口。如果需要对标记体进行多次处理，则要实现 IterationTag 接口。javax.servlet.jsp.tagext 包中还定义了两个类，即

TagSupport 类和 BodyTagSupport 类，标记处理通常都是从这两个类扩展而来的。TagSupport 类实现了 IterationTag 接口，主要用于不需要处理标记体的标记；BodyTagSupport 类实现了 BodyTag 接口，主要用于需要对标记体进行处理的标记。

当 JSTL 标签库标签的功能无法满足开发需求时，可以自己开发自定义标签，来满足应用需求，自定义标签实际上是一个继承 SimpleTagSupport 类的普通 Java 类。在介绍自定义标签之前，先介绍 SimpleTagSupport 类。SimpleTagSupport 类继承自 SimpleTag 接口，而 SimpleTag 接口主要有如代码 6_12 所示的四个方法，即 doTag()、setParent()、setJspContcxt 和 setJspBody，也可将这四个方法理解为标签处理器类的生命周期。SimpleTagSupport 类部分代码如代码 6_13 所示。

代码 6_12：SimpleTag 部分代码

```
public interface SimpleTag extends JspTag {
    /**
     * 执行标签时调用的方法，一定会调用
     */
    public void doTag() throws javax.servlet.jsp.JspException, java.io.IOException;
    /**
     * 设置父标签对象，传入父标签对象，当标签存在父标签时会调用
     */
    public void setParent( JspTag parent );
    /**
     * 设置 JspContext 对象，其实它真正传入的是其子类 PageContext
     */
    public void setJspContext( JspContext pc );
    /**
     * 设置标签体内容。标签体内容封装到 JspFragment 对象中，然后传入 JspFragment 对象
     */
    public void setJspBody( JspFragment jspBody );
}
```

代码 6_13：SimpleTagSupport 类部分代码

```
public class SimpleTagSupport implements SimpleTag
{
    /** Reference to the enclosing tag. */
    private JspTag parentTag;
    /** The JSP context for the upcoming tag invocation. */
    private JspContext jspContext;
    /** The body of the tag. */
    private JspFragment jspBody;
    public void setParent( JspTag parent ) {
        this.parentTag = parent;
```

```
        }
        public JspTag getParent() {
            return this.parentTag;
        }
        public void setJspContext( JspContext pc ) {
            this.jspContext = pc;
        }
        protected JspContext getJspContext() {
            return this.jspContext;
        }
        public void setJspBody( JspFragment jspBody ) {
            this.jspBody = jspBody;
        }
        protected JspFragment getJspBody() {
            return this.jspBody;
        }
    }
```

【案例 6_5】创建一个简单无标记体的标签。

创建一个简单无标记体的标签

案例说明： 创建一个自定义标签，用于在页面上显示"这是我第一个自定义标签"。标签分为有标记体和无标记体两种情况，标记体是指令标签中至少有一个标签属性，用于动态的将参数传入到执行的标签类中。当前案例中不需要设计有标签体的自定义标签。通过该案例应该达到熟悉自定义标签的各个阶段，熟悉标签类的设计，能够在页面中引用自定义标签。

第一步，定义标签类。

注意该类要继承 javax.servlet.jsp.tagext 包下 TagSupport 类，在类中要重写 doStartTag()方法，这个方法是实现自定义标签功能的关键，用于实现自定义标签的主要功能。在doStartTag()方法中创建 JspWriter 对象 out，用于向前台页面输出数据，具体如代码 6_14 所示。

代码 6_14：hcit/ch6/My FirstTag.java

```
package ch6;
import javax.servlet.jsp.tagext.*;
import javax.servlet.jsp.*;
import java.io.*;
public class MyFirstTag extends TagSupport {
  public int doStartTag() throws JspException{
    try {
```

```
            JspWriter out = pageContext.getOut();
            out.println("<h1>这是我第一个自定义标签!</h1>");
          }catch (IOException ex)
          { throw new JspException(ex.toString()); }
          return SKIP_BODY;
        }
        public int doEndTag(){    return EVAL_PAGE; }
    }
```

doStartTag()方法是在标记开始时容器将要调用的方法，doEndTag()方法是在标记结束后容器要调用的方法。这两个方法都需要返回整型数值，容器会根据返回数值的不同而进行不同的处理。

doStartTag()方法返回值的作用归纳如下：

(1) 返回 SKIP_BODY 时，容器将忽略标记体的全部内容；

(2) 返回 EVAL_BODY_INCLUDE 时，会直接将标记体的内容复制到输出的响应中去。

doEndTag()方法返回值的作用归纳如下：

(1) 返回 SKIP_PAGE 时，容器在处理完标记元素后将不再处理标记后面的 JSP 页面内容；

(2) 返回 EVAL_PAGE 时，容器会继续处理标记元素后面的内容。

第二步，定义完标签处理类之后，还不能直接使用，还要定义标记描述文件。标记描述文件(Tag Library Descriptor，TLD)是用来描述与自定义标记相关的各种信息的 XML 文件，扩展名必须为 tld。TLD 文件的主要作用是将标记映射到一个标记处理类上，TLD 文件编写完后应存储在 WEB-INF 目录或其任意子目录中。

TLD 文件的创建方法：鼠标右键点击 WEB-INF/lib 目录，选择 New→Other 后，进入创建新对象窗口，如图 6.8 所示，选择左图中的【TLD File】，点击“next”按钮进入下一页面，给 TLD 文件命名，选择版本号如图 6.8 右图所示，具体代码见代码 6_15。

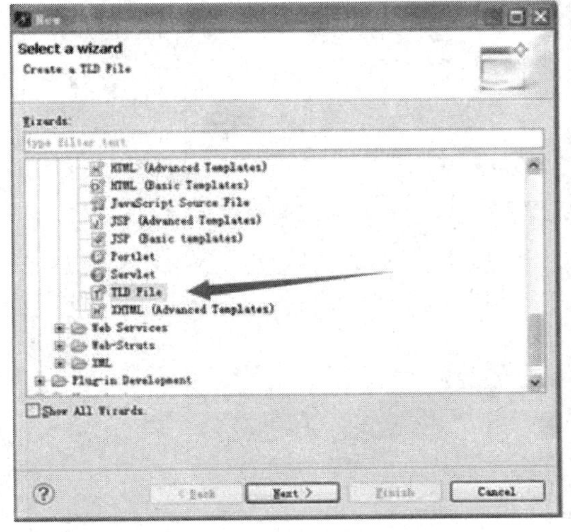

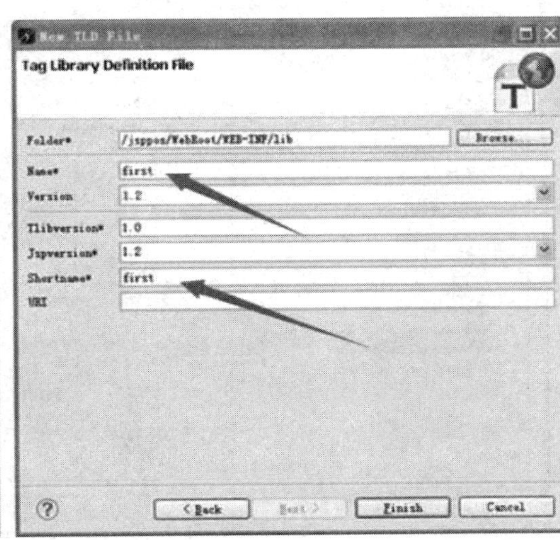

图 6.8　创建 TLD 标签文件的操作界面

代码 6_15：WebRoot/WEB-INF/lib/ first.tld 标签描述文件

```
<?xml version = "1.0" encoding = "utf-8"?>
<!DOCTYPE taglib PUBLIC "-//Sun Microsystems, Inc.//DTD JSP Tag Library 1.2//EN"
                                "http://java.sun.com/dtd/web-jsptaglibrary_1_2.dtd">

<taglib>
  <tlib-version>1.0</tlib-version>
  <jsp-version>1.2</jsp-version>
  <short-name>first</short-name>
  <tag>
    <name>first</name>
    <tag-class>hcit.ch6.MyFirstTag</tag-class>
  </tag>
</taglib>
```

代码 6_15 中的 tag 标记中说明了标记的名称(name)和标记的后台类(tag-class)的具体包及类名，作用是将标签 first 映射到一个后台的标签类上，建立起关联关系。

第三步，创建自定义标签的 Taglib-URI，使 Taglib-URI 地址与自定义 TLD 文件关联。编写完标记处理类和标记描述文件后，定制标记的工作还没有完全结束。因为容器是通过读取标记描述文件来得到标记相关的全部信息的，所以还必须让容器知道 TLD 文件存储的路径。TLD 文件存储路径是在 web.xml 文件中指定的。<taglib>标记在 web.xml 文件中是有先后位置关系的，要严格按照这个位置关系定义。在 web.xml 中定义 Taglib-URI 关联的位置是在 JSP Config 节点中，该节点位于 Error Pages 节点之后。图 6.9 演示了在项目中如何通过图形界面创建 Taglib-URI 与 TLD 文件的关联，创建完成后这种关联将反映到 web.xml 文件中，具体代码见代码 6_16。

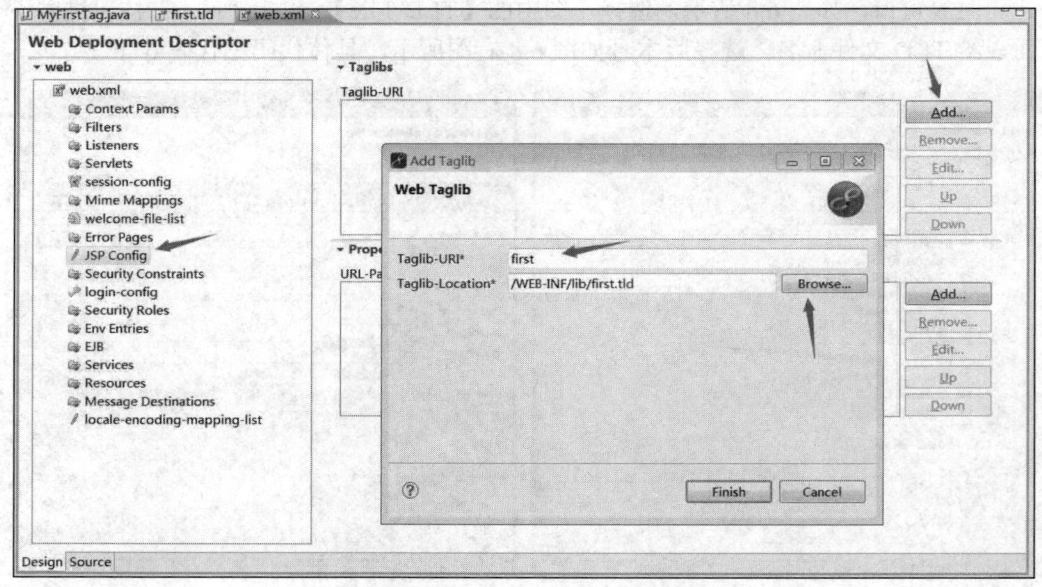

图 6.9　创建 Taglib-URI 与 TLD 标签文件关联

代码 6_16：WebRoot/WEB-INF/web.xml 配置文件部分代码

```
<?xml version = "1.0" encoding = "utf-8"?>
<!DOCTYPE web-app PUBLIC "-//Sun Microsystems, Inc.//DTD Web Application
        2.3//EN" "http://java.sun.com/dtd/web-app_2_3.dtd">
<web-app>
……
        <jsp-config>
            <taglib>
                <taglib-uri>/ first</taglib-uri>
                <taglib-location>/WEB-INF/lib/first.tld</taglib-location>
        </taglib>
</jsp-config>
……
</web-app>
```

第四步，在页面上引用自定义标签库，并使用自定义标签。

对自定义标签的使用与引用系统标签的过程是一样的，必须在页面中引入标签库，使用<%@ taglib uri = " first" prefix = "myTag" %>指令实现对自定义标签库的引用功能。Uri = "first" 引用的是在 web.xml 中定义的映射地址，我们看在前期使用的系统标准标签时应用的地址是一个网址 uri = "http://java.sun.com/jsp/jstl/core"，可能有的读者误认为一定要上网才能使用标签，其实那只是一个映射地址。Prefix = "myTag" 是前缀，是在页面上使用标签的句柄，通过它引用自定义标签的功能，这个前缀的名字可以任意命名，但不要与 Java 关键字重名，具体如代码 6_17 所示，案例运行效果如图 6.10 所示。

代码 6_17：WebRoot/ch6/test6_6.jsp

```
<%@ page contentType = "text/html; charset = GBK" %>
<%@ taglib uri="first" prefix="myTag" %>
<html>
  <head>
    <title> 自定义标记试验 </title>
  </head>
  <body >
    <myTag:first/>
  </body>
</html>
```

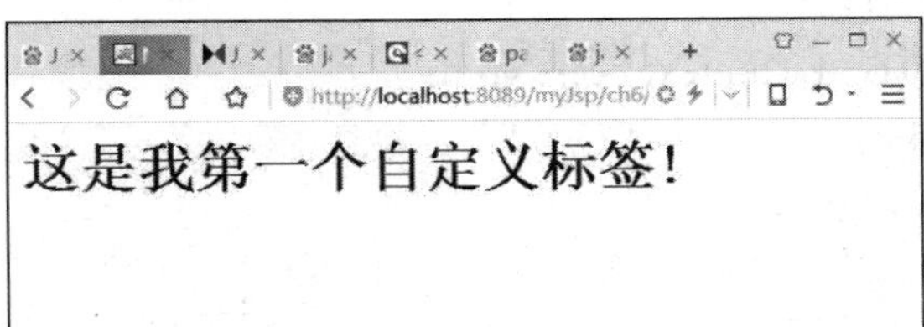

图 6.10　自定义标签运行效果

【项目经验】

在这里总结归纳一下 JSP 自定义标签执行的顺序。首先来看一下简单标签接口的方法以及它的生命周期。

首先看没有标记体的简单标签的一些方法和执行生命周期。

(1) SimpleTag 接口中的方法：

① doTag()：void；

② getParent()：JspTag；

③ setJspBody(javax.servlet.jsp.tagext.JspFragment body)：void；

④ setJspContext(javax.servlet.jsp.JspContext pc)：void；

⑤ setParent(javax，servlet.jsp.tagext.JspTag tag)：void。

(2) SimpleTag 接口的声明周期：

① 每次遇到 JSP 标签容器构造一个 SimpleTag 实例，这个构造方法没有参数；

② setJspContext()、setParent()只有当前的标签在另一个标签之内时才调用 setParent()方法；

③ 设置属性，调用每一个属性的 setter()方法；

④ setJspBody(javax.servlet.jsp.tagext.JspFragment body)；

⑤ doTag()所有标签的逻辑迭代和 Body 计算都在这个方法中；

⑥ return()。

下面是包含标签体的自定义标签类中的方法与执行生命周期。

(1) BodyTag 自定以标签接口中的方法：

① 必须实现 Tag 接口的 doStartTag()和 doEndTag()方法；

② 可以实现 IterationTag 接口的 doAffterBody()方法；

③ 实现 BodyTag 接口的 doInitBody()和 setBodyContent 方法；

④ doStartTag()方法可以有返回值；

⑤ doEndTag()方法可以返回 SKIP_PAGE 或者 EVAL_PAGE，以确定是否继续计算 JSP 页面其余的页面；

⑥ doAffterBody 可以返回 EVAL_BODY_AGAIN、SKIP_BODY，以确定是否再次计算标签体。

(2) BodyTag 接口中各个方法调用的顺序与处理过程：

① setPageContext(javax.servlet.jsp.PageContext pc)：void；

② setParent(javax.servlet.jsp.tagext.Tag tag)：void；

③ doStartTag()：int；

④ setBodyContext(BodyContext bc)：void；

⑤ doInitBody()：int；

⑥ doAffterBody()：int；

⑦ doEndTag()：int；

⑧ release()：void。

6.3.2　创建带标记体的自定义标签

创建带标记体和参数的自定义标签

【案例 6_6】创建带标记体和参数的自定义标签。

案例说明： 创建一个带有标记体和参数的自定义标签，在页面调用该标签时传递字体大小信息，动态显示文本数据。案例中重点学习掌握带标记体的自定义标签的创建定义过程。学会如何在标签类中定义参数，如何得到标记体的内容。在网页上带标记体的标签的语法结构如图 6.11 所示。

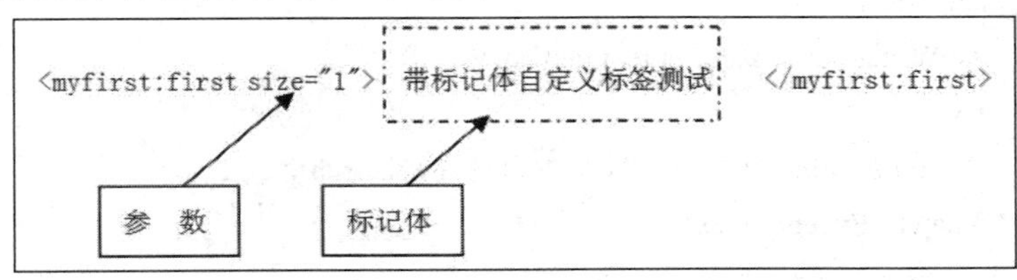

图 6.11　带标记体标签的结构

第一步，定义有标记体的标签类。在标签类中设置了 size 属性，用于动态加载字符大小。带标记体自定义标签类必须继承 BodyTagSupport 类，下面列出类中包括几个主要需要重写的方法及其执行调用顺序：setPageContext()→setParent()→doStartTag()→setBodyContext()→doInitBody()→doAffterBody()→doEndTag()→release()。当然，这些方法不一定都要全部重写，常用的是 doStartTag()、doAffterBody()两个方法。这个类中当然可以加入自定义的方法，如在下面的代码中加入的对 size 变量的 get()和 set()方法等。doStartTag()方法是标签开始执行之前要执行的方法，setBodyContext()方法是获取标记体的内容的方法，doAfterBody()方法是执行完标记体后调用的方法，doEndTag()方法是标签结束时调用的方法。

在下面的代码 6_18 中定义了 size 用于修饰页面字体的大小，并且为其配了 get()和 set()方法，如果不配 get()和 set()方法，则页面上标签中的参数就无法传入到这个类中。在 doStartTag()方法中实现了对字体大小参数的逻辑判断，在网页中 H 标签的字体在 1~6 号字体范围排列，如果参数中的数字大于 6 就说明是无效的参数，在方法中返回 SKIP_BODY 结束标签的执行。在 BodyTag 接口继承自 IterationTag 接口，增加两个方法，即 setBodyContent()、doInitBody()方法和 1 个常量 EVAL_BODY_BUFFERED。当 doStartTag()方法返回 EVAL_BODY_BUFFERED 常量时，Web 容器会创建专门用于捕获标签体的运行结果 BodyContent 对象，然后调用标签处理器的 setBodyContent()将 BodyContent 对象传入标签处理器，Web 容器将标签体的执行结果写入 BodyContent 对象中。在标签处理器的后续事件方法中，可以通过保存的 BodyContent 的对象的引用来获取标签体的执行结果，然后调用 BodyContent 对象特有的方法对 BodyContent 对象的内容进行修改和控制。JSP API 提供 BodyTag 接口的实现类 BodyTagSupport。本案例中的类就继承了 BodyTagSupport 类。

代码 6_18：hcit/ch6/ FirstTagBody.java

```
package hcit.ch6;
```

```
import javax.servlet.jsp.tagext.*;
import javax.servlet.jsp.*;
import java.io.*;
public class FirstTagBody extends BodyTagSupport {
    private static final long serialVersionUID = 1L;
    // 元素属性
    protected int size = 1;
    // 标签开始时调用的方法
    public int doStartTag() throws JspException {
        if (size > 6) {
            JspWriter out = pageContext.getOut();
            try {
                out.println("<h1>字体大小参数设置错误!</h1>");
            } catch (Exception ex) {
                ex.printStackTrace();
            }
            return SKIP_BODY;
        } else {
            return EVAL_BODY_BUFFERED;
        }
    }
    // 标记体开始时的初始化方法
    public void doInitBody() {
    }
    // 标记体结束后调用的方法
    public int doAfterBody(){
        // 读取标记体的内容
        BodyContent body = getBodyContent();
        String content = body.getString();
        JspWriter out = body.getEnclosingWriter();
        if (size < 7)
        {
            try {
                // 按元素属性设置的字体大小输出标记体内容
                out.println("<h" + size + ">" );
                out.println(content);
                out.println("</h" + size + ">");
                size++;
            }catch (Exception ex) {ex.printStackTrace(); }
```

```
            return EVAL_BODY_AGAIN;
        }else{
            return SKIP_BODY;
        }
    }
    // 元素结束时调用的方法
    public int doEndTag() {
        return EVAL_PAGE;
    }
    // 设置元素属性的方法
    public int getSize() {
        return this.size;
    }
    // 读取元素属性的方法
    public void setSize(int size) {
        if (size < 7)
        {
            this.size = size;
        }
    }
}
```

第二步，定义标签的 TLD 文件。设置<attribute>属性，用于接收页面上的参数，并传入标签类中 size 的属性，用于动态加载字符大小，具体如代码 6_19 所示。

代码 6_19：WebRoot/WEB-INF/ lib/ firstBodyTag.tld 标签描述文件

```
<?xml version = "1.0" encoding = "ISO-8859-1" ?>
<!DOCTYPE taglib
 PUBLIC "-//Sun Microsystems, Inc.//DTD JSP Tag Library 1.1//EN"
"http://java.sun.com/j2ee/dtds/web-jsptaglibrary_1_1.dtd">
<taglib>
  <tlibversion>1.0</tlibversion>
  <jspversion>1.2</jspversion>
  <shortname>first</shortname>
  <info>
      This is my first tag library!
   </info>
   <tag>
      <name>first</name>
      <tagclass>hcit.ch6.FirstBodyTag</tagclass>
      <attribute>
```

```
            <name>size</name>
            <required>no</required>
            <rtexprvalue>yes</rtexprvalue>
        </attribute>
    </tag>
</taglib>
```

对于有标记体的自定义标签，要满足以下条件：

(1) 要为所有的标记属性在标记处理类中指定一个属性；

(2) 还要为这些属性分别定义 getXXX()方法和 setXXX()方法；

(3) 在 TLD 文件中需要在<tag>元素的标记体中添加<attribute> 元素，并指定它的<name>、<required>、<rtexprvalue>。

<name>：为属性的名字，用于在页面标签上使用。

<required>：说明该属性是否必须使用，yes 表示必须使用，no 表示可选。

<rtexprvalue>：说明属性值在页面上的数据源类型，yes 表示既可以使用 JSP 表达式也可以使用 EL 表达式，no 表示只能使用 EL 表达式。

第三步，在 web.xml 中配置自定义标签。

web.xml 中的定义可以通过图形界面的操作完成，在 web.xml 中说明了映射的 URI 与后台的 TLD 文件的关系，最终生成的配置代码如代码 6_20 所示。

代码 6_20：WebRoot/WEB-INF/web.xml 配置文件部分代码

```
<jsp-config>
  <taglib>
   <taglib-uri>firstbodytag</taglib-uri>
   <taglib-location>/WEB-INF/firstBodyTag.tld</taglib-location>
  </taglib>
 </jsp-config>
```

第四步，在页面中调用自定义标签。在页面中的标签内使用了标签属性 size，在运行加载标签时，会将属性传到标签类中，连同 JSP 页面一起编译生成目标 HTML 文件响应到客户端，具体如代码 6_21 所示，具体运行效果如图 6.12 所示。

代码 6_21：WebRoot/ch6/ testfirstbodytag.jsp

```
<%@ page language = "java"    pageEncoding = "gbk"%>
<%@ taglib uri = "firstbodytag" prefix = "myfirst" %>
<html>
  <head>
    <title></title>
   </head>
  <body>
    <myfirst:first size = "1">带标记体自定义标签测试      </myfirst:first><br>
  </body>
</html>
```

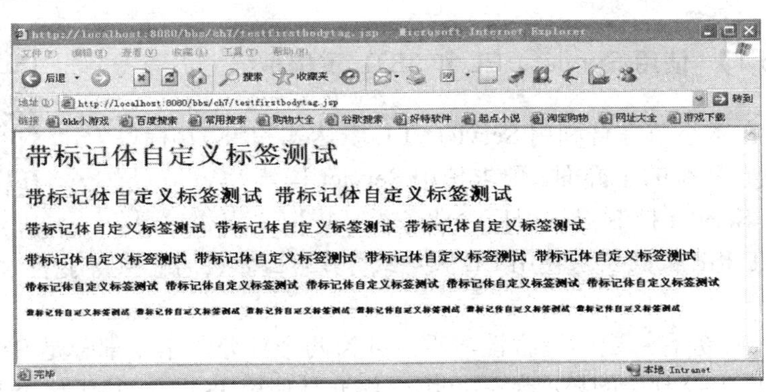

图 6.12　带标签体的标签执行效果

【项目经验】

请读者思考一个问题，使用 TagSupport 类扩展生成的标记处理类(或者是直接实现了 Tag 接口的类)能处理标记体吗？

答案是不能。一般如果要想处理带有标记体的自定义标签，则自定义标记处理类必须实现 BodyTag 接口或继承其子类，BodyTag 接口扩展 Tag 接口 ，具有 Tag 接口中所有的方法在实现应用中通常都是扩展 BodyTagSupport 类来定义标记处理类的。

BodyTag 标记声明的方法：

(1) doStartTag：标记开始时容器回调的方法；

(2) doEndTag：标记结束时容器回调的方法；

(3) doInitBody：标记体被初始化时容器回调的方法；

(4) doAfterBody：标记体调用结束时容器回调的方法。

doStartTag()方法或 doAfterBody()方法返回值说明：

(1) SKIP_BODY 用来提示容器忽略标记体内容；

(2) 返回 EVAL_BODY_BUFFERED 或 EVAL_BODY_AGAIN 时要处理标记体；

(3) 实现 BodyTag 接口的类中 doStartTag()方法不能返回 EVAL_BODY_INCLUDE;

(4) 实现 Tag 接口的标记处理类中 doStartTag()方法不能返回 EVAL_BODY _BUFFERED 或 EVAL_BODY_AGAIN;

(5) doAfterBody 返回 EVAL_BODY_BUFFERED 或 EVAL_BODY_AGAIN 时，容器会再一次对标记体的进行处理并调用 doAfterBody()方法。

返回 SKIP_BODY 时，容器会停止对标记体的处理，并且不再调用 doAfterBody()方法。doInitBody()方法用于进行一些与标记体处理相关的初始化工作，它没有返回值。

6.4　阶段项目：使用 EL、JSTL 和自定义标签优化项目

6.4.1　使用 EL、JSTL 改造前期任务

在本小节将综合使用 EL、JSTL 改造前期完成的部分任务，如用户登录界面和主页信息显示功能。

【任务 6.1】 使用 Servlet、EL 和 JSTL 重构系统主页面。

使用 Servlet、EL 和 JSTL 重构系统主页面

任务描述：在本小节综合利用 Servlet、EL 表达式和 JSTL 标签重构房屋信息发布系统的主界面。要求使用 Servlet 构建 MVC 三层架构，首选房屋 Servlet 控制器调用后台业务类，提取“求租信息”和“出租信息”在 JSP 页面要求使用 EL 表达式和 JSTL 标签简化页面逻辑。

任务分析： 任务有一定的综合性，重点分为两个部分，第一部分是 Servlet 的创建与调用，实现 MVC 中控制层的核心代码；第二部分是使用 JSTL 标签优化 JSP 页面。同时，任务中隐含着许多开发技巧，如如何保存后台业务类返回的数据，如何进行导航，是使用请求转发导航还是使用重定向导航等问题。

任务完成应按照以下步骤进行：

(1) 创建后台业务类，编写方法，从数据库表中提取“求租信息”和“出租信息”封装到集合对象中返回；

(2) 编写 Servlet，调用(1)中编写的方法，获得返回集合对象，保存到 request 或 session 对象中，导航到系统主页面；

(3) 使用 JSTL 标签和 EL 表达式修改优化原有的 JSP 页面。

使用 Servlet 实现主页显示调用逻辑如图 6.13 所示。

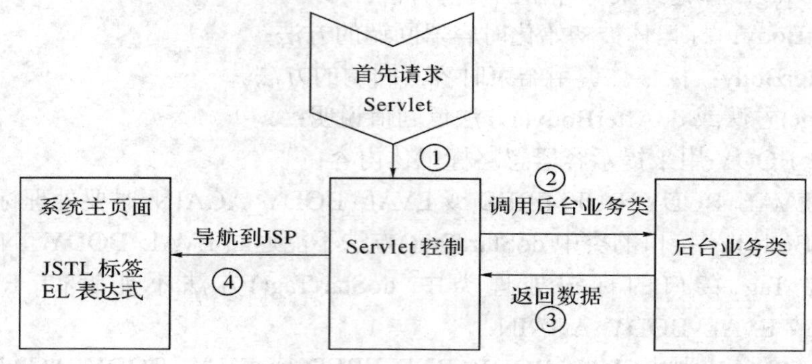

图 6.13　使用 Servlet 实现主页显示调用逻辑

掌握技能：通过该任务应该达到掌握如下技能：

(1) 掌握 Servlet 创建 MVC 应用的过程；

(2) 掌握在 Servlet 数据保存与导航的技巧；

(3) 学会 JSTL 标签和 EL 表达式的应用。

任务实现：

第一步，创建后台业务类。将如下原有 JSP 页面中访问数据库的代码 6_22 删除，将访问数据库业务逻辑功能转移到后台业务类中，使表现层 JSP 页面变得清爽简洁。

代码 6_22：WebRoot/main.jsp 中有关访问数据的代码段

```
<%
    DBConnect db = new DBConnect();
```

```
        ResultSet rs1, rs2;
        String sql1 = "SELECT * FROM czinfo ORDER BY sdate desc LIMIT 8";
        String sql2 = "SELECT * FROM qzinfo ORDER BY sdate desc LIMIT 8";
        //使用泛型
        ArrayList<CzInfo> a1 = new ArrayList<CzInfo>(); //定义集合 a1，保存出租信息
        ArrayList<QzInfo> a2 = new ArrayList<QzInfo>(); //定义集合 a2，保存求租信息
        try{
            rs1 = db.executeQuery(sql1);
            //遍历出租信息结果集，转换为 Java 对象后保存到 a1 中
            while(rs1.next()){
                CzInfo ci = new CzInfo();
                ci.setId(rs1.getInt("id"));
                ci.setTitle(rs1.getString("title"));
                System.out.println(rs1.getString("title"));
                a1.add(ci);
            }
            System.out.println("a1 集合大小:" + a1.size());

            rs2 = db.executeQuery(sql2);
            //遍历求租信息结果集，转换为 Java 对象后保存到 a2 中
            while(rs2.next()){
                QzInfo qi = new QzInfo();
                qi.setId(rs2.getInt("id"));
                qi.setTitle(rs2.getString("title"));
                a2.add(qi);
            }
            System.out.println("a2 集合大小:"+a2.size());
        }catch(Exception e){
            System.out.println("异常："+e);
        }finally{
            db.free();
            //关闭数据库
        }
    %>
```

在 ch6 包中创建后台业务类 GetInfoDao，类中包括两个方法，每个方法都返回查询后得到的集合对象，具体如代码 6_23 所示。

代码 6_23：ch6/GetInfoDao.java

```
    public class GetInfoDao {
        public List getQzInfo(){
```

```
        DBConnect db = new DBConnect();
        ResultSet rs2;
        String sql2 = "SELECT * FROM qzinfo ORDER BY sdate desc LIMIT 8";
        //使用泛型
        ArrayList<CzInfo> a1 = new ArrayList<CzInfo>(); //定义集合 a1，保存出租信息
        ArrayList<QzInfo> a2 = new ArrayList<QzInfo>(); //定义集合 a2，保存求租信息
        try{
            rs2 = db.executeQuery(sql2);
            //遍历求租信息结果集，转换为 Java 对象后保存到 a2 中
            while(rs2.next()){
                QzInfo qi = new QzInfo();
                qi.setId(rs2.getInt("id"));
                qi.setTitle(rs2.getString("title"));
                a2.add(qi);
            }
            System.out.println("a2 集合大小:"+a2.size());
        }catch(Exception e){
            System.out.println("异常："+e);
        }finally{
            db.free();
            //关闭数据库
        }
        return a2;
    }
    public List getCzInfo(){
        DBConnect db = new DBConnect();
        ResultSet rs1;
        String sql1 = "SELECT * FROM czinfo ORDER BY sdate desc LIMIT 8";
        //使用泛型
        ArrayList<CzInfo> a1 = new ArrayList<CzInfo>(); //定义集合 a1，保存出租信息
        try{
            rs1 = db.executeQuery(sql1);
            //遍历出租信息结果集，转换为 Java 对象后保存到 a1 中
            while(rs1.next()){
                CzInfo ci = new CzInfo();
                ci.setId(rs1.getInt("id"));
                ci.setTitle(rs1.getString("title"));
                System.out.println(rs1.getString("title"));
                a1.add(ci);
```

```
            }
            System.out.println("a1 集合大小:"+a1.size());
        }catch(Exception e){
            System.out.println("异常："+e);
        }finally{
            db.free();
            //关闭数据库
        }
        return a1;
    }
}
```

第二步，创建 Servlet 控制类，并在控制类中调用第一步中创建的业务类，获得返回集合对象，并将集合对象保存到 session 隐式对象中，使用请求转发导航到 zf.jsp 主页面，具体如代码 6_24 和代码 6_25 所示。

代码 6_24：ch6/GetInfoServlet.java 代码

```
public class GetInfoServlet extends HttpServlet {
    public GetInfoServlet() {  super(); }
    public void destroy() {              super.destroy();  }
    public void doGet(HttpServletRequest request, HttpServletResponse response)
    throws ServletException, IOException {this.doPost(request, response);   }
    public void doPost(HttpServletRequest request, HttpServletResponse response)
            throws ServletException, IOException {
        HttpSession session = request.getSession();
        GetInfoDao d = new GetInfoDao();
        List cz = d.getCzInfo();
        List qz = d.getQzInfo();
        session.setAttribute("cz", cz);
        session.setAttribute("qz", qz);
        request.getRequestDispatcher("/zf.jsp").forward(request, response);
    }
    public void init() throws ServletException { // Put your code here   }
}
```

代码 6_25：web.xml 配置文件中关于 Servlet 的配置信息

```
<servlet>
    <servlet-name>GetInfoServlet</servlet-name>
    <servlet-class>hcit.ch6.GetInfoServlet</servlet-class>
</servlet>
<servlet-mapping>
    <servlet-name>GetInfoServlet</servlet-name>
```

```
    <url-pattern>/GetInfoServlet</url-pattern>
</servlet-mapping>
```

第三步，使用 JSTL 标签和 EL 表达式优化 main.jsp 信息显示页面，具体如代码 6_26 所示。在页面中首先要引入 JSTL 的核心标签库，之后使用<c:forEach >标签对 Servlet 返回的信息集合进行迭代，通过使用 JSTL 标签和 MVC 三层架构，JSP 页面的 Java 代码不见了，整个页面变得整洁、清爽，条理性更强，便于开发者维护。

代码 6_26：main.jsp 代码(嵌入在 zf.jsp 主页面中)

```
<%@ page language = "java"   pageEncoding = "utf-8"%>
<%@ taglib uri = "http://java.sun.com/jsp/jstl/core" prefix = "c" %>
<html>
<head>
<title></title>
<link href = "css/style.css" rel = "stylesheet" type = "text/css">
</head>
<body background = "images/zf_04.jpg"   >
    <div id = page>
        <div id = search>
            <label class = "text3">出租信息</label>           
            <a class = "link" href = "">更多</a>   <br>
            <table align = 'center' width = "100%">
            <c:forEach items = "${cz}" var = "row">
            <tr><td class = "ltd">${row.title}</td></tr>
            </c:forEach>
          </table>
      </div>
      <div id = search2>
          <label class = "text3">求租信息</label>           
          <a class = "link" href = "">更多</a> <br>
          <table align = 'center' width = "100%">
            <c:forEach items = "${qz}" var = "row">
            <tr><td class = "ltd">${row.title}</td></tr>
            </c:forEach>
          </table>
      </div>
    </div>
</body>
</html>
```

【项目经验】 使用 HttpSession 类定义 session 保存信息。

为什么在 Servlet 中需要把数据保存在 session 中而不是 request 中呢？主要原因在于系

统主页 zf.jsp 的构成，zf.jsp 页面由框架结构三个 JSP 页面构成，通过使用<iframe name = "main" width = "100%" height = "100%" scrolling = "yes" frameborder = "0" src = "main.jsp"></iframe>框架把 main.jsp 页面嵌入到主页面中，具体形式如图 6.14 所示。当使用 request 保存数据时，子页面 main.jsp 无法获得到 request 中的数据，所以，在任务中将数据保存在了 session 对象中，使得各个子页面都能获得 Servlet 返回的数据。

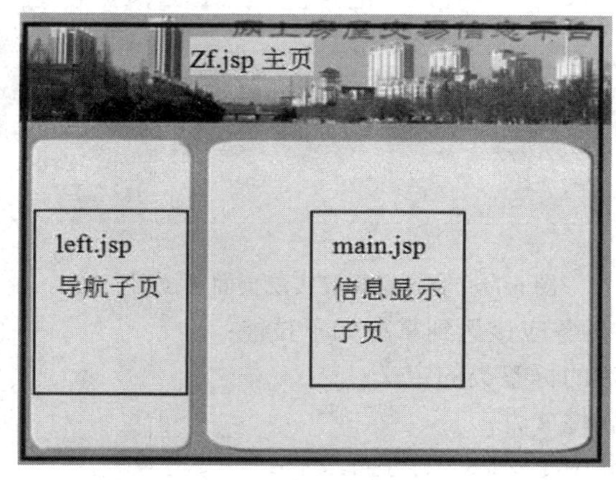

图 6.14　主页框架构成

6.4.2　使用自定义标签实现下拉列表框

自定义标签的最大好处就是能够简化页面逻辑，将以前必须在页面上书写大量 Java 逻辑代码的方式改变成使用标签进行数据加载。同时，标签的灵活性和通用性也是其他方法不能相比的。在项目开发中经常使用自定义标签规范前台 JSP 页面的开发，有的公司已经形成了一套公司内部的标签集，这些标签简化了 JSP 页面的开发。在本小节学习任务中将向读者介绍下拉列表自定义标签的制作与应用。

【任务 6.2】 自定义标签实现下拉列表。

自定义标签实现下拉列表

任务描述：该任务主要使用自定义标签实现通用的下拉列表功能。要求在调用时将查询的数据表名、查询字段名以及生成的下拉列表控件的名称传入到自定义标签类中。具体任务为在信息发布页面中编写自定义标签用于“区县”控件数据的自动加载。

任务分析：在以前的项目中，一般使用静态的<select>实现下拉列表，这样不符合动态系统设计的要求。如在系统中动态修改了数据字典后，要动态的反映到页面上。本书前面讲解的都是使用在 JSP 页面中嵌入 Java 代码实现上述动态功能，现在可以使用自定义标签实现这个功能。这个自定义标签使用的是无标签体结构，但要将运行参数传入到标签类中。

例如，在前面章节学习中实现的房屋信息管理平台中存在有关区县、街道、物业类型等多处下拉列表控件的应用。现在利用自定义标签可以快速的构建动态控件页面，通用性也非常强，如图 6.15 所示。

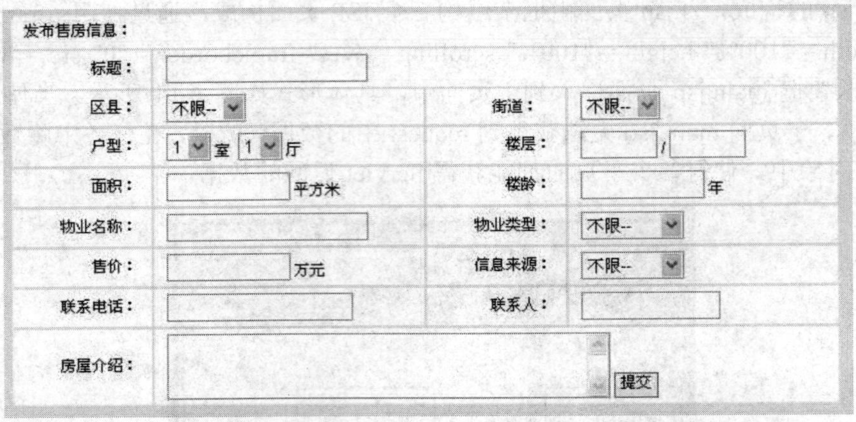

图 6.15　自定义标签实现页面下拉列表框

掌握技能：通过该任务应该达到掌握如下技能：

(1) 熟练掌握带参数的标签类的定义；

(2) 熟练创建标签属性文件；

(3) 能够在 web.xml 中定义映射标签库文件；

(4) 能够在页面上引用所定义的标签。

任务实现：

第一步，创建下拉列表的标签类。分析标签需求，要使标签具有通用性，就不能将访问数据库相关的数据写死在标签类中，标签要提供相关标签属性，用于向标签类中传递数据，这些数据包括：

(1) 要访问的数据表名称；

(2) 要获得到表中的字段名称，一般为 id 主键和 name 名称；

(3) 生成的 select 控件的名称，用于页面间的数据传递。

在类中完成对 doStartTag()方法的重写，实现数据库访问和构造<select>标签的任务，具体如代码 6_27 所示。

代码 6_27：hcit/ch6/ SelectTag.java 代码

```
package hcit.ch6;
import java.io.IOException;
import java.sql.ResultSet;
import java.sql.SQLException;
import javax.servlet.jsp.JspException;
import javax.servlet.jsp.JspWriter;
import javax.servlet.jsp.tagext.TagSupport;
import hcit.common.*;
public class SelectTag extends TagSupport {
    private static final long serialVersionUID = 1L;
    protected DBConnect db;
    protected String tablename; // 定义表名属性
```

```
protected String fieldname; // 定义字段名属性
protected String controlname; // 定义生成控件的名称
public int doStartTag() throws JspException {
    try {
        // 创建数据库连接对象
        db = new DBConnect();
        // 定义一个可变长字符串，用于保存构造的 Html 代码
        StringBuffer sb = new StringBuffer("");
        // 开始构造下拉列表代码
        sb = sb.append("<select name = '");
        sb = sb.append(controlname);
        sb = sb.append("'>");
        String sql = "select " + fieldname + " from " + tablename;
        try {
            ResultSet rs = db.executeQuery(sql);
            while (rs.next()) {
                String take;
                take = rs.getString(fieldname);
                sb = sb.append("<option value = '>");
                sb = sb.append(take);
                sb = sb.append("</option>");
            }
            sb = sb.append("</select>");
        } catch (SQLException e) {
            System.out.println("SelectTag Error" + e);
        } finally {
            db.free();
        }
        JspWriter out = pageContext.getOut();
        String ssb = sb.toString();
        out.println(ssb);
    } catch (IOException ex) {
        throw new JspException(ex.toString());
    }
    return SKIP_BODY;
}
public int doEndTag() {
    return EVAL_PAGE;
}
```

```
    public String getTablename() {
        return tablename;
    }
    public void setTablename(String tablename) {
        this.tablename = tablename;
    }
    public String getFieldname() {
        return fieldname;
    }
    public void setFieldname(String fieldname) {
        this.fieldname = fieldname;
    }
    public String getControlname() {
        return controlname;
    }
    public void setControlname(String controlname) {
        this.controlname = controlname;
    }
}
```

第二步，创建自定义标签的属性文件，文件位于/WEB-INF/selecttag.tld。在属性文件中配置相应属性的参数。在文件中定义了标签的三个属性，并制定三个属性是必须强制填写属性，可以使用 EL 表达式赋值，具体如代码 6_28 所示。

代码 6_28：WEB-INF/ selecttag.tld 代码

```
<?xml version = "1.0" encoding = "utf-8" ?>
<!DOCTYPE taglib PUBLIC "-//Sun Microsystems, Inc.//DTD JSP Tag Library 1.1//EN"
    "http://java.sun.com/j2ee/dtds/web-jsptaglibrary_1_1.dtd">
<taglib>
  <tlibversion>1.0</tlibversion>
  <jspversion>1.1</jspversion>
  <shortname>first</shortname>
  <info> select tag</info>
  <tag>
    <name>select</name>
    <tagclass>hcit.ch6.SelectTag</tagclass>
    <attribute>
      <name>tablename</name>
      <required>yes</required>
      <rtexprvalue>yes</rtexprvalue>
    </attribute>
```

```
        <attribute>
            <name>fieldname</name>
            <required>yes</required>
            <rtexprvalue>yes</rtexprvalue>
        </attribute>
        <attribute>
            <name>controlname</name>
            <required>yes</required>
            <rtexprvalue>yes</rtexprvalue>
        </attribute>
    </tag>
</taglib>
```

第三步，在 web.xml 配置文件中映射所定义的自定义标签。例如，使用淮安信息学院的网址作为映射地址，映射配置如代码 6_29 所示。

代码 6_29：WEB-INF/ web.xml 代码(部分代码)

```
<jsp-config>
    <taglib>
        <taglib-uri>http://www.hcit.edu.cn</taglib-uri>
        <taglib-location>/WEB-INF/selecttag.tld</taglib-location>
    </taglib>
</jsp-config>
```

第四步，在页面中调用自定义标签，实现对所选表数据的动态加载。首先，要在页面引入自定义标签<%@ taglib uri = "http://www.hcit.edu.cn" prefix = "s"%>；其次，使用定义好的前缀 select 实现对标签的调用。在页面的适当地方加入对标签的引用。在代码 6_30 中，controlname 是生成的下拉列表控件名；fieldname 是表中用于显示的字段名，这个字段的值将在页面下拉列表框中进行显示；tablename 是访问的数据库表名。

代码 6_30：webRoot/ch6/ testSelectTag.jsp 代码

```
<%@ page language = "java" import = "java.util.*" pageEncoding = "utf-8"%>
<%@ taglib uri = "http://www.hcit.edu.cn" prefix = "s"%>
<!DOCTYPE HTML PUBLIC "-//W3C//DTD HTML 4.01 Transitional//EN">
<html>
    <head>
        <title></title>
    </head>
    <body>
        <s:select controlname = "dselect" fieldname = "districtName" tablename = "district"></s:select>
    </body>
</html>
```

自定义标签最终的效果图如图 6.16 所示。

图 6.16　自定义标签实现效果图

【项目经验】

与上面形成下拉列表控件相似，可以将分页的导航工具条做成通用的自定义标签，这样在创建分页 JSP 页面时就可以直接使用自定义标签实现导航工具条的设计。注意上面的自定义标签是属于无标签体的自定义标签，所以可以直接继承 TagSupport。在标签实现逻辑功能时少不了要用到各种参数，注意参数要在类中配置 set()、get()方法，同时要在 TLD 文件中设置参数的属性。

练　习　题

1. <c:forEach items = "?"　var = "?" >< /c:forEach>标签中，items 和 var 分别代表什么含义，简述它们的具体作用。
2. 简述<c:if>标签中 test 和 var 的作用。
3. 结合自定义标签的定义过程，分析 JSP 页面标签的工作原理。
4. 简述 TagSupport 类的作用。

第 7 章　Filter 与 Listener

本章简介：本章主要围绕 Filter 过滤器与 Listener 监听器的功能特性和常用 API 方法等内容进行讲解，通过生动的案例演示如何创建、配置 Filter 过滤器与 Listener 监听器，应用 Filter 过滤器与 Listener 监听器解决项目中的具体功能需求。Filter 过滤器主要实现对客户端请求的拦截，并根据具体情况判断是否放行请求；Listener 监听器主要实现对 Web 项目容器、隐式对象等元素状态和发生变化情况的监测，并根据监测结果执行相应操作。

知识点要求：

(1) 学会 Filter 接口中常用的方法；

(2) 掌握 Filter 的配置方法；

(3) 掌握监听器类与常用接口；

(4) 学会监听器的定义与配置。

技能点要求：

(1) 掌握过滤器 Filter 的定义与配置；

(2) 掌握常用的监听器 API，能够结合技术要求选择恰当的接口实现监听器的定义与配置；

(3) 能够结合项目实际需求灵活使用过滤器和监听器。

7.1　Filter 过滤器

7.1.1　Filter 工作原理

Filter 过滤器的基本功能是过滤拦截特定请求，如对调用容器中的 Servlet 过程进行拦截，从而实现在 Servlet 响应处理前后的一些特殊功能。在 Servlet API 中定义了三个接口供开发人员编写 Filter 程序：Filter、FilterChain 和 FilterConfig。项目中 Filter 是一个实现了 Filter 接口的 Java 类，与 Servlet 相似，它由 Servlet 容器进行调用和执行。Filter 需要在 web.xml 文件中进行注册和配置，在 web.xml 中设置它所能拦截资源的路径。Filter 可以拦截 JSP 页面、Servlet、静态图片文件和静态 HTML 文件等资源。

1. Filter 工作原理

当在 web.xml 中注册了一个 Filter 来对某类资源进行拦截处理时，这个 Filter 就成了 Servlet 容器与该类资源通信线路上的一道关卡。该 Filter 可以实现对 Servlet 容器发送给请求对象程序的请求进行拦截，可以决定是否将请求继续传递给该类程序，以及对请求和相应信息是否进行修改。在一个 Web 应用项目中可以注册多个 Filter 过滤器，每个 Filter 过滤器都可以对一个或一组 Servlet 程序、JSP 页面等目标对象进行拦截。若有多个 Filter 过滤器对某类程序的访问过程进行拦截，当针对该类资源的访问请求到达时，Web 容器将把这多个 Filter 程序组合成一个 Filter 链(FilterChain，过滤器链)。Filter 链中各个 Filter 的拦截顺序与它们在应用程序的 web.xml 中映射的顺序一致。Filter 的工作原理如图 7.1 所示，在图中当请求到达 Web 容器后，经过若干个过滤器(如图中 F1、F2、F3 等)拦截后到达 Servlet 或其他 Web 资源，之后又要再一次地经过过滤器将 respons 返回到客户端。

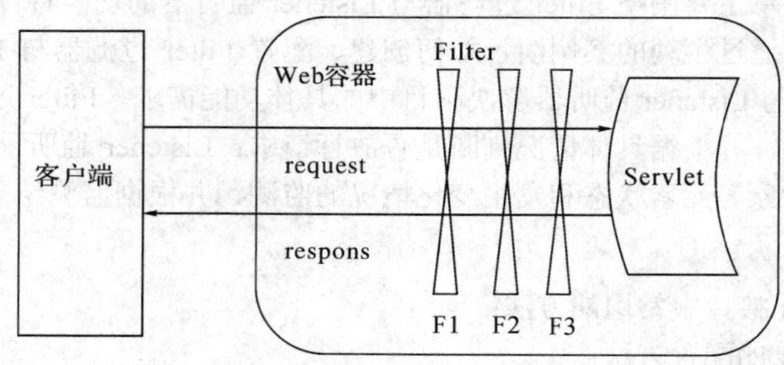

图 7.1　过滤器工作原理图

2. Filter 接口中方法的介绍

与开发 Servlet 不同的是，Filter 接口并没有相应的实现类可供继承，要开发过滤器，只能直接实现 Filter 接口。

1) 初始化方法：init()

该方法的语法如下：

```
init(FilterConfig filterConfig) throws ServletException
```

在 Web 应用程序启动时，Web 服务器将根据 web.xml 文件中的配置信息来创建每个注册的 Filter 实例对象，并将其保存在服务器的内存中。Web 容器创建 Filter 对象实例后，将立即调用该 Filter 对象的 init()方法。init()方法在 Filter 生命周期中仅执行一次，Web 容器在调用 init()方法时，会传递一个包含 Filter 配置和运行环境的 FilterConfig 对象。利用 FilterConfig 对象可以得到 ServletContext 对象，以及部署描述符中配置的过滤器的初始化参数。在这个方法中，可以抛出 ServletException 异常，通知容器该过滤器不能正常工作。

2) 销毁方法：destroy()

该方法在 Web 容器卸载 Filter 对象之前被调用。该方法在 Filter 的生命周期中仅执行一次。在这个方法中，可以释放过滤器使用的资源。

3) 过滤器执行方法：doFilter()

该方法的语法如下：

```
doFilter(ServletRequest request, ServletResponse response, FilterChain chain) throws
java.io.IOException, ServletException
```

doFilter()方法类似于 Servlet 接口的 service()方法。当客户端请求目标资源时，容器就会调用与这个目标资源相关联的过滤器的 doFilter()方法。其中参数 request、response 为 Web 容器或 Filter 链的上一个 Filter 传递过来的请求和响应对象；参数 chain 为代表当前

Filter 链的对象，在特定的操作完成后，可以在当前 Filter 对象的 doFilter()方法内部调用 FilterChain 对象的 chain.doFilter(request，response)方法把请求交付给 Filter 链中的下一个 Filter 或者目标 Servlet 程序去处理，也可以直接向客户端返回响应信息，或者利用 RequestDispatcher 的 forward()和 include()方法，以及 HttpServletResponse 的 sendRedirect()方法将请求转向到其他资源。这个方法的请求和响应参数的类型是 ServletRequest 和 ServletResponse，也就是说，过滤器的使用并不依赖于具体的协议。

7.1.2　Filter 配置过程

在编写实现一个过滤器类的定义后，需要在 web.xml 中进行注册和设置它所能拦截的资源，这可以通过<filter>和<filter-mapping>元素来完成。其配置方式和 Servlet 非常类似，下面是具体的配置代码：

```
<filter>
    <filter-name>testFilter</filter-name>
    <filter-class>ch7.TestFilter</filter-class>
    <!-- 配置当前 Filter 的初始化参数 -->
    <init-param>
        <param-name>myname</param-name>
        <param-value>wzb</param-value>
    </init-param>
</filter>
<filter-mapping>
    <filter-name> testFilter </filter-name>
    <url-pattern>/*</url-pattern>
</filter-mapping>
```

在上述配置过程中，/* 表示所有的 URL 都需要被这个过滤器所过滤。

在同一个 web.xml 文件中可以为同一个 Filter 设置多个映射。若一个 Filter 链中多次出现了同一个 Filter 程序，则这个 Filter 程序的拦截处理过程将被多次执行。

【案例 7_1】 Filter 功能测试。

Filter 功能测试

案例说明： 本案例中将创建一个最基本的 Filter，实现对所有请求的拦截效果。在过滤器的 doFilter()方法中读取 web.xml 中的初始化参数，在这个过程中体验过滤器的编写过程。

第一步，创建 Filter 过滤器类，在创建过程中选择实现接口 Filter。如图 7.2 所示，在创建 TestFilter 类时要实现 javax.Servlet.Filter 接口，同时要选中界面中的【Inherited abstract methods】复选框，这样在生成的类中就会实现接口中的抽象方法。创建完成后的类初始状态中有若干方法，主要重写其中的 doFilter()方法。在下面的代码 7_1 中使用了读取 web.xml 初始化数的 FilterConfig 类定义对象，通过该对象对 web.xml 初始化数据进行读取操作。

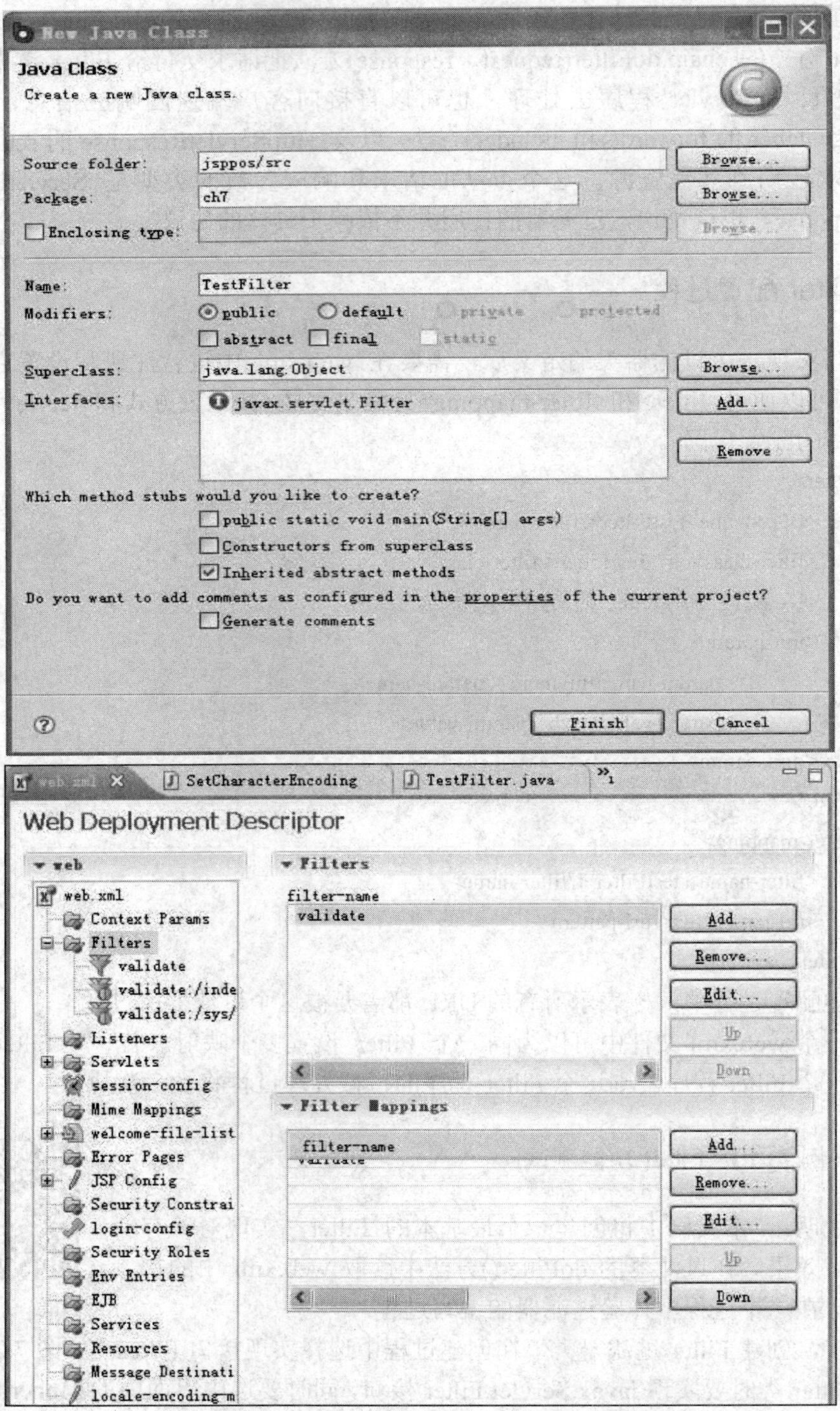

图 7.2　过滤器类创建及在 web.xml 配置

代码 7_1：hcit/ch7/ TestFilter .java

```
package hcit.ch7;
import java.io.IOException;
```

```
import javax.servlet.Filter;
import javax.servlet.FilterChain;
import javax.servlet.FilterConfig;
import javax.servlet.ServletException;
import javax.servlet.ServletRequest;
import javax.servlet.ServletResponse;
public class TestFilter implements Filter {
    FilterConfig fc;
    public void destroy() {
    }
    public void doFilter(ServletRequest arg0, ServletResponse arg1,
                FilterChain arg2) throws IOException, ServletException {
        String en = fc.getInitParameter("URIEncoding");
        System.out.println("URIEncoding = "+en);
        arg2.doFilter(arg0, arg1);
    }
    public void init(FilterConfig arg0) throws ServletException {
        fc = arg0;
    }
}
```

第二步，创建 web.xml 中 Filter 的配置、映射。

打开 web.xml 文件进入图形设计状态，创建 Filter 并配置初始化参数(如果有必要配置初始化参数)。配置完成后 web.xml 中的信息形式如下(这个 Filter 中配置了一个初始化参数，参数名为 URIEncoding，参数的值为 utf-8)：

```
<filter>
        <filter-name>testFilter</filter-name>
        <filter-class>hcit.ch7.TestFilter</filter-class>
        <init-param>
              <param-name>URIEncoding</param-name>
              <param-value>utf-8</param-value>
  </init-param>
  </filter>
  <filter-mapping>
        <filter-name>testFilter</filter-name>
        <url-pattern>/*</url-pattern>
</filter-mapping>
```

【项目经验】 过滤器配置注意事项。

(1) 首先要明确在 web.xml 中 Filter 节点的配置位置，是在定义 Servlet 之前进行配置。其次，配置 Filter 的过程与配置 Servlet 的过程有些相似，都要先定义 Filter，然后映射 Filter

的作用范围。如果在项目中有多个 Filter 的话，要全部定义完后再进行映射处理。

(2) 在编写 Filter 类时，注意要在 doFilter()方法的最后一行加入如下语句：

```
arg2.doFilter(arg0, arg1);
```

如果没有该语句则过滤器将一直占有控制权，不会将请求转到 Servlet 容器继续执行。

7.1.3 Filter 重定向

Filter 过滤器不仅能对请求进行过滤，还能够实现重定向操作，可以操作 request、response 和 session 等对象。可以利用 Filter 的重定向功能实现项目的安全控制，对没有经过用户权限认证的匿名用户拒绝使用任何功能。在 B/S 项目中，大部分操作是通过地址栏形式进行导航和链接的，当某个匿名用户记住了地址栏中的地址，然后绕过系统登录界面直接将地址输入地址栏时，结果非法用户也进入到了系统操作中，这是非常危险的漏洞。现在，通过过滤器可以有效地解决非法用户的入侵行为。

【案例 7_2】 使用 Filter 屏蔽未登录用户。

使用 Filter 屏蔽未登录用户

案例说明： 在本案例中，将对没有通过用户登录界面而想直接访问系统资源的用户进行必要的屏蔽，使之没有权力访问系统文件和进行各种操作。该案例主要使用 Filter 拦截未登录用户的请求。将请求转到登录界面，首先要定义一个 Filter 类，实现 Javax.servlet.Filter 接口，创建简单的过滤器实现检验用户是否登录的功能，对 Web 所有请求进行过滤，如果用户没有登录，则限制用户使用任何系统网页等资源，并强制导航到登录页面。

案例所用资源说明：

(1) 案例中的过滤器将对项目路径下 ch7 目录中的所有资源进行保护，只有经过登录校验的用户才能访问 WebRoot/ch7/下面的资源，如 WebRoot/ch7/ index.jsp 页面；

(2) 位于 WebRoot 下面有个登录测试页面 login.jsp；

(3) 位于 src/ch7/下面有一个 Servlet，用于进行用户登录校验；

(4) 位于 src/ch7/下面有一个 Filter，用于过滤所有对 WebRoot/ch7/下资源的请求。

第一步，创建拦截未登录用户请求的 Filter 类。在下面的代码 7_2 中非常详细地解释说明了部分语句的功能。

代码 7_2：hcit/ch7/ ValidateFilter.java

```
package hcit.ch7;
import java.io.IOException;
import javax.servlet.Filter;
import javax.servlet.FilterChain;
import javax.servlet.FilterConfig;
import javax.servlet.ServletException;
import javax.servlet.ServletRequest;
import javax.servlet.ServletResponse;
import javax.servlet.http.HttpServletRequest;
```

```
import javax.servlet.http.HttpServletResponse;
import javax.servlet.http.HttpSession;
public class ValidateFilter implements Filter {
    // 定义登录页面地址，当非法用户入侵时，强制导航到登录页面
    String loginPage = "/myJsp/login.jsp";
    // 定义是否登录标志变量，初始化为空串
    String isLogin = "";
    // 过滤器初始化方法
    public void init(FilterConfig filterConfig) throws ServletException {
    }
    // 过滤器主方法
    public void doFilter(ServletRequest servletRequest,
                ServletResponse servletResponse, FilterChain filterChain)
    throws IOException, ServletException {
        // 以下两条语句是转化请求和相应对象
        HttpServletRequest hreq = (HttpServletRequest) servletRequest;
        HttpServletResponse hrep = (HttpServletResponse) servletResponse;
        // 定义 session 用于提取用户登录标志
        HttpSession session = hreq.getSession();
        try {
            // 从 session 中获得用户是否登录的标准变量，isLogin
            isLogin = (String) session.getAttribute("isLogin");
            // 判断，如果为空，则强制导航到登录界面，中断用户的当前请求
            if (isLogin == null) {
                hrep.sendRedirect(loginPage);
            } else {
                // 当登录标志不为空，判断是否为正确登录
                if (isLogin.equals("true")) {
                    // 为正确登录，通过 filterChain 过滤器链接对象，将控制权传递到下一
                    // 个过滤器中的 doFilter()方法中
                    filterChain.doFilter(hreq, hrep);
                }
            }
        } catch (Exception e) {
            System.out.println(e.getMessage());
            e.printStackTrace();
        }
    }
    public void destroy() {
```

```
    }
}
```

在 Filter 的 doFilter()方法中，将 servletRequest 对象转化为 HttpServletRequest 对象，将 ServletResponse 对象转化为 HttpServletResponse 对象。通过 HttpServletRequest 实例化对象获得 HttpSession 对象，并检测 session 对象中是否保存了“isLogin”登录标志对象，若“isLogin”登录标志对象为空，说明请求用户没有经过登录校验，使用 HttpServletResponse 对象强行重定向到登录界面。若“isLogin”登录标志对象不为空，则通过 filterChain.doFilter(hreq, hrep)方法将控制权交给 Servlet 容器。

第二步，在 web.xml 配置文件中创建 Filter 和 Filter Mapping(过滤器映射)。在一个项目中可以配置多个过滤器，过滤器的拦截顺序就是按照其在 web.xml 文件中的配置先后顺序进行调用的。其中，每个过滤器都可以通过 Filter Mapping 节点配置多个针对项目不同路径的拦截地址，不在拦截地址范围内的资源将不受过滤器的保护。下面代码就是针对本案例配置的过滤映射(在配置中设定对 ch7 路径下的所有资源进行过滤)：

```
<!-- 判断用户是否登录的过滤器配置 -->
    <filter>
    <filter-name>lg</filter-name>
    <filter-class>hcit.ch7.ValidateFilter</filter-class>
  </filter>
  <filter-mapping>
    <filter-name>lg</filter-name>
    <url-pattern>/ch7/*</url-pattern>
</filter-mapping>
```

第三步，创建登录页面，用于进行过滤器测试，具体如代码 7_3 所示。

代码 7_3：WebRoot/ch7/ login.jsp

```
<%@ page language = "java" import = "java.util.*" pageEncoding = "UTF-8"%>
<!DOCTYPE HTML PUBLIC "-//W3C//DTD HTML 4.01 Transitional//EN">
<html>
  <head><title>login</title></head>
  <body>
    <form action = "/myJsp/LoginCheckServlet">
        <input type = "text" name = "userName"   value = "" ><br>
        <input type = "text" name = "userName"   value = "" ><br>
        <input type = "submit" name = "tj"   value = "提交" >
    </form>
  </body>
</html>
```

第四步，创建登录校验 Servlet，在 doPost()方法中，模拟登录校验后将“isLogin”登录标志对象值设定为 true，并将“isLogin”登录标志对象保存到 session 隐式对象中，具体如代码 7_4 所示。

代码 7_4：src/hcit/ch7/ LoginCheckServlet.java

```
package hcit.ch7;
import java.io.IOException;
import javax.servlet.ServletException;
import javax.servlet.http.HttpServlet;
import javax.servlet.http.HttpServletRequest;
import javax.servlet.http.HttpServletResponse;
import javax.servlet.http.HttpSession;
public class LoginCheckServlet extends HttpServlet {
    public LoginCheckServlet() {
        super();
    }
    public void destroy() {
        super.destroy();
    }
    public void doGet(HttpServletRequest request, HttpServletResponse response)
    throws ServletException, IOException {
        this.doPost(request, response);
    }

    public void doPost(HttpServletRequest request, HttpServletResponse response)
            throws ServletException, IOException {
        //模拟登录校验，略
        HttpSession session = request.getSession();
        session.setAttribute("isLogin", "true");
        response.sendRedirect("/myJsp/ch7/index.jsp");
    }
    public void init() throws ServletException {
    }
}
```

在本案例的练习过程中可先创建好所有资源，启动服务器后首先直接访问保护路径下的资源，如：http://localhost:8089/myJsp/ch7/index.jsp。这是由于没有进行用户登录，所以 Filter 发生作用，将用户请求重新定向到登录界面。之后，可以进行用户登录模拟操作，成功导航到保护目录下的 index.jsp 页面。

【项目经验】 合理规划组织项目结构。

在规划创建 Web 项目之初，就要有预见性，按照不同模块的功能划分不同的包(在 src 下)和文件夹(在 WebRoot 下)，映射 Servlet 的时候也不要将 Servlet 映射地址映射到项目的根目录上，主要目的是在项目后期做系统安全权限时，可以根据不同路径映射过滤路径，将不需要受过滤器保护的资源暴露在 WebRoot 根目录最外面，如本案例中的 login.jsp。

7.2　Listener 监听器

7.2.1　Listener 作用

Servlet Listener 监听器是 Web 应用程序事件模型的一部分，当 Web 应用中某些对象状态发生改变时，Servlet 容器就会产生相应的事件，监听器可接收这些事件，可以在事件发生前、发生后做一些必要的处理。Servlet 监听器的类型如表 7.1 所示。

表 7.1　Servlet 监听器类型

类　型	说　明
ServletContext[application]事件监听器	用于监听应用程序环境对象 ServletContextAttributeListener 接口和 ServletContextListener 接口
HttpSession[session]事件监听器	用于监听用户会话对象 HttpSessionAttributeListener 接口、HttpSessionListener 接口、HttpSessionActivationListener 接口、HttpSessionBindingListener 接口
ServletRequest[request]事件监听器	用于监听请求消息对象 ServletRequestListener 接口和 ServletRequestAttributeListener 接口

Servlet 规范中为每种事件监听器都定义了相应的接口，在编写事件监听器程序时只需实现这些接口就可以了。事件监听器需要在 web.xml 部署文件中进行注册，一个 web.xml 可以注册多个 Servlet 事件监听器。Web 服务器按照它们在 web.xml 中注册的顺序来加载和注册这些事件监听器。事件监听器的注册和调用过程都是由 Web 容器自动完成的，当发生被监听对象被创建、修改、销毁等事件时，Web 容器将调用与之相关的 Servlet 事件监听器对象的相应方法，用户在这些方法中所编写的事件处理代码即被执行。

【案例 7_3】 Listener 功能测试。

Listener 功能测试

案例说明：在本案例中将创建一个最基本的 Listener，用于监听系统中在线用户的数量。案例中定义了一个监听器，用于实现 HttpSessionListener 接口，通过监视系统中 session 对象的创建与销毁实现对系统在线用户的统计功能。

第一步，创建 Listener 监听器类，在创建过程中选择实现 HttpSessionListener 接口，重写接口中的两个方法，具体如代码 7_5 所示。

代码 7_5：src/hcit/ch7/ OnLineListener.java

```
package hcit.ch7;
import javax.servlet.http.HttpSession;
import javax.servlet.http.HttpSessionEvent;
import javax.servlet.http.HttpSessionListener;
```

```
public class OnLineListener implements HttpSessionListener {
    //定义一个代表在线人数的变量
    private int onlineNum;
    public OnLineListener(){
        onlineNum = 0;
    }
    public void sessionCreated(HttpSessionEvent arg0) {
        //会话创建时的处理
        onlineNum++;
        HttpSession session = arg0.getSession();
        session.getServletContext().setAttribute("online", new Integer(onlineNum));
    }
    public void sessionDestroyed(HttpSessionEvent arg0) {
        onlineNum--;
        HttpSession session = arg0.getSession();
        session.getServletContext().setAttribute("online", new Integer(onlineNum));
    }
}
```

在代码 7_5 中定义了用于保存在线人数的成员变量 onlineNum，并在类的构造方法中将计数变量清零。重写了 sessionCreated()和 sessionDestroyed()方法，在 sessionCreated()方法中当有一个 session 对象创建时，onlineNum 加 1，在 sessionDestroyed()方法中当有用户注销时，计数变量减 1，最终实现了对系统在线人数的统计功能。

第二步，在 web.xml 文件中配置 Listener 监听器，具体如代码 7_6 所示。可在 web.xml 图形化界面中配置监听器，具体配置方法如图 7.3 所示。

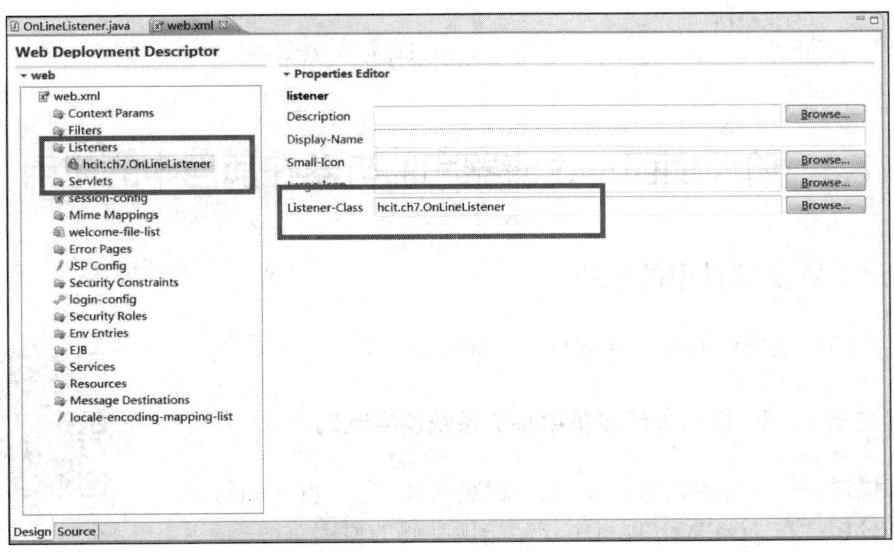

图 7.3　监听器配置图形化界面

代码 7_6：web.xml 中监听器配置

```
<listener>
  <listener-class>hcit.ch7.OnLineListener</listener-class>
 </listener>
```

第三步，设计测试页面，创建 testOnline.jsp 测试页面，从 application 中获得保存的在线人数数据显示在页面上，具体如代码 7_7 所示，运行效果如图 7.4 所示。

代码 7_7：WebRoot/ch7/testOnline.jsp 测试页面

```
<%@ page language = "java" import = "java.util.*" pageEncoding = "UTF-8"%>
<!DOCTYPE HTML PUBLIC "-//W3C//DTD HTML 4.01 Transitional//EN">
<html>
 <head>
    <title>My JSP 'testOnline.jsp' starting page</title>
 </head>
 <body>
    <h2>当前的在线人数：<% = application.getAttribute("online")%></h2>
  </body>
</html>
```

图 7.4　在线人数测试页面运行效果图

7.3　阶段项目：过滤器和监听器在项目中的应用

7.3.1　过滤器在项目中的应用

在本小节将使用过滤器完成项目汉字编码的转换。

【任务 7.1】 使用过滤器集中解决系统汉字乱码。

使用过滤器集中解决系统汉字乱码

任务描述：在任务中利用 Filter 集中解决项目中汉字乱码的问题。

任务分析：在 Java Web 项目中汉字出现乱码的原因有很多，主要可以归纳为以下几个方面：

(1) JSP 文件编码与 Servlet 中汉字编码不一致；

(2) 开发环境编码设定与 Servlet 编码不一致；

(3) Web 项目中汉字编码与数据库中编码不一致；

(4) 数据发送端与接收端汉字编码不一致。

在前面的章节中用到了两种方法。方法一是使用重新构造字符串的方法，单独对某个变量转换。这种方法有效但效率不高，要针对每个获得的变量进行一个一个的转化。具体的转换方法如下：

```
String userName = request.getParameter("uname");
userName = new String(userName.getBytes("iso-8859-1"), "utf-8");
```

方法二是在使用 Servlet 接收前台数据的时候，通过设置请求字符集的办法实现对请求数据的整体编码转换，该方法相对效率较高，如 request.setCharacterEncoding("utf-8")。在本次任务中，通过过滤器重点集中解决从前端到后端 Servlet 请求过程中汉字编码统一转换的问题。

掌握技能： 通过该任务应该掌握如下技能：

(1) 进一步掌握 Filter 的参数配置使用方法；

(2) 熟练掌握在 web.xml 文件中配置 Filter 的参数；

(3) 掌握汉字编码转换常用的方法。

任务实现：

第一步，创建应用于汉字内码转换的 Filter 类。该类对项目中的所有请求进行拦截，并将汉字编码转换为 utf-8，在项目中定义的位置为 src/hcit/ch7/SetCharacterEncodingFilter.java，具体如代码 7_8 所示。

代码 7_8：hcit/ch7/ SetCharacterEncodingFilter.java

```
package hcit.ch7;
import java.io.IOException;
import javax.servlet.Filter;
import javax.servlet.FilterChain;
import javax.servlet.FilterConfig;
import javax.servlet.ServletException;
import javax.servlet.ServletRequest;
import javax.servlet.ServletResponse;
public class SetCharacterEncodingFilter implements Filter {
    //定义编码类型属性
    protected String encoding = null;
    //定义接受过滤器参数的对象
    protected FilterConfig filterConfig = null;
    //过滤器销毁方法
    public void destroy() {
        this.encoding = null;
        this.filterConfig = null;
```

```
    }
    //过滤器初始化方法，在该方法中读取 web.xml 中的配置数据
    public void init(FilterConfig filterConfig) throws ServletException {
        this.filterConfig = filterConfig;
        this.encoding = filterConfig.getInitParameter("encoding");
    }
    //过滤器主方法
    public void doFilter(ServletRequest request, ServletResponse response,
                FilterChain chain)throws IOException, ServletException {
        //如果过滤器配置编码格式不为空，进入设置
        if (this.encoding != null)
        {
            request.setCharacterEncoding(this.encoding);
        }
        // 继续执行后续的过滤方法
        chain.doFilter(request, response);
    }
}
```

第二步，在 web.xml 配置文件中创建字符转换 Filter 和 Filter Mapping(过滤器映射)。由于希望对所有的请求都进行字符转换，所以使用/*处理过滤范围，具体如代码 7_9 所示。

代码 7_9：web.xml 配置文件

```
<filter>
        <filter-name>Set Character Encoding</filter-name>
        <filter-class>hcit.ch7.SetCharacterEncodingFilter</filter-class>
        <init-param>
            <!—设定参数名称及参数值 -->
            <param-name>encoding</param-name>
            <param-value>utf-8</param-value>
        </init-param>
    </filter>
<!—映射定义的 Filter，设定对所有的请求进行过滤转换 -->
    <filter-mapping>
        <filter-name>Set Character Encoding</filter-name>
        <url-pattern>/*</url-pattern>
    </filter-mapping>
```

【项目经验】 在 Tomcat 配置文件中解决汉字乱码问题。

在 Java Web 项目开发中，解决汉字乱码问题最简单的办法是在 Tomcat 服务器端进行相应配置。在服务器 /conf 目录/server.xml 文件中，找到 Connector port = "8008" 相关标签，在最后面加入 URIEncoding = "utf-8" 参数，重新启动 Tomcat 服务器即可。但需要注意的是，

在前端页面中对编码的设置也要是 utf-8，即与 Tomcat 配置文件中的编码一致。同时，为了防止对 server.xml 修改时产生错误，可事先对该文件进行备份处理。具体配置信息如代码 7_10 所示。

代码 7_10：Tomcat 下的 server.xml 文件部分内容

```
<Connector port = "8008" protocol = "HTTP/1.1"
    connectionTimeout = "20000"
    redirectPort = "8443" URIEncoding = "UTF-8"/>
```

7.3.2　监听器在项目中的应用

在项目开发过程中有时需要在后台启动一些服务线程，如定时执行某个算法、备份数据或监控数据状态，这时可以利用监听器监听容器的变化。当 Servlet 容器加载后启动服务线程时，完成特定的工作。在本任务中将使用监听器监听容器变化，当 Servlet 容器加载后启动定时数据算法功能。

**【任务 7.2】 使用监听器启动后台服务。**

使用监听器启动后台服务

任务描述：在任务中利用 Listener 启动项目后台服务。

任务分析：在 Servlet API 中有一个 ServletContextListener 容器监听器接口，它能够提供监听 ServletContext 对象的生命周期，实际上就是监听 Web 应用的生命周期。当 Servlet 容器启动或终止 Web 应用时，会触发 ServletContextEvent 事件，该事件由 ServletContextListener 来处理。在 ServletContextListener 接口中定义了处理 ServletContextEvent 事件的两个方法：

(1) 容器初始化方法：contextInitialized(ServletContextEvent arg0)；

(2) 容器销毁方法：contextDestroyed(ServletContextEvent arg0)。

本任务中，在容器初始化方法中启动完成数据统计的线程，时间为每间隔 10 分钟完成一次数据的统计任务。

掌握技能：通过该任务应该掌握如下技能：

(1) 容器监听器的接口应用；

(2) 掌握在 web.xml 文件中配置 Listener 的方法；

(3) 掌握多线程编程相关的知识。

任务实现：

第一步，创建项目后台多线程服务类，用于对系统数据进行定时统计。多线程任务类实现了 Runnable 接口，重写了 run()方法。在 run()方法中每间隔 10 分钟完成一次数据统计工作，在下面的代码 7_11 中隐藏了具体任务，而是由“System.out.println("数据统计生成一次！");”语句模拟具体的业务过程。

代码 7_11：hcit.ch7. CreateModelData.java

```
package hcit.ch7;
public class CreateModelData implements Runnable {
```

```
    public void run() {
        while(true){
            try {
                Thread.sleep(1000*60*10);
                //此处可调用数据处理算法，定时完成后台任务
                System.out.println("数据统计生成一次！");
            } catch (InterruptedException e)
            {
                // TODO Auto-generated catch block
                e.printStackTrace();
            }
        }
    }
    public void startUp(){
        Thread t1 = new Thread(this);
        t1.start();
    }
}
```

第二步，创建 Web 容器监听器 DataTaskListener，实现 ServletContextListener 接口，并在容器初始化方法中调用后台线程类 CreateModelData，具体如代码 7_12 所示。

代码 7_12：hcit.ch7. DataTaskListener.java

```
package hcit.ch7;
import javax.servlet.ServletContextEvent;
import javax.servlet.ServletContextListener;
public class DataTaskListener implements ServletContextListener {
    public void contextDestroyed(ServletContextEvent arg0) {
        //每隔 10 分钟生成一次 KqModelData 数据
        CreateModelData c = new CreateModelData();
        c.startUp();
    }
    public void contextInitialized(ServletContextEvent arg0) {
    }
}
```

第三步，在 web.xm 文件中配置监听器，具体如代码 7_13 所示，任务运行情况如图 7.5 所示。

代码 7_13：web.xml 中监听器配置

```
<listener>
    <listener-class>hcit.ch7.DataTaskListener</listener-class>
</listener>
```

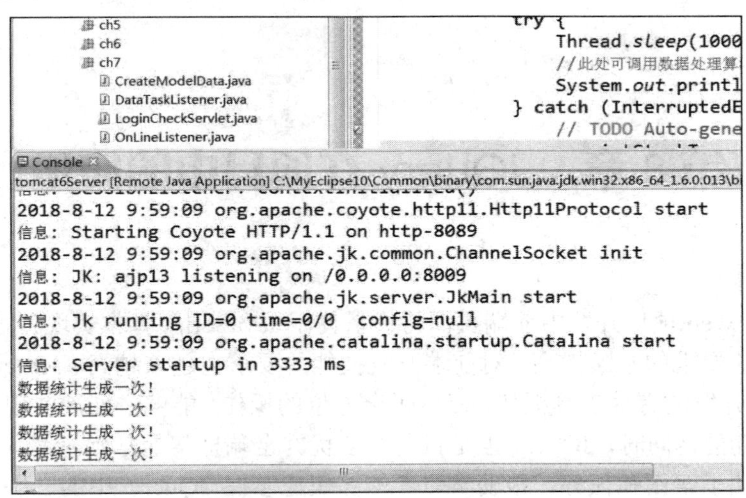

图 7.5　使用监听器启动后台服务

【项目经验】 Tomcat 服务器与 TCP/IP 服务器融合。

在农业项目或工业类 Web 项目开发中，经常需要与特定终端设备进行通信或数据访问，这些访问常常需要通过 Socket 模式开发 TCP/IP 服务器实现。我们可以利用 Listener 容器监听器启动项目后台 TCP/IP 服务，使 Tomcat Web 服务器与 TCP/IP 服务器融合，在 Tomcat 启动后自动启动 TCP/IP 服务器，TCP/IP 服务器获得的数据与 Web 项目数据可以融合使用。

练　习　题

1. 简述 Filter 接口中的方法，并详细说明每个方法的作用。
2. 在 Filter 接口下的 doFilter()方法参数中有一个 FilterChain 类型参数，说明该参数的作用和用法。
3. Servlet 监听器能够监听哪些隐式对象？
4. 监听器在 web.xm 中如何配置？

课后习题参考答案

第8章　JQuery在项目中的应用

本章简介：Web项目开发中前端页面将大量使用JavaScript脚本实现各种页面的功能，随着对用户体验要求的不断提高，对前端开发技能的要求也越来越高。JQuery是一款能够简化Web前端开发的有效工具框架，提供了全方位的操作，能够方便地实现前端与后台数据的异步交互功能。同时，JQuery也是目前众多优秀全端框架的基础。本章结合项目特点有针对性地设计了案例和任务，帮助学习者能够快速掌握JQuery中的一些常用方法，实现简单、高效地完成Web前端的开发任务。

知识点要求：

(1) 了解JSON数据格式；
(2) 了解JQuery中页面加载事件的处理；
(3) 掌握JQuery的基础知识；
(4) 掌握ajax()方法的语法格式，了解其中主要参数的作用；
(5) 掌握fastJson包的使用方法；
(6) 掌握Servlet中回写JSON数据对象的方法。

技能点要求：

(1) 能够在项目中引用JQuery包，完成页面JQuery的引用；
(2) 能够熟练使用JQuery的选择器，实现对页面DOM元素的读写操作；
(3) 能够利用JQuery选择器实现对页面元素样式的修改；
(4) 能够利用fastJson实现Java对象与JSON对象间的转换；
(5) 能够使用ajax()方法，实现多种情况下的异步调用；
(6) 能够使用Servlet完成JSON数据的回写操作。

8.1　JQuery简介

JQuery是一个应用便捷的JavaScript框架，能够在Web开发项目中写更少的代码，做更多的事情。它二次封装了JavaScript的常用功能，提供一种便于页面开发设计的方式，优化了HTML文档操作、事件处理、动画设计和Ajax交互。使用JQuery之前，需要下载JQuery相关包，并引入到项目后才能在页面中使用。JQuery框架是一个JS文件，可以到https://jquery.com/网站下载，目前最新的版本为V3.3.1，在项目开发过程中可以使用前期版本，如在教材相关项目开发中使用的是jquery-1.8.3.min.js版本JS包。引入JQuery框架文件之后便可在页面脚本中调用JQuery对象、方法或属性了，并以JQuery特色语法规范来编写脚本，如：

```
<script type = "text/javascript" src = "js/ jquery-1.8.3.min.js"></script>
```

8.2　JQuery 选择器

8.2.1　JQuery 选择器种类

JQuery 选择器是框架的核心，作用等同于 JavaScript 语言中的函数，可准确选择页面标签的属性、内容、样式等。JQuery 选择器主要包括以下几类：

(1) 元素选择器。JQuery 通过元素选择器选取 HTML 元素，如下所示：

```
$("p") ;                //选取标签为<p>的第一个元素
$("p.intro");           //选取所有 class = "intro" 的<p>元素
$("p#demo");            //选取所有 id = "demo" 的<p>元素
```

(2) 属性选择器。JQuery 使用 XPath 表达式来选择带有给定属性的元素，如下所示：

```
$("[href]");            //选取所有带有 href 属性的元素
$("[href = '#']");      //选取所有带有 href 值等于 "#" 的元素
$("[href! = '#']");     //选取所有带有 href 值不等于 "#" 的元素
$("[href$ = '.jpg']");  //选取所有 href 值以 ".jpg" 结尾的元素
```

(3) JQuery css 选择器。该选择器可用于改变 HTML 元素的 css 属性，如下所示：

```
$("p").css("background-color", "red");
//把所有 p 元素的背景颜色更改为红色：
```

(4) id 选择器。根据给定的 id 匹配一个元素，如下所示：

```
//查找 id 为"myDiv"的元素。
//html 代码
<div id = "notMe"><p>id = "notMe"</p></div>
<div id = "myDiv">id = "myDiv"</div>
//JQuery 代码:
$("#myDiv");
//结果:[ <div id = "myDiv">id = "myDiv"</div> ]
```

下面提供具体选择器的使用案例，更多选择器的应用可参考 JQuery API 文档。

(1) 根据给定的元素名匹配所有元素。查找一个 DIV 元素，如下所示：

```
//HTML 代码:
<div>DIV1</div>
<div>DIV2</div>
<span>SPAN</span>
//JQuery 代码:
$("div");
//结果:[<div>DIV1</div>, <div>DIV2</div> ]
```

(2) 根据给定的类匹配元素。查找所有类是 "myClass" 的元素，如下所示：

```
//HTML 代码:
<div class = "notMe">div class = "notMe"</div>
<div class = "myClass">div class = "myClass"</div>
<span class = "myClass">span class = "myClass"</span>
//JQuery 代码:
$(".myClass");
//结果:[<div class = "myClass">div class = "myClass"</div>, <span class = "myClass">span class = "myClass"</span>]
```

(3) 在给定的父元素下匹配所有的子元素，如下所示：

```
//HTML 代码:
<form>
  <label>Name:</label>
  <input name = "name" />
  <fieldset>
      <label>Newsletter:</label>
      <input name = "newsletter" />
 </fieldset>
</form>
<input name = "none" />
//JQuery 代码:
$("form > input")
//结果: [ <input name = "name" /> ]
```

8.2.2 常用表单标签数据存取

在 JQuery 中使用 val()取得表单元素的值，使用 attr(属性名，属性值)设置表单元素的值，对常用表单元素值存取的操作如下。

说明：在下面的操作代码中，选择器根据被选元素的 id 进行读写操作。

(1) 文本框，代码如下：

```
$("#text_id").val();                        //获得文本框内容
$("#text_id").attr("value", ");             //清空内容
$("#text_id").attr("value", 'test');        //填充内容
```

(2) 复选框，代码如下：

```
$("#chk_id").attr("checked", ");            //使其未勾选
$("#chk_id").attr("checked", true);         //勾选
if($("#chk_id").attr('checked') == true)    //判断是否已经选中
```

(3) 单选按钮，代码如下：

```
$("input[@type = radio]").attr("checked", '2');    //设置 value = 2 的项目为当前选中项
```

```
//获取一组名为(items)的 radio 被选中项的值
var item = $('input[@name = items][@checked]').val();
```

(4) 下拉框，代码如下：

```
$("#select_id").attr("value", 'test');                 //设置 value = test 的项目为当前选中项
$("<option value = 'test'>test</option>
    <option value = 'test2'>test2</option>")
    .appendTo("#select_id")                            //添加下拉框的 option
$("#select_id").empty();                               //清空下拉框
//获取 select 被选中项的文本
var item = $("select[@name = items] option[@selected]").text();
//select 下拉框的第二个元素为当前选中值
$('#select_id')[0].selectedIndex = 1;
```

8.2.3 HTML 标签数据存取

1. 通过 html() 方法读取 HTML 元素信息

通过 JQuery 中的 html() 方法返回或设置第一个匹配元素的 HTML 内容。被选元素的内容为(inner HTML)，如果该方法未设置参数，则返回被选元素的当前内容。当使用该方法设置一个值时，它会覆盖所有匹配元素的内容。具体代码如下：

```
<html>
<head>
<title>testJQuery.html</title>
<script type = "text/javascript" src = "/myJsp/js/jquery-1.8.3.min.js"></script>
<script type = "text/javascript">
    $(function(){
        alert($("p").html());
    });
</script>
</head>
<body>
    <p>This is my HTML page.</p>
</body>
</html>
```

在上面这段代码中使用了 JQuery 中的$()页面加载函数，允许绑定一个在 DOM 文档载入完成后执行的函数。这个函数的作用如同$(document).ready()一样，只不过用这个函数时，需要把页面中所有需要在 DOM 加载完成时执行的$()操作符都包装到其中。简单地说，当页面加载完成后，将执行$()中函数部分的内容。在上段代码中使用了$("p").html()获得页面中第一个 p 标签中的 HTML 内容，具体显示如图 8.1 所示。

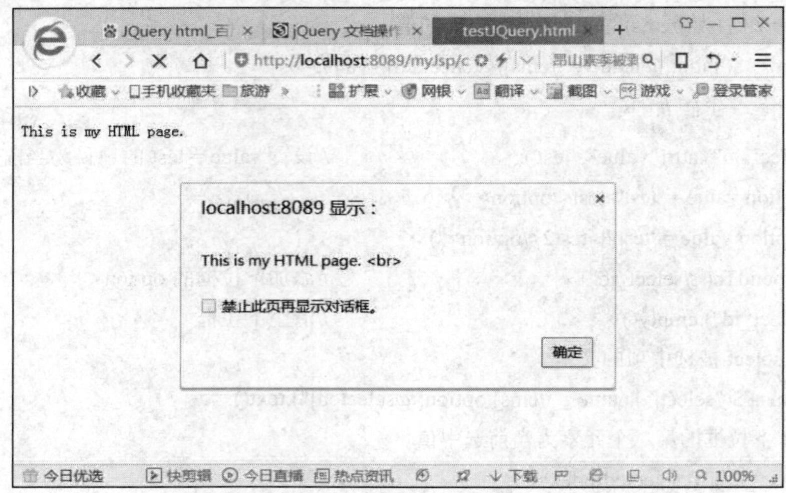

图 8.1　HTML 选择效果

2. 通过 html(“XX”) 方法写入 HTML 元素信息

可以通过 JQuery 中的$("p").html(temp)方法将信息动态的写入到 HTML 页面<p>标签中。在下面的代码中，定义了一个文本框和一个按钮，在页面运行时，可以向文本框中输入数据或文字，然后点击“点击试试看”按钮，这时通过调用 myClick()函数实现动态的将文本框中的值取出，写入到页面<p>标签中。具体的运行效果如图 8.2 所示。

```
<html>
<head>
<title>testJQuery.html</title>
<script type = "text/javascript" src = "/myJsp/js/jquery-1.8.3.min.js"></script>
<script type = "text/javascript">
    $(function(){
        alert($("p").html());
    });
    function myClick(){
        var temp = $("#info").val();
        $("p").html(temp);
    }
</script>
</head>
<body>
    <p>This is my HTML page.</p>
    <input type = "text" id = "info" name = "info" size = "10" value = "">
    <input type = "button" id = "b1" name = "b1" value = "点击试试看" onclick = "myClick()">
</body>
</html>
```

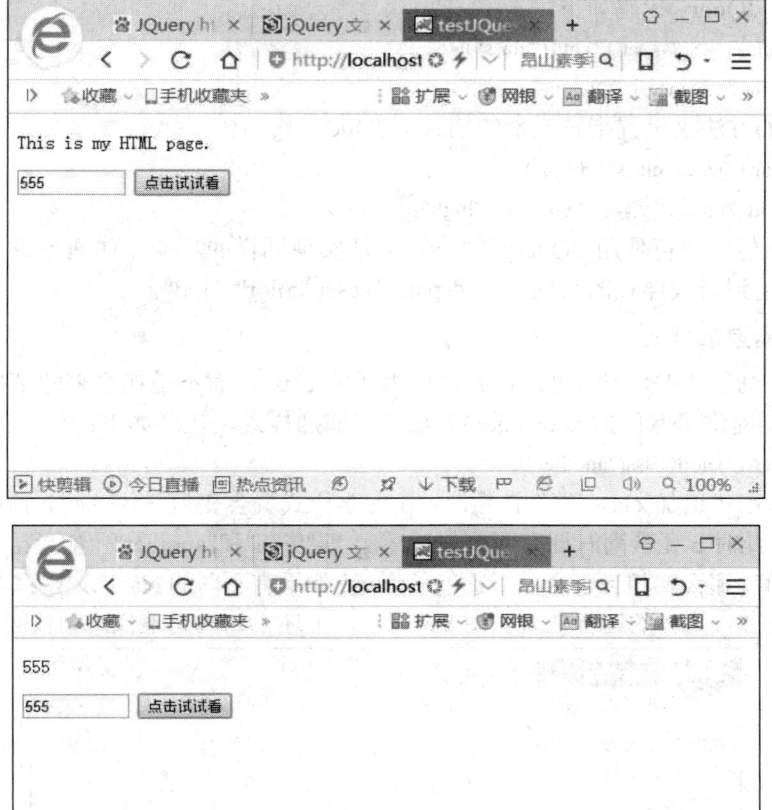

图 8.2　动态获取文本框值写入<p>标签

8.2.4　使用 JQuery 控制页面样式

在 JQuery 中有多种方式修改控制页面元素的样式，可以通过 JQuery 修改元素的 class 属性达到修改样式的目的；也可通过 JQuery 中的 CSS 方法修改元素样式。为了测试 JQuery 对页面元素样式的控制，事先在页面中加入如下样式表：

```
<style type = "text/css">
    .high{ color:red; }
    .another{ font-style:italic; }
</style>
```

1. 获取、设置页面元素样式

获取 class 和设置 class 都可以使用 attr()方法来完成。例如使用 attr()方法来获取指定元素的 class，JQuery 代码如下：

```
var p_class = $("#span1").attr("class");
//获取 id 为 span1 元素的 class 属性
```

使用 attr()方法来设置指定元素的 class，JQuery 代码如下：

```
$("#span1").attr("class", "high");
//设置 id 为 span1 元素的 class 为 "high"
```

在上述功能中也可使用 JQuery 的 css 方法实现同样的功能，如通过设定指定元素中 color 的属性达到修改样式的目的：$("#span1").css("color", "red"); 。

2. 对元素追加样式

在大多数情况下是将原来的 class 替换为新的 class，而不是在原来的基础上追加新的样式。JQuery 提供了专门的 addClass()方法实现追加样式，代码如下：

```
$("#span1").addClass("another");
```

最后当单击“追加 class 类”按钮时，p 元素样式就会变为斜体，而先前的红色字体也会变为蓝色。此时 p 元素同时拥有两个 class 值，即"high"和"another"，如果给一个元素添加了多个 class 值，那么就相当于合并了它们的样式；如果有不同的 class 设定了同一样式属性，则后者覆盖前者。具体的运行效果如图 8.3 所示，上述示例的完整代码如代码 8_1 所示。

图 8.3　追加动态样式效果

代码 8_1：WebRoot/ch8/ Css_JQuery.html

```
<!DOCTYPE html>
<html>
<head>
<title>Css_Query.html</title>
<style type = "text/css">
    .high{ color:red; }
    .another{ font-style:italic; color:blue; }
</style>
<script type = "text/javascript" src = "/myJsp/js/jquery-1.8.3.min.js"></script>
<script type = "text/javascript">
    function myClick(){
```

```
        $("#span1").attr("class", "high");
        //$("#span1").css("color", "red");
    }
    function testAddClass(){
        $("#span1").addClass("another");
    }
</script>
</head>
<body>
    <span id = "span1">
        测试 JQuery 控制页面元素样式<br><br><br>
    </span>
    <input type = "button" id = "b1" name = "b1" value = "点击试试看" onclick = "myClick()"> <br>
<br><br>
    <input type = "button" id = "b1" name = "b1" value = "追加样式" onclick = "testAddClass()">
</body>
</html>
```

8.3　JQuery 事件

在 JQuery 框架事件处理机制中有多种事件绑定方法，本书将以简单绑定和 on 绑定为例进行讲解与演示。

8.3.1　简单绑定

在简单绑定中，元素处理的事件不会重叠，综合处理能力较低，不同类型的元素默认所对应的事件也不完全相同，常见的事件如表 8.1 所示。

表 8.1　常用事件类型

类　型	说　明
click	单击事件
blur	失去焦点事件
mouseenter	鼠标进入事件
mouseleave	鼠标离开事件
dclick	双击事件
change	改变事件
focus	获取焦点事件
keydown	键盘按下事件

【案例 8_1】 简单绑定事件测试。

简单绑定事件测试

案例说明： 本案例将在前面几个小示例的基础上完成对元素事件绑定的操作。在页面中存在一个<span id = "span1">标签，为该标签配置单击事件，当单击该标签内容时调用函数 myClick()，实现对字体样式的改变。

第一步，创建页面加载函数，在页面加载函数中注册$("#span1").click()控件的事件，在事件中定义匿名函数，并在函数中调用样式修改函数。

第二步，启动服务器，测试<span id = "span1">标签的点击事件效果，具体代码如代码 8_2 所示。

代码 8_2：WebRoot/ch8/ testEvent.html

```
<!DOCTYPE html>
<html>
<head>
<title>Css_Query.html</title>
<style type = "text/css">
    .high{ color:red; }
    .another{ font-style:italic; color:blue; }
</style>
<script type = "text/javascript" src = "/myJsp/js/jquery-1.8.3.min.js"></script>
<script type = "text/javascript">
    $(function(){
        $("#span1").click(
        function(){
            myClick();
        }
        );
    });
    function myClick(){
        $("#span1").attr("class", "high");
        //$("#span1").css("color", "red");
    }
    function testAddClass(){
        $("#span1").addClass("another");
    }
</script>
</head>
<body>
    <span id = "span1">
```

```
        测试 JQuery 控制页面元素样式<br><br><br>
    </span>
    </body>
</html>
```

8.3.2　on 绑定

在业务要求比较复杂的情况下，可以使用 on 绑定事件。从 JQuery1.7 后推荐使用 on 绑定事件，on()绑定是 bind()、live()、delegate()方法的替代。使用 on 绑定事件具有以下特点：

(1) 多个事件绑定同一个函数。

如在案例 8_1 中，将绑定事件改成如下形式：

```
$("#span1").on("click mouseout", function(){
    myClick();
});
```

(2) 多个事件绑定不同函数。

如在案例 8_1 中，将绑定事件改成如下形式：

```
$("#span1").on({
    mouseout:function(){testAddClass(); },
    click:function(){myClick(); }
});
```

8.3.3　JQuery 中的页面加载事件

在一些应用中，需要在页面加载过程中完成初始化数据或加载从后台返回的数据。页面加载事件中主要有两种实现方法：第一种是 JavaScript 中的方法，第二种是本章讲解的 JQuery 中的页面初始化方法。

1. JavaScript 中传统方法

JavaScript 的 onload 事件一次只能保存对一个函数的引用，它会自动用最后面的函数覆盖前面的函数。在网页中所有元素(包括元素的所有关联文件)完全加载到浏览器后才执行，即 JavaScript 此时可以访问网页中的所有元素，代码如下：

```
window.onload = function(){
    $(window).load(function(){
        //编写代码  等价于  //编写代码
    }
});
```

2. JQuery 中加载事件

在加载事件中，当 DOM 载入就绪可以查询及操纵时绑定一个要执行的函数。这是事件模块中最重要的一个函数，因为它可以极大地提高 Web 应用程序的响应速度。简单地说，这个方法纯粹是对象 window.load 事件注册事件的替代方法。通过使用这个方法，可以在 DOM 载入就绪能够读取并操纵时立即调用用户所绑定的函数。可以在同一个页面中无限次地使用$(document).ready()事件，其中注册的函数会按照代码中的先后顺序依次执行。一般情况下一个页面响应加载的顺序是：域名解析—加载 HTML—加载 JS 和 CSS—加载图片等其他信息。那么 DOM Ready 应该在“加载 JS 和 CSS”与“加载图片等其他信息”之间，就可以操作 DOM 了。

JQuery 中页面加载写法一：

```
$(document).ready(function(){
    //加载初始化或数据加载等
});
```

JQuery 中页面加载写法二：

```
$(function(){
    //加载初始化或数据加载等
});
```

写法二是写法一的简写形式。

常用页面加载事件调用 JQuery 中的 ajax()方法，实现页面数据的动态加载，代码如下：

```
$(function(){
    $.ajax({
        //在页面加载事件    中实现数据加载
    });
});
```

【案例 8_2】 利用页面加载事件完成初始化。

利用页面加载事件完成初始化

案例说明： 本案例将利用 JQuery 中页面初始化事件，完成对页面中<select>控件的数据加载工作。假设 JQuery 已经从后台获得到了<select>控件所需要的数据，则通过 JQuery 中页面初始化事件将后台数据加载到控件中，具体如代码 8_3 所示，运行结果如图 8.4 所示。

代码 8_3：WebRoot/ch8/ testJQueryInit.html

```
<!DOCTYPE html>
<html>
<head>
<meta http-equiv = "Content-Type" content = "text/html; charset = utf-8" />
<title>testJQuery.html</title>
<script type = "text/javascript" src = "/myJsp/js/jquery-1.8.3.min.js"></script>
<script type = "text/javascript">
    $(function(){
        $("#s").prepend("<option value = '0'>请选择</option>");
        $("#s").append("<option value = '1'>清江浦区</option>");
```

```
            $("#s").append("<option value = '2'>淮阴区</option>");
            $("#s").append("<option value = '3'>清河区</option>");
            $("#s").append("<option value = '4'>经济开发区</option>");
        });
</script>
</head>
<body>
    <p>
        请选择房屋所在县区：
        <select id = "s" ></select>
    </p>
</body>
</html>
```

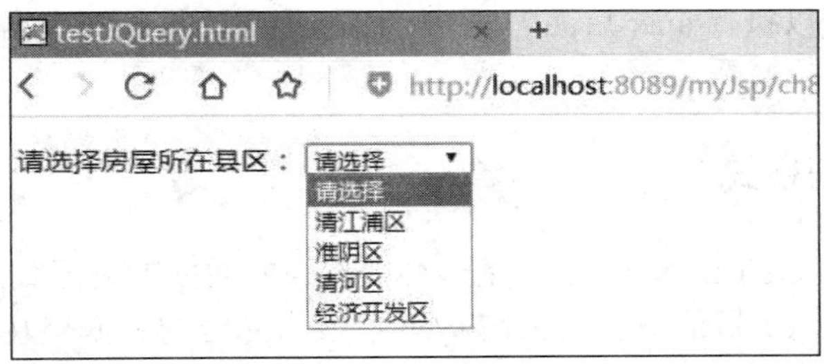

图 8.4　页面初始化事件中数据加载运行结果

8.4　JQuery 中的 ajax()方法

8.4.1　ajax()方法

Ajax(Asynchronous JavaScript and XML，异步 JavaScript 和 XML)本身并不是一种新技术，而是 2005 年 Jesse James Garrett 提出的一种新方法，是 JavaScript、CSS、DOM、XMLHttpRequest 等技术的结合应用。Ajax 中的 x 代表 XML，但由于 JSON 具有更大技术优势，所以目前 JSON 的应用比 XML 更加普遍。在 ajax()方法中 JSON 和 XML 的作用都是打包 Ajax 模型信息。在 JQuery 框架中有多种 Ajax 请求命令可供选择，进而使得 ajax()方法的实现变得更加轻松容易。在本书的应用案例中将以典型 ajax()方法为例进行讲解与演示。ajax()方法中的 url 参数代表异步请求地址；data 参数代表请求过程中向后台发送的数据；dataType 参数代表返回值的数据类型，本书案例中的返回数据类型全部都设定为 JSON 类型；success()为回调函数，代表当访问成功后所要调用的函数。除了 success()回调函数外，ajax()方法中还有多种其他功能的回调函数，如当异步通信访问发生错误时的 error()回调函数等。

请看下面这段代码：

```
$.ajax({
    async: true,
    type: "POST",                           //请求类型
    url:'        ',                         //请求地址
    data:{key:value, key:value },           //请求参数
    dataType:'json',                        //返回数据类型
    success:function(r){                    //回调函数
        //回调函数中的执行部分
    }
});
```

在上面的ajax()方法代码中，属性“async”表示的意思是“异步”，默认值为true。当“async”为true时，也就是异步执行ajax，所以不管ajax数据是否已经加载完成，ajax后面的语句都要执行。当“async”为false时，也就是同步执行ajax，这是指必须等ajax数据加载完成，才可以执行ajax后面的语句。注意：这里的ajax数据加载是指$.ajax(数据传输代码)部分。

8.4.2 JSON 数据格式

JSON(JavaScript Object Notation) 是一种轻量级的数据封装形式，采用完全独立于各类开发语言的文本格式，目前广泛应用在Web前端与后台的数据交互中，成为一种跨平台的数据交换标准。

JSON对象是一个无序的“名称/值”对集合。一个对象以“{”开始，以“}”结束。每个“名称”后跟一个“:”(冒号)；一个JSON对象可以包括多个键值对，每个“名称/值”对之间使用“，”(逗号)分隔。如下列代码是一个典型的JSON对象，对象由多层JSON数据嵌套构成，在最外层对象的key是“student”，value是一个由数组集合构成的值，数组集合使用“[　]”方括号进行定义，方括号内为数组的子元素对象，下面代码中数组元素还有三个JSON对象，每个对象都是由两个数据属性构成的。

```
{"student": [
{ "name":"王鹏" , "age":"20" },
{ "name":"李磊" , "age":"21" },
{ "name":"刘博" , "age":"21" }
]
}
```

8.5　阶段项目：使用 JQuery 中的 ajax()方法改进项目

8.5.1　使用 JQuery ajax()方法+Servlet 实现市区信息加载

在本章阶段项目中，将使用JQuery中的ajax()方法实现房屋信息查询中区—街道两级

联动的功能效果。根据本阶段任务可以拓展为省—市—区—街道等多级联动效果。同时也可以根据案例所讲知识点，把 ajax()方法技术拓展到其他业务应用中去。

【任务 8.1】 使用 JQuery、Servlet 实现页面查询“区”信息加载。

使用 Jquery、Servlet 实现页面查询“区”信息加载

任务描述：在本小节任务中将综合利用 JQuery 的 ajax()方法和前面所讲的其他技术，结合 Servlet 技术实现查询页面中“区”信息的动态加载效果。

任务分析：本任务的实现可以分为三个阶段，第一个阶段是在页面加载中通过加载函数使用 JQuery 的 ajax()方法，向后台发出请求；第二阶段是后台接收请求后进行相关业务处理，并将数据进行 JSON 序列号后返回到调用处；第三个阶段，前端接收返回的 JSON 序列化对象，通过 JQuery 相关操作，进行信息提取，并在回调函数中将 JSON 对象反序列化，并将信息写入对应区控件，将区信息加载到页面下拉列表的元素中。

掌握技能：通过该任务应该达到掌握如下技能：

(1) 掌握 JQuery 中页面加载方法和 ajax()方法的使用；

(2) 掌握回调函数的使用；

(3) 掌握 JSON 数据序列号与反序列化。

任务实现：第一阶段：完成“区”信息加载。

第一步，创建房屋信息查询页面(只包括区—街道级联部分)，具体如代码 8_4 所示。

代码 8_4：WebRoot/ch8/ testAjax.html 中部分代码

```
<body>
    <h4>房产信息查询</h4>
    <select id = "qu" name = "qu"></select>           
    <select id = "jiedao" name = "jiedao"></select>
</body>
```

第二步，编写查询页面加载函数中的 ajax()方法，向后台发出请求，具体如代码 8_5 所示。

代码 8_5：WebRoot/ch8/ testAjax.html 中 JS 部分代码

```
<script type = "text/javascript">
    $(function(){
        $.ajax({
            type:"POST",                    //请求类型
            url:'/myJsp/QuServlet',         //请求地址
            data:{},                        //请求参数
            dataType:'json',                //返回数据类型
            success:function(r){
                //回调函数，在第三个阶段完成该项操作！
            }
```

```
        }); //ajax is over!
    });
</script>
```

第二阶段：后台 Servlet 调用业务处理，将获得数据序列号为 JSON 的对象并返回。

第三步，编写页面中“区”信息加载后台处理的 Servlet，使用 JSON 序列号 Java 对象，并返回系列化对象。

首先，在项目中定义“区”的实体类，实体类中包括区 id 和区名称 districtName，以及为字段匹配的 set()和 get()方法，具体代码如代码 8_6 所示。

代码 8_6：hcit/entity/ Distrac.java 中部分代码

```
package hcit.entity;
public class Distract {
    int id;
    String districtName;
    public int getId() {
        return id;
    }
    public void setId(int id) {
        this.id = id;
    }
    public String getDistrictName() {
        return districtName;
    }
    public void setDistrictName(String districtName) {
        this.districtName = districtName;
    }
}
```

其次，完成业务类设计，在业务类设计中通过 JDBC 访问 mySql 数据库，读取“区”信息表中的全部信息，以 List 类型作为方法的返回值类型。

代码 8_7：hcit/ch8/ QuDao.java

```
package hcit.ch8;
import hcit.common.DBConnect;
import hcit.entity.Distract;
import java.sql.PreparedStatement;
import java.sql.ResultSet;
import java.sql.SQLException;
import java.util.*;
public class QuDao {
    public List<Distract> getQuInfo(){
        ArrayList<Distract> result = new ArrayList<Distract>();
```

```
        DBConnect db = new DBConnect();
        String sql = "select * from district ";
        try {
            PreparedStatement ps = db.getPs(sql);
            ResultSet rs = ps.executeQuery();
            while(rs.next()){
                Distract temp = new Distract();
                temp.setId(rs.getInt("id"));
                temp.setDistrictName(rs.getString("districtName"));
                result.add(temp);
            }
            return result;
        } catch (SQLException e) {
            // TODO Auto-generated catch block
            e.printStackTrace();
        }finally{
            db.free();
        }
        return null;
    }
}
```

最后，完成 Servlet 控制类的编写工作。在 Servlet 中用到了 fastJSON 第三方 Jar 包，作用是帮助在项目中把 Java 对象转化成 JSON 对象，这个过程通常称为序列化操作，并通过使用 PrintWriter 对象，将序列化后的字符串写到调用网页的主体中去，具体代码如 8_8 所示。

代码 8_8：hcit/ch8/ QuServlet.java

```
package hcit.ch8;
import java.io.IOException;
import java.io.PrintWriter;
import java.util.List;
import javax.servlet.ServletException;
import javax.servlet.http.HttpServlet;
import javax.servlet.http.HttpServletRequest;
import javax.servlet.http.HttpServletResponse;
import com.alibaba.fastjson.JSON;
public class QuServlet extends HttpServlet {
    public QuServlet() {super(); }
    public void destroy() {
        super.destroy();
```

```
    }
    public void doGet(HttpServletRequest request, HttpServletResponse response)
                    throws ServletException, IOException {
        this.doPost(request, response);
    }
    public void doPost(HttpServletRequest request, HttpServletResponse response)
                    throws ServletException, IOException {
        QuDao q = new QuDao();
        List result   = q.getQuInfo();
        String   jsonStr = JSON.toJSONString(result);
        response.setCharacterEncoding("utf-8");
        response.setHeader("content-type", "text/json"); //返回数据为 json 格式
        PrintWriter out = response.getWriter() ;
        out.write(jsonStr);
        out.close();
    }
    public void init() throws ServletException {}
}
```

当编写完 Servlet 后，可以在页面测试一下返回的 JSON 数据格式是否正常，可以通过在浏览器中直接输入 Servlet 的地址，如 http://localhost:8089/myJsp/QuServlet 的方式进行测试，测试结果如图 8.5 所示。

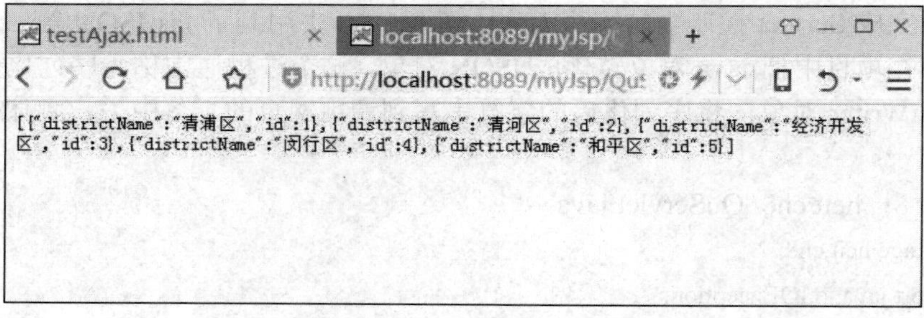

图 8.5　测试 Servlet 返回 JSON

第三阶段：页面回调函数接收并处理后台返回数据。

第四步，在页面回调函数中加载“区”信息，下面给出页面完整代码，如代码 8_9 所示。

代码 8_9：WebRoot/ch8/ testAjax.htm 完整代码

```
<!DOCTYPE html>
<html>
  <head>
    <title>testAjax.html</title>
      <script type = "text/javascript" src = "/myJsp/js/jquery-1.8.3.min.js"></script>
      <script type = "text/javascript">
      $(function(){
```

```
            $.ajax({
                type:"POST",                        //请求类型
                url:'/myJsp/QuServlet',             //请求地址
                data:{},                            //请求参数
                dataType:'json',                    //返回数据类型
                success:function(r){                //回调函数
                    var optionstring = "";
                    for(var item in r)
                    {
                        optionstring += "<option value = \""+ r[item].id +"\" >"
                                    + r[item].districtName    +"</option>";
                    }
                    jQuery("#qu").html(optionstring);
                }
            }); //ajax is over!
        });
    </script>
    </head>
    <body>
    <h4>房产信息查询</h4>
    <select id = "qu" name = "qu"></select>           
    <select id = "jiedao" name = "jiedao"></select>
    </body>
</html>
```

【项目经验】 在项目中使用 fastJson 实现对象 JSON 格式序列化。

在 Web 项目开发过程中经常会遇到向前端返回 JSON 数据的情况，可在项目中引入 fastJson 包，实现对象与 JSON 格式的转换。fastJson 是一款由阿里巴巴公司开发的第三方 Jar 包，可以将 Java 对象转换为 JSON 格式，也可以将 JSON 字符串转换为 Java 对象。

fastJson 对于 JSON 格式字符串的解析主要用到了以下三个类：

(1) JSON：用于 JSON 格式字符串与 JSON 对象及 JavaBean 之间的转换。

(2) JSONObject：fastJson 提供的 JSON 对象。

(3) JSONArray：fastJson 提供的 JSON 数组对象。

代码 8_10：hcit/ch8/ TestFastJSON.java

```
package hcit.ch8;
import hcit.entity.Street;
import java.util.ArrayList;
import java.util.List;
import com.alibaba.fastjson.JSONObject;
public class TestFastJSON {
```

```
        public static void main(String[] args) {
            TestFastJSON t = new TestFastJSON();
            t.test();
        }
        public void test(){
            List streetList = new ArrayList<Street>();
            Street s1 = new Street();
            s1.setId(1);
            s1.setStreetName("清江浦区");
            Street s2 = new Street();
            s2.setId(2);
            s2.setStreetName("清河区");
            Street s3 = new Street();
            s3.setId(3);
            s3.setStreetName("淮阴区");
            Street s4 = new Street();
            s4.setId(4);
            s4.setStreetName("经济开发区");
            streetList.add(s1);
            streetList.add(s2);
            streetList.add(s3);
            streetList.add(s4);
            JSONObject json = new JSONObject();
            System.out.println(json.toJSON(streetList));
        }
    }
    //控制台输出结果
    [{"id":1, "did":0, "streetName":"清江浦区"},
    {"id":2, "did":0, "streetName":"清河区"},
    {"id":3, "did":0, "streetName":"淮阴区"},
    {"id":4, "did":0, "streetName":"经济开发区"}]
```

在代码 8_10 中使用了与代码 8_8 中不同的转换方法，在代码 8_10 中使用的是 toJSON()方法，而在代码 8_8 中使用的是 toJSONString()方法。

8.5.2 使用 JQuery Ajax 方法+Servlet 实现二级联动效果

在任务 8.1 的基础上进一步实现“区—街道”二级联动效果，当页面启动加载“区”信息后，用户可以通过选择“区”，在控件的改变事件中调用 ajax()方法再一次加载“街道”信息。通过任务 8.2 进一步巩固 JQuery 动态调用 ajax()方法。

【任务 8.2】 使用 JQuery + Servlet 实现页面“区—街道”二级联动效果。

使用 JQuery + Servlet 实现页面“区—街道”二级联动效果

任务描述：通过控件的改变事件驱动 JQuery 的 ajax()方法，结合 Servlet 技术实现查询页面中“区—街道”信息的二级联动效果。

任务分析：任务 8.2 的实现与任务 8.1 相似，不同之处在于“街道”信息的加载不是在网页初始化加载方法中实现的，而是在第一级“区”信息控件中的值发生改变时驱动 ajax()方法，调用后台 Servlet 实现对街道的信息加载的。

掌握技能：通过该任务应该达到掌握如下技能：

(1) 掌握常用 HTML 页面控件事件；

(2) 熟练掌握 JQuery 中 ajax()方法的编写；

(3) 掌握 JSON 数据序列号与反序列化；

(4) 熟练掌握控件事件注册。

任务实现：

第一步，在查询页面加载事件中，增加注册原有“区”控件的改变事件(change)，当“区”信息发生改变时，将触发该段 JS 代码，实现提取对应“区”的“街道”信息。在该段 JS 代码 8_11 中将继续使用 ajax()方法实现与后台的异步通信。

代码 8_11：WebRoot/ch8/ testAjax.html 中部分代码

```
<!DOCTYPE html>
<html>
    <head>
        <title>testAjax.html</title>
        <script type = "text/javascript" src = "/myJsp/js/jquery-1.8.3.min.js"></script>
        <script type = "text/javascript">
        $(function(){
            //县区 ajax 加载部分代码略！
            $("#qu").change(function(){
            $.ajax({
                type:"POST",                     //请求类型
                url:'/myJsp/StreetServlet',      //请求地址
                data:{"id":this.value},          //请求参数
                dataType:'json',                 //返回数据类型
                success:function(r){             //回调函数
                    var optionstring = "";
                    for(var item in r)
                    {
                        optionstring += "<option value = \""+ r[item].id +"\" >"
                                                + r[item].districtName   +"</option>";
```

```
                }
                JQuery("#street").html(optionstring);
            }
        }); //ajax is over!
    }); //change is over!
}); //加载方法 is over!
</script>
</head>
<body>
    <h4>房产信息查询</h4>
    <select id = "qu" name = "qu" ></select>           
    <select id = "street" name = "street"></select>
</body>
</html>
```

第二步，编写后台业务类。根据给定的“区”信息 id，完成查找对应“街道”信息的功能。方法中接收传入“区”信息 id，实现查询功能后使用 List 封装查询结果并返回查询结果，具体代码如代码 8_12 所示。

代码 8_12：hcit/ch8/ StreetDao.java

```
package hcit.ch8;
import hcit.common.DBConnect;
import hcit.entity.Street;
import java.sql.PreparedStatement;
import java.sql.ResultSet;
import java.sql.SQLException;
import java.util.ArrayList;
import java.util.List;
public class StreetDao {
    public List<Street> getStreet(String id){
        List<Street> result = new ArrayList<Street>();
        DBConnect db = new DBConnect();
        String sql = "select * from street where did = ?";
        try {
            PreparedStatement ps = db.getPs(sql);
            ps.setString(1, id);
            ResultSet rs = ps.executeQuery();
            while(rs.next()){
                Street s = new Street();
                s.setId(rs.getInt("id"));
                s.setStreetName(rs.getString("streetName"));
```

```
                result.add(s);
            }
            return result;
        } catch (SQLException e) {
            // TODO Auto-generated catch block
            e.printStackTrace();
        }finally{
            db.free();
        }
        return null;
    }
}
```

第三步，完成对应 Servlet 代码的编写。在 Servlet 中主要完成了以下三项工作：

(1) 接收 ajax()方法发出的 HTTP 请求，并接收请求中的数据参数。在本任务中参数为选择的“区”记录 id。

(2) 调用后台业务类，实现对参数 id 对应“街道”信息的查询。在查询方法中将返回 List 结果集合。

(3) 在 Servlet 中将获得的 List 结果通过 fastJson 包中的 JSONObject 类转换成 JSON 序列化对象，并通过 out 对象写向客户端，具体代码如代码 8_13 所示。

代码 8_13：hcit/ch8/ StreetServlet.java 中部分代码

```
public void doPost(HttpServletRequest request, HttpServletResponse response)
            throws ServletException, IOException {
        //获得 ajax 请求中的参数
        String id = request.getParameter("id");
        //调用后台业务类，实现对应 id 街道信息查询
        StreetDao sd = new StreetDao();
        List result = sd.getStreet(id);
        //设定 response 响应信息编码方式
        response.setCharacterEncoding("utf-8");
        response.setHeader("content-type", "text/json");
        //返回数据为 json 格式
        PrintWriter out = response.getWriter() ;
        //通过 fastJson 包实现 Java 对象的 JSON 序列化操作
        JSONObject json = new JSONObject();
        out.write(json.toJSONString(result));
        out.flush();
        out.close();
    }
```

任务 8.2 最终的运行效果如图 8.6 所示。

图 8.6　“区—街道”二级联动效果图

练　习　题

1. 简要说明 JQuery 中的$.ajax()方法使用。
2. JQuery 中符号$有什么作用？
3. 举例说明 JQuery 中页面加载函数的写法。
4. 归纳出 JQuery 中对表单元素的存取操作。

附录　立体化资源快速定位表

序号	任 务 名 称	页码
1	【任务 1.1】 安装 JDK 环境	第 4 页
2	【任务 1.2】安装 Tomcat 6.0 服务器	第 7 页
3	【任务 1.3】 安装 MySQL	第 10 页
4	【任务 1.4】 创建 Web 项目	第 15 页
5	【任务 1.5】 发布、启动和访问项目	第 16 页
6	【案例 2_1】 HTML 页面表单设计	第 32 页
7	【案例 2_2】 创建 HTML 页面，测试 JS 函数	第 37 页
8	【任务 2.1】 房屋租赁信息网站主页模板设计	第 38 页
9	【任务 2.2】 使用 Table + iFrame 布局页面	第 40 页
10	【任务 2.3】 用户注册页面的 JS 校验	第 45 页
11	【任务 2.4】 个人房屋信息管理页面多导航的 JS 实现	第 47 页
12	【案例 3_1】 实例演练 JavaBean	第 59 页
13	【案例 3_2】 利用<jsp:forward>实现请求转发	第 61 页
14	【案例 3_3】 利用<jsp: include >实现 JSP 页面包含	第 63 页
15	【任务 3.1】 数据库连接类的设计	第 66 页
16	【任务 3.2】 用户注册功能实现	第 74 页
17	【任务 3.3】 用户登录功能实现	第 79 页
18	【案例 4_1】 使用 request 对象保存数据	第 85 页
19	【案例 4_2】 使用 pageContext 对象存取其他对象数据	第 88 页
20	【案例 4_3】 使用 out 对象向客户端浏览器发送信息	第 91 页

续表一

序号	任 务 名 称	页码
21	【案例 4_4】 使用 request 对象接收用户 form 表单提交的数据	第 92 页
22	【案例 4_5】 请求转发与重定向示例	第 95 页
23	【案例 4_6】 集合类或同名标签数据接收	第 100 页
24	【任务 4.1】 主页信息显示区域布局	第 102 页
25	【任务 4.2】 主页信息数据加载	第 105 页
26	【任务 4.3】 保存用户信息，重构登记功能	第 114 页
27	【案例 5_1】 Servlet 创建	第 124 页
28	【案例 5_2】 Servlet 编程与访问	第 127 页
29	【案例 5_3】 在 Servlet 中使用 request 获得 session	第 130 页
30	【案例 5_4】 使用 ServletContext 加载项目参数文件	第 134 页
31	【案例 5_5】 通过 response 向客户端发送 JS 函数	第 135 页
32	【案例 5_6】 Servlet 中写入 Cookie 信息	第 139 页
33	【案例 5_7】 Servlet 中读取 Cookie 信息	第 141 页
34	【任务 5.1】 使用 Servlet 实现用户登录	第 143 页
35	【任务 5.2】 使用 Servlet 实现用户注册功能	第 148 页
36	【任务 5.3】 房屋出租信息发布功能实现	第 151 页
37	【案例 6_1】 使用 EL 表达式在 JSP 页面提取显示数据	第 159 页
38	【案例 6_2】 使用逻辑分支标签<c:if>控制页面显示内容	第 164 页
39	【案例 6_3】 使用<c:forEach>标签迭代集合	第 166 页
40	【案例 6_4】 使用<c:forEach>双重循环迭代集合	第 168 页
41	【案例 6_5】 创建一个简单无标记体的标签	第 172 页
42	【案例 6_6】 创建带标记体和参数的自定义标签	第 177 页
43	【任务 6.1】 使用 Servlet、EL 和 JSTL 重构系统主页面	第 182 页
44	【任务 6.2】 自定义标签实现下拉列表	第 187 页

续表二

参 考 文 献

[1] 林上杰. JSP2.0 技术手册[M]. 武汉：湖北教育出版社，2005.

[2] 耿祥义. JSP 实用教程[M]. 北京：清华大学出版社，2015.

[3] 张席. JAVA 语言程序设计教程 M]. 西安：西安电子科技大学出版社，2015.

[4] 传智播客高教产品研发部. Java Web 程序开发入门[M]. 北京：清华大学出版社，2015.

[5] jQuery API 中文文档. https://www.jquery123.com/[OL].